# Einführung in die Thermodynamik

M. Dieter Lechner

# Einführung in die Thermodynamik

## Chemische und Statistische Thermodynamik

Springer Spektrum

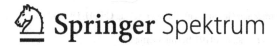

M. Dieter Lechner
Institut für Chemie
University of Osnabrück
Osnabrück, Niedersachsen, Deutschland

ISBN 978-3-662-63995-5 ISBN 978-3-662-63996-2 (eBook)
https://doi.org/10.1007/978-3-662-63996-2

Die Deutsche Nationalbibliothek verzeichnet diese Publikation in der Deutschen Nationalbibliografie; detaillierte bibliografische Daten sind im Internet über http://dnb.d-nb.de abrufbar.



Planung/Lektorat: Désirée Claus
Springer Spektrum ist ein Imprint der eingetragenen Gesellschaft Springer-Verlag GmbH, DE und ist ein Teil von Springer Nature.
Die Anschrift der Gesellschaft ist: Heidelberger Platz 3, 14197 Berlin, Germany

# Vorwort

Dieses Buch ist aus Vorlesungen entstanden, die über viele Jahre für Chemiker, Physiker und Studenten des Lehramts im Rahmen der Physikalischen Chemie für die Bachelor-Studiengänge gehalten wurden. Insbesondere ging es darum, die Studenten für das für die Chemie wichtige und grundlegende Gebiet der Thermodynamik zu begeistern. Die Reihe Einführung in die Physikalische Chemie besteht aus den folgenden Einzelwerken:

Einführung in die Quantenchemie, 2017
Einführung in die Kinetik, 2018
Einführung in die Thermodynamik, 2021
Einführung in die Elektrochemie, 2022

Die Lehrinhalte dieses Buchs richten sich an Bachelor-Studenten im Studiengang Chemie, Physikalische Chemie, Bereich Thermodynamik und an die Studiengänge Physik und Lehramt für Physik und Chemie. Sie lehnen sich eng an die Vorschläge der Deutschen Bunsengesellschaft für Physikalische Chemie, des Verbandes aller Physikochemiker, an (Bunsenmagazin 1/2016, Seite 6–7).

Prof. Dr. S. Seiffert und PD Dr. W. Schärtl danke ich für Hinweise zur Statistischen Thermodynamik. Dem Springer Verlag danke ich für sein Eingehen auf meine vielfältigen Wünsche. Bei Frau D. Claus, MSc, bedanke ich mich für ihre stetige Hilfe und die vielen Anregungen besonders zu konzeptionell-inhaltlichen Fragen.

Osnabrück
August 2021

M. Dieter Lechner

# Inhaltsverzeichnis

## Teil III Anhang

# Einleitung

# 1

Das bedeutende Wissenschaftsgebiet Chemie wird in die drei Bereiche Anorganische, Organische und Physikalische Chemie unterteilt, wobei die Physikalische Chemie die Bereiche Quantenchemie, Kinetik, Thermodynamik und Elektro- und Photochemie umfasst. In dieser Einführung wird die Thermodynamik bestehend aus der Chemischen Thermodynamik, der Statistischen Thermodynamik und der Kinetischen Gastheorie anschaulich und verständlich dargestellt, ohne dabei auf wissenschaftliche Exaktheit zu verzichten. Die Thermodynamik – gelegentlich auch als Wärmelehre bezeichnet – behandelt alle energetischen Vorgänge, die Gleichgewichtseinstellung und die Richtung von chemischen Reaktionen. Das Verständnis der Thermodynamik befähigt den Chemiker und Physiker, die Eigenschaften von physikalischen Vorgängen und chemischen Reaktionen zu verstehen und vorherzusagen. Für viele Bereiche der Chemie ist die Thermodynamik von grundlegender Bedeutung.

In diesem Springer Kompaktlehrbuch wird die Thermodynamik mit größtmöglicher Anschaulichkeit dargestellt. Auf grundlegende Kenntnisse der Differential- und Integralrechnung kann bei der Behandlung der Thermodynamik nicht verzichtet werden. Die wichtigsten Überlegungen hierzu sind in Kap. 9 in diesem Buch dargestellt. Zum leichteren Verständnis der Thermodynamik sind viele Abbildungen und eine Reihe von Beispielen und Übungsaufgaben beigefügt. Bei den Beispielen und Berechnungen wurden konsequent die SI-Basiseinheiten m, kg, s, A, K, mol und Cd verwendet (International Union of Pure and Applied Chemistry (1996) und Physikalisch-Technische Bundesanstalt (2019)); bis auf ganz wenige Ausnahmen, bei denen die IUPAC (**I**nternational **U**nion of **P**ure and **A**pplied **C**hemistry) kapituliert hat, z. B. beim pH-Wert. Vorteilhaft

---

**Ergänzende Information** Die elektronische Version dieses Kapitels enthält Zusatzmaterial, auf das über folgenden Link zugegriffen werden kann (https://doi.org/10.1007/978-3-662-63996-2_1).



M. Dieter Lechner, *Einführung in die Thermodynamik*,
https://doi.org/10.1007/978-3-662-63996-2_1

bei diesem Vorgehen ist, dass bei Berechnungen die nervigen Überlegungen der zu den physikalischen Größen zugehörigen Einheiten mit der Multiplikation von Zehnerpotenzen und Zahlenwerten entfallen; das Ergebnis wird automatisch in SI-Basiseinheiten ausgegeben. Bei einfacheren Berechnungen – besonders bei denjenigen, wo nur ein oder zwei physikalische Einheiten verwendet werden – wurden gelegentlich dezimale Vielfache der SI-Basiseinheiten verwendet, z. B. kJ, g, $cm^3$ und $dm^3$.

An drei Stellen ist auf Zusatzmaterial hingewiesen, dass heruntergeladen werden kann; mit dem Zusatzmaterial Groessen_Konstanten.pdf kann beim Studium des Textes parallel auf die verwendeten physikalischen Größen, Einheiten, Konstanten, Umrechnungsfaktoren und Abkürzungen zugegriffen werden.

# Teil I
# Chemische Thermodynamik

Die chemische Thermodynamik beschäftigt sich mit makroskopischen Größen. Sie benutzt wägbare und messbare Größen. Sie lässt sich streng mathematisch aufbauen. Die chemische Thermodynamik rechnet nicht mit atomaren Teilchen und damit nicht mit der Molekulartheorie; das ist Aufgabe der statistischen Thermodynamik.

Die Thermodynamik enthält mehrere Hauptsätze. Im Mittelpunkt des I. Hauptsatzes steht die innere Energie, der II. Hauptsatz beschäftigt sich besonders mit der Arbeit und der Entropie.

Zur Aufgabenstellung der Thermodynamik gehören die Berechnung von Gleichgewichtskonstanten von chemischen Reaktionen, die Lage von Gleichgewichten, die Abhängigkeit eines Gleichgewichts von Druck und Temperatur, der Wirkungsgrad von Wärmekraftmaschinen und die Verflüssigung von Gasen. Weitere Beispiele sind:

Entstickung von Automobil- und Kraftwerksabgasen:

$8\ NH_3 + 6\ NO_2 \leftrightarrow 7\ N_2 + 12\ H_2O$

Rauchgasentschwefelung: $2\ SO_2 + 2\ Ca(OH)_2 + O_2 + 2\ H_2O \leftrightarrow 2\ [CaSO_4 \cdot 2\ H_2O]$

# Der 0. und der I. Hauptsatz der Thermodynamik

# 2

## 2.1 Der 0. Hauptsatz der Thermodynamik

**0. Hauptsatz der Thermodynamik**
Sind zwei Systeme A und B im thermischen Gleichgewicht mit einem dritten System C, so sind sie miteinander im thermischen Gleichgewicht und haben eine gemeinsame Eigenschaft, die Temperatur. Systeme im thermischen Gleichgewicht haben die gleiche Temperatur.

Fixpunkte zur Bestimmung der Temperatur $T$ sind die Schmelztemperatur $T_{\text{fus}} = 273{,}15\ \text{K} = 0\ °\text{C}$ und die Siedetemperatur $T_{\text{vap}} = 373{,}15\ \text{K} = 100\ °\text{C}$ von Wasser beim Druck $p = 1 \cdot 10^5$ Pa. Aus der molekularen Deutung der Temperatur (siehe Abschn. 8.1) und experimentellen Messungen ergibt sich, dass es keine Temperaturen unterhalb $T = -273{,}15\ °\text{C}$ gibt. Es bietet sich daher an, eine neue Temperaturskala zu definieren

$$T/\text{K} = T/°\text{C} + 273{,}15.$$

Zur experimentellen Bestimmung der Temperatur werden Volumen- und Druckänderungen von Gasen und Flüssigkeiten und elektrische Widerstands- und Spannungsänderungen von Metallen, Metalllegierungen und Metallschichten ausgenutzt.

## 2.2 Der I. Hauptsatz der Thermodynamik

In der Chemie bleibt die Energie der Materie unberücksichtigt (Einstein'sche Beziehung $E = m \cdot c^2$). Man kann z. B. festlegen, dass $U_{\text{Fe}} = 0$ bei $T = 0$ K.

Der I. Hauptsatz der Thermodynamik beinhaltet den Satz von der Erhaltung der Energie und legt die innere Energie $U$ als Zustandsfunktion fest, d. h. $U$ ist



M. Dieter Lechner, *Einführung in die Thermodynamik*,
https://doi.org/10.1007/978-3-662-63996-2_2

unabhängig vom Weg; das kann auch experimentell gezeigt werden. Die innere Energie $U$ eines Systems ist die Summe der kinetischen und potentiellen Energien seiner Moleküle. Die Größe

$$\Delta U = U_{\mathrm{II}} - U_{\mathrm{I}}$$

ist die Änderung der inneren Energie, wenn ein System vom Anfangszustand I mit der inneren Energie $U_{\mathrm{I}}$ in einen Endzustand II mit der inneren Energie $U_{\mathrm{II}}$ überführt wird

$$U_{\mathrm{II}} - U_{\mathrm{I}} = \Delta U = W + Q. \tag{2.1}$$

$U_{\mathrm{II}}$ ist die innere Energie des Systems nach dem Prozess und $U_{\mathrm{I}}$ die innere Energie des Systems vor dem Prozess. $U_{\mathrm{I}}$, $U_{\mathrm{II}}$ und $\Delta U$ sind Zustandsfunktionen. $W$ ist die Arbeit und $Q$ die Wärmemenge; diese sind keine Zustandsfunktionen.

**Zustandsfunktion**
Der Zahlenwert einer Zustandsfunktion hängt nur vom Zustand des Systems ab und nicht davon, wie das System in diesen Zustand gelangt ist. Wird ein System von einem Zustand A in einen Zustand B auf verschiedenen Wegen überführt, so bleiben die Zahlenwerte der Zustandsfunktion innere Energie $U$ gleich, während die Zahlenwerte der Arbeit $W$ und der Wärmemenge $Q$ verschieden sein können.

Die Änderung der inneren Energie $\Delta U$ eines Systems ist gleich der Summe aus der zu- oder abgeführten Arbeit $W$ und der zu- oder abgeführten Wärmemenge $Q$. Gl. 2.1 gilt nicht nur für differentielle, sondern auch für beliebig große Zahlenwerte der genannten Größen. In differentieller Schreibweise wird aus Gl. 2.1

$$\mathrm{d}U = \delta W + \delta Q. \tag{2.2}$$

Die Differenzialzeichen d und $\delta$ sollen ausdrücken, dass es sich bei d$U$ um eine Zustandsfunktion und bei $\delta W$ und $\delta Q$ nicht um Zustandsfunktionen handelt. Das bedeutet, dass die Arbeit $W$ und die Wärmemenge $Q$ sehr wohl davon abhängen, wie das System in einen Zustand gelangt ist. Dies wird in Gl. 2.1 auch dadurch sichtbar, das die Änderung der Zustandsgröße $U$ mit $\Delta U$ und die Nichtzustands- oder Prozessgrößen mit $W$ und $Q$ bezeichnet werden. Gl. 2.1 und 2.2 sind die physikalischen Formulierungen des I. Hauptsatzes der Thermodynamik oder des Gesetzes von der Erhaltung der Energie.

**I. Hauptsatz der Thermodynamik, Energieerhaltungssatz**
In einem abgeschlossenen System bleibt die Energie erhalten.

Die von einem System mit seiner Umgebung ausgetauschte Summe von Arbeit und Wärme ist gleich der Änderung der inneren Energie des Systems. Die innere Energie ist eine Zustandsfunktion.

$$U_{\mathrm{II}} - U_{\mathrm{I}} = \Delta U = W + Q; \ \mathrm{d}U = \delta W + \delta Q$$

Das Zeichen $\delta$ weist darauf hin, dass die nachstehende physikalische Größe keine Zustandsfunktion ist.

Wenn ein Prozess abläuft, ändert sich i. A. die innere Energie. $\Delta U$ ist die Differenz der inneren Energien der Anfangs- und Endzustände des Prozesses. Die innere Energie und die Änderung der inneren Energie eines Systems sind nur durch Zustände festgelegt. Die Arbeit $W$ und die Wärme $Q$ sind im Allgemeinen keine Zustandsgrößen und werden auch als Übergangsgrößen bezeichnet.

In der Thermodynamik ist die Temperatur eine wichtige Größe. Es ist oft das Bestreben, möglichst isotherme Prozesse zu erreichen. Das bedeutet nur, dass die Temperaturen zu Beginn und Ende des Prozesses gleich sind; zwischendurch sind Änderungen der Temperatur erlaubt. Neben der Temperatur werden in der Thermodynamik häufig der Druck $p$ und das Volumen $V$ verwendet.

Die Änderung der inneren Energie $U$ mit der Temperatur $T$ definiert die Wärmekapazität $C_V$

$$\lim_{\Delta T \to 0} \left(\Delta U / \Delta T\right)_V = \left(\partial U / \partial T\right)_V \equiv C_V, \tag{2.3}$$

wobei $U = n \cdot U_m$ und $C_V = n \cdot C_{V,m}$, $U_m$ = molare innere Energie und $C_{V,m}$ = molare Wärmekapazität (Molwärme) bei konstantem Volumen sind.

$C_V$ ist die Wärmemenge, die notwendig ist, um ein System um 1 K bei konstantem Volumen zu erwärmen. Das ist eine messbare Größe. Die Zuführung der Wärmemenge kann in Form von Joule'scher Wärme mit Hilfe eines Heizdrahts erfolgen. Die elektrischen Größen bestimmen dann eindeutig die zugeführte Wärme.

Bezieht man die Wärmekapazität auf die Menge 1 Mol, so erhält man die Molwärme $C_{V,m}$; die spezifische Wärme $C_{V,sp}$ ist dagegen auf die Masseneinheit bezogen. Die Molwärmen und die spezifischen Wärmen sind für verschiedene Stoffe verschieden, aber es finden sich Stoffe zu Gruppen zusammen, die fast gleiche Molwärmen haben, z. B. 1 atomige Gase und Metalle (Dulong-Petit, siehe Abschn. 7.1.3.3). Wärmekapazitäten, Molwärmen und spezifische Wärmen sind in der Regel Funktionen der Temperatur.

Zur Bestimmung der inneren Energie eines Systems geht man von der Definitionsgleichung für $C_V$, Gl. 2.3, aus

$$\mathrm{d}U = C_V \cdot \mathrm{d}T;\ U_{T'} = U_0 + \int_0^{T'} C_V \cdot \mathrm{d}T + \sum_0^{T'} \Delta U_{\mathrm{trs}};\ V = \text{const.} \tag{2.4}$$

$\Delta U_{trs}$ sind die zu strukturellen Umwandlungen benötigten Energien, d. h. der Übergang eines Stoffes von der Phase α in die Phase β. Hierbei handelt es sich um die Schmelzwärme $\Delta U_{fus}$ als Umwandlungswärme vom festen (s) in den flüssigen (l) Zustand, die Verdampfungswärme $\Delta U_{vap}$ als Umwandlungswärme vom flüssigen in den gasförmigen (g) Zustand und die Sublimationswärme $\Delta U_{sub}$ als Umwandlungswärme vom festen (s) in den gasförmigen (g) Zustand. Die Umwandlungswärme $\Delta U_{trs}$ ist die Differenz aus den inneren Energien der Phasen β und α, z. B. ist $\Delta U_{fus} = U(l) - U(s)$ mit $U$(l) der inneren Energie der flüssigen Phase und $U$(s) der inneren Energie der festen Phase. Der Zusammenhang aus den drei Umwandlungswärmen ergibt sich zu $\Delta U_{sub} = \Delta U_{fus} + \Delta U_{vap}$.

$U_0$ ist die innere Energie des Systems bei 0 K. Dabei bleibt, wie schon erwähnt, die innere Energie aus der Einstein'schen Beziehung $E = m \cdot c^2$ unberücksichtigt. Für Elemente kann $U_0 = 0$ gesetzt werden. Diese Aussage ist nicht selbstverständlich, da man auch die Energie der Bildung der Elemente aus Wasserstoff- oder Heliumkernen berücksichtigen könnte. Würde man Kernreaktionen einbeziehen, so hätte $U_0$ außerordentlich höhere Werte als $\int C_V \cdot \mathrm{d}T + \sum \Delta U_{\mathrm{trs}}$. In der Chemie werden diese Kernreaktionen aber weggelassen.

**System**

Ein System ist ein Ausschnitt aus der Umgebung als Objekt der Untersuchung. Man unterscheidet:

1. **Abgeschlossenes (isoliertes) System:** kein Energie- und Materieaustausch
2. **geschlossenes (kontrolliertes) System:** Energieaustausch, kein Materieaustausch
   1. Austausch von Wärmeenergie (isotherm)
   2. Austausch von Arbeit, aber keine Wärme (adiabatisch)
3. **offenes System:** Energie- und Materieaustausch sind möglich

**Phase**

Eine Phase ist ein Bereich im System, innerhalb dessen keine sprunghaften Änderungen irgendeiner physikalischen Größe auftreten. Ein System kann aus einer oder mehreren Phasen $P$ bestehen. An der Phasengrenze beim Übergang von einer Phase zur nächsten, ändern sich die physikalischen Größen sprunghaft, z. B. Dichte, Brechungsindex und elektrische Leitfähigkeit. Eine Phase ist eine physikalisch einheitliche Erscheinungsform, sie besteht aus gleichartigen Bezirken eines Systems und ist ein Bereich homogener Zusammensetzung. Diese Definition verdeutlicht, dass es nur eine gasförmige Phase aber mehrere flüssige und feste Phasen geben kann.

**Vorzeichenregel**

Man stellt sich auf den Standpunkt des Systems. Ins System hineinkommende Energie (Wärmeenergie und Arbeit) ist positiv, aus dem System hinausgehende Energie ist negativ.

**Arbeit, Druck, Volumen**

Die in Gl. 2.1 und 2.2 auftretende Größe Arbeit $W$ ist z. B. mechanische oder elektrische Arbeit. Für die mechanische Arbeit ergibt sich mit $\mathrm{d}W = F \cdot \mathrm{d}s$, $p = F/A$ und $\mathrm{d}W = p \cdot A \cdot \mathrm{d}s = p \cdot \mathrm{d}V$

$$\mathrm{d}W = -p \cdot \mathrm{d}V \tag{2.5}$$

Aus der Vorzeichenregel ergibt sich das negative Vorzeichen in Gl. 2.5.

**Bombenkalorimeter; Experimentelle Bestimmung der Inneren Energie**

Für $V = \text{const.}$ folgt aus dem 1. Hauptsatz, Gl. 2.1, mit Gl. 2.5, $dW = -p \cdot dV = 0$

$$\Delta U = Q_V.$$

Daraus folgt: die einem System bei einer Zustandsänderung bei konstantem Volumen zugeführte Wärmemenge ($Q_V > 0$) oder aus dem System abgeführte Wärmemenge ($Q_V < 0$) ist gleich der Änderung der inneren Energie $\Delta U$. Die experimentelle Bestimmung von $\Delta U = Q_V$ für einen Prozess, z. B. eine chemische Reaktion wird mit einem adiabatischen Bombenkalorimeter vorgenommen (Abb. 2.1). Die Bombe befindet sich in einem gerührten Wasserbad, um die Temperatur konstant zu halten und zu erreichen, dass keine Wärmeenergie von der Bombe in das Wasserbad abgegeben wird; damit liegt ein adiabatischer Prozess bei konstantem Volumen, d. h. $dW = 0$ vor.

Die Temperaturänderung $\Delta T$ in der Bombe ist proportional zu der vom Prozess abgegebenen oder aufgenommenen Wärmemenge

$$Q_v = C \cdot \Delta T,$$

wobei $C$ die Kalorimeterkonstante ist; sie wird bestimmt durch Fließen eines elektrischen Stroms $I$ in der Zeit $t$ und mit einer Spannung $U_{\text{el}}$ durch eine Heizspirale und Messung der Temperaturänderung $\Delta T$. Das ergibt für $Q_V$ mit $U_{\text{el}} = W_{\text{el}}/Q_{\text{el}}$, $I = Q_{\text{el}}/t$ ($Q_{\text{el}}$ = elektrische Ladung) und $Q_V = W_{\text{el}}$

$$Q_v = U_{\text{el}} \cdot I \cdot t.$$

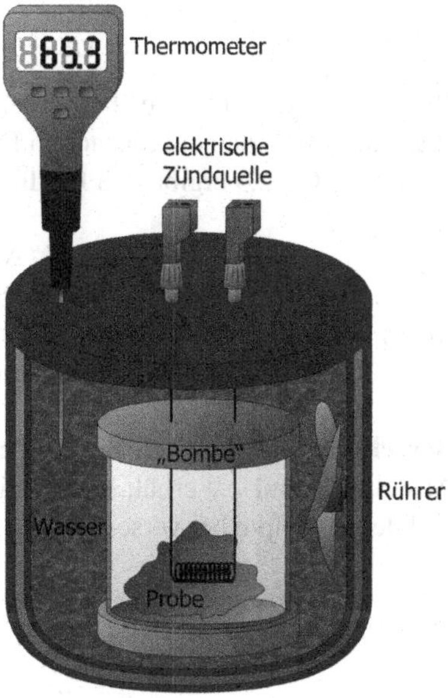


**Abb. 2.1** Adiabatisches Bombenkalorimeter (tec-science.com)

Daraus ergibt sich

$$C = Q_v/\Delta T = U_{\mathrm{el}} \cdot I \cdot t/\Delta T.$$

Alternativ ist die Bestimmung von $C$ durch Verbrennung einer Substanz, dessen Verbrennungswärme bekannt ist, möglich. Wenn $C$ für ein Kalorimeter bestimmt ist, lässt sich $Q_V = \Delta U$ für eine unbekannte Substanz mit der Beziehung $Q_V = C \cdot \Delta T$ durch Bestimmung von $\Delta T$ ermitteln. ◀

## 2.3 Innere Energie, Enthalpie und Wärmemengen bei konstantem Volumen und konstantem Druck

Für $V=\mathrm{const.}$ ist die mechanische Arbeit nach Gl. 2.5 $W=0$ und $\Delta U$ daher nach dem I. Hauptsatz, Gl. 2.1 und 2.2

$$\Delta U = Q_V \text{ und } \mathrm{d}U = \mathrm{d}Q_V. \tag{2.6}$$

$Q_V$ ist die bei einem physikalischen oder chemischen Prozess zu- oder abgeführte Wärmemenge bei konstantem Volumen; $Q_V$ ist eine Zustandsfunktion.

Statt der inneren Energie ist es oft zweckmäßig, die Enthalpie einzuführen

$$H \equiv U + p \cdot V. \tag{2.7}$$

Weil $U$, $p$ und $V$ Zustandsfunktionen sind, ist auch $H$ eine Zustandsfunktion.

Aus dem vollständigen Differential (Abschn. 9.1) von $\mathrm{d}H$, $\mathrm{d}H = \mathrm{d}U + p \cdot \mathrm{d}V + V \cdot \mathrm{d}p$ und aus $\mathrm{d}Q = \mathrm{d}U - \mathrm{d}W = \mathrm{d}U + p \cdot \mathrm{d}V$, $\mathrm{d}Q = \mathrm{d}H - p \cdot \mathrm{d}V - V \cdot \mathrm{d}p + p \cdot \mathrm{d}V = \mathrm{d}H - V \cdot \mathrm{d}p$ ergibt sich für $p=\mathrm{const.}$

$$\Delta H = Q_p \text{ und } \mathrm{d}H = \mathrm{d}Q_p. \tag{2.8}$$

Damit ist $\Delta H = Q_p$ die bei einem physikalischen oder chemischen Prozess zugeführte Wärme bei konstantem Druck und eine Zustandsfunktion.

Analog Gl. 2.3 ergibt sich für die Wärmekapazität bei konstantem Druck $C_p$

$$\lim_{\Delta T \to 0} \left(\Delta H/\Delta T\right)_p = \left(\partial H/\partial T\right)_p \equiv C_p \tag{2.9}$$

wobei $H = n \cdot H_{\mathrm{m}}$, $C_p = n \cdot C_{p,\mathrm{m}}$, $H_{\mathrm{m}}$ = molare Enthalpie und $C_{p,\mathrm{m}}$ = molare Wärmekapazität (Molwärme) bei konstantem Druck sind.

**Berechnung der inneren Energie und der Enthalpie für eine Temperatur *T***

Aus Gl. 2.3 und 2.9 erhält man Gleichungen zur Berechnung der inneren Energie und der Enthalpie bei verschiedenen Temperaturen.

$$\mathrm{d}U = C_V \cdot \mathrm{d}T; \quad U_{T'} = U_0 + \int_0^{T'} C_V \cdot \mathrm{d}T + \sum_0^{T'} \Delta U_{\mathrm{trs}} \tag{2.10}$$

$$\mathrm{d}H = C_p \cdot \mathrm{d}T; \quad H_{T'} = H_0 + \int_0^{T'} C_p \cdot \mathrm{d}T + \sum_0^{T'} \Delta H_{\mathrm{trs}} \tag{2.11}$$

$U_0$ und $H_0$ sind die innere Energie und die Enthalpie am absoluten Nullpunkt $T=0$ K. $\Delta U_{\mathrm{trs}}$ und $\Delta H_{\mathrm{trs}}$ sind die Umwandlungsenergien und Umwandlungsenthalpien (Gl. 2.4). Gl. 2.10 und 2.11 können umgewandelt werden zu

$$\begin{aligned} U_{T'} &= \underbrace{U_0 + \int_0^{\vartheta} C_V \cdot \mathrm{d}T + \sum_0^{\vartheta} \Delta U_{\mathrm{trs}}} + \int_{\vartheta}^{T'} C_V \cdot \mathrm{d}T + \sum_{\vartheta}^{T'} \Delta U_{\mathrm{trs}} \\ U_{T'} &= \qquad\qquad U_{\vartheta} \qquad\qquad + \int_{\vartheta}^{T'} C_V \cdot \mathrm{d}T + \sum_{\vartheta}^{T'} \Delta U_{\mathrm{trs}} \end{aligned} \tag{2.12}$$

$$\begin{aligned} H_{T'} &= \underbrace{H_0 + \int_0^{\vartheta} C_p \cdot \mathrm{d}T + \sum_0^{\vartheta} \Delta H_{\mathrm{trs}}} + \int_{\vartheta}^{T'} C_p \cdot \mathrm{d}T + \sum_{\vartheta}^{T'} \Delta H_{\mathrm{trs}} \\ H_{T'} &= \qquad\qquad H_{\vartheta} \qquad\qquad + \int_{\vartheta}^{T'} C_p \cdot \mathrm{d}T + \sum_{\vartheta}^{T'} \Delta H_{\mathrm{trs}} \end{aligned} \tag{2.13}$$

wobei $U_{\vartheta}$ und $H_{\vartheta}$ die Standardenergie und die Standardenthalpie bei einer Standardtemperatur $\vartheta$ sind; diese sind in Tabellenwerken meist bei $\vartheta=298$ K aufgeführt. Für Elemente – jedoch nicht für Verbindungen – wird im Allgemeinen $U_{\vartheta}=0$ und $H_{\vartheta}=0$ gesetzt.

Ist die innere Energie oder die Enthalpie einer Substanz bei einer bestimmten Temperatur bekannt, so können diese für eine beliebige andere Temperatur nach Gl. 2.3 und 2.9 berechnet werden

$$U_{T_2} = U_{T_1} + \int_{T_1}^{T_2} C_V \cdot \mathrm{d}T + \sum_{T_1}^{T_2} \Delta U_{\mathrm{trs}} \tag{2.14}$$

$$H_{T_2} = H_{T_1} + \int_{T_1}^{T_2} C_p \cdot \mathrm{d}T + \sum_{T_1}^{T_2} \Delta H_{\mathrm{trs}}. \tag{2.15}$$

Für viele Überlegungen reicht es, statt der absoluten Werte von $U$ und $H$ die Differenzen $U_{T_2} - U_{T_1}$ und $H_{T_2} - H_{T_1}$ zu kennen; das erleichtert viele Berechnungen. Die Umwandlungsenergien $\Delta U_{\mathrm{trs}}$ wurden bereits in Abschn. 2.2 (Gl. 2.4) definiert und diskutiert. Für die Umwandlungsenthalpien $\Delta H_{\mathrm{trs}}$ gilt das Entsprechende, z. B. $\Delta H_{fus} = H(l) - H(s)$. Der Zusammenhang aus den drei Umwandlungsenthalpien ergibt sich zu $\Delta H_{sub} = \Delta H_{fus} + \Delta H_{vap}$.

Bei der Integration von Gl. 2.10 bis 2.15 ist zu berücksichtigen, dass die Funktionen $C_V = f(T)$ und $C_p = f(T)$ bei den Umwandlungstemperaturen $T_{trs}$ Unstetigkeitsstellen aufweisen; die Integration kann daher nur für eine bestimmte Phase durchgeführt werden, wobei die Umwandlungsenergien $\Delta U_{trs}$ und Umwandlungsenthalpien $\Delta H_{trs}$ nach Gl. 2.10 bis 2.15 berücksichtigt werden müssen. Bei mehreren Phasen wird die Integration in den Bereichen $T_1$ bis $T_{trs1}$, $T_{trs1}$ bis $T_{trs2}$ usw. bis $T_{trsn}$ bis $T_2$ durchgeführt (siehe Beispiel). Abb. 2.2 zeigt die Temperaturabhängigkeit der Molwärme $C_{p,m}$ von Wasser für die drei Phasen fest, flüssig und gasförmig und demonstriert, dass bei der Berechnung von inneren Energien und Enthalpien wegen der sprunghaften Änderungen von $C_p$ und $C_V$ an den Phasengrenzen abschnittweise integriert werden muss.

## 2.4 Temperaturabhängigkeit von Inneren Energien und Enthalpien bei chemischen Reaktionen

Verbindungen haben einen Wert für $U_0$, der der Reaktionswärme der isothermen Bildung der Verbindung am absoluten Nullpunkt aus den Elementen entspricht. Man müsste die Reaktion also am absoluten Nullpunkt $T = 0$ K durchführen (Gedankenversuch) z. B.

$$\begin{array}{ccccccc} \text{Fe} & + & \text{S} & \rightarrow & \text{FeS} & ; & \Delta U_0 \\ U_0 = 0 & & U_0 = 0 & & U_0 = \Delta U_0 & & \end{array}$$

Die Reaktion ist prinzipiell bei 0 K nicht durchführbar. Die auftretenden thermodynamischen Werte sind aber berechenbar, wie im Folgenden gezeigt wird.

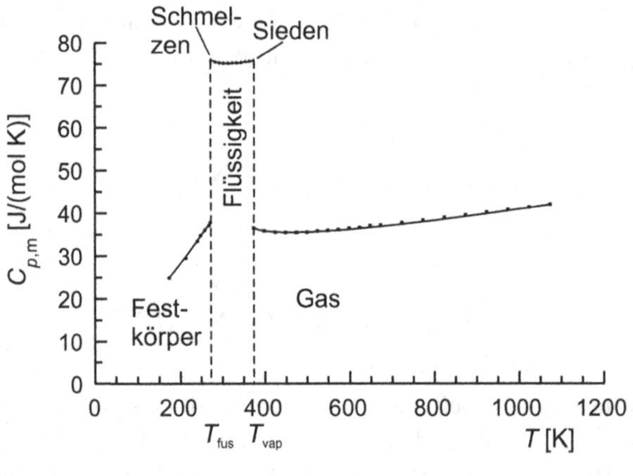


**Abb. 2.2** Temperaturabhängigkeit der Molwärme von Wasser $C_{p,m}$ im Temperaturbereich 173 bis 1073 K. Messwerte: • = feste Phase, ▲ = flüssige Phase, ▪ = gasförmige Phase (Lide (2018–2019) und D'Ans-Lax (1992, 1998))

Man unterscheidet exotherme und endotherme Verbindungen. Eine exotherm sich bildende Verbindung ist energieärmer als die Ausgangselemente. Für eine chemische Reaktion

$$\nu_A \cdot A + \nu_B \cdot B \longrightarrow \nu_C \cdot C + \nu_D \cdot D$$

(A, B, ... = Substanzen; $\nu_A$, $\nu_B$, ... = stöchiometrische Faktoren) ist die Reaktionsenergie

$$\Delta U = \nu_C \cdot U_C + \nu_D \cdot U_D - \nu_A \cdot U_A - \nu_B \cdot U_B = \sum_i \nu_i \cdot U_i;\ i = \mathrm{A,B,C,D}$$

**Die Faktoren $\nu_i$ sind positiv für die Produkte (rechtsstehende Stoffe, Endstoffe) und negativ für die Edukte (linksstehende Stoffe, Ausgangsstoffe).**

Die Reaktionsenergie in Abhängigkeit von der Temperatur erhält man dann analog Gl. 2.10 und 2.12 zu

$$\begin{aligned} (\partial \Delta U/\partial T)_V = \Delta C_V;\ \Delta U_{T'} &= \Delta U_0 + \int_0^{T'} \Delta C_V \cdot \mathrm{d}T + \sum_0^{T'} \sum_i \nu_i \cdot \Delta U_{\mathrm{trs},i} \\ \Delta U_{T'} &= \Delta U_\vartheta + \int_\vartheta^{T'} \Delta C_V \cdot \mathrm{d}T + \sum_\vartheta^{T'} \sum_i \nu_i \cdot \Delta U_{\mathrm{trs},i} \\ \Delta U_0 = \sum_i \nu_i \cdot U_{0,i};\ \Delta U_\vartheta &= \sum_i \nu_i \cdot U_{\vartheta,i};\ \Delta C_V = \sum_i \nu_i \cdot C_{V,i};\ i = \mathrm{A,B,C,D}. \end{aligned} \tag{2.16}$$

Für praktische Rechnungen wird mit der Konvention $U_{\vartheta,i} = 0$ mit $\vartheta = 0$ oder 298 K für Elemente gearbeitet. Die Gültigkeit von Gl. 2.16 beruht darauf, dass nach dem 1. Hauptsatz Änderungen der inneren Energie unabhängig vom Wege sind. Mit Gl. 2.16 lässt sich $\Delta U_0$ berechnen; $\Delta U_0$ ist also wirklich exakt zugänglich.

Die Änderung der inneren Energie ist nicht bei allen Reaktionen leicht bestimmbar. Es gibt aber eine Reihe von Verfahren zur Bestimmung von $\Delta U$, z. B. ist für die Reaktion 2 Cl → $Cl_2$ $\Delta U$ aus Spektren genau bestimmbar.

Die Temperaturabhängigkeit von Reaktionsenthalpien leitet sich analog zu Gl. 2.16 ab

$$\begin{aligned} (\partial \Delta H/\partial T)_p = \Delta C_p;\ \Delta H_{T'} &= \Delta H_0 + \int_0^{T'} \Delta C_p \cdot \mathrm{d}T + \sum_0^{T'} \sum_i \nu_i \cdot \Delta H_{\mathrm{trs},i} \\ \Delta H_{T'} &= \Delta H_\vartheta + \int_\vartheta^{T'} \Delta C_p \cdot \mathrm{d}T + \sum_\vartheta^{T'} \sum_i \nu_i \cdot \Delta H_{\mathrm{trs},i} \\ \Delta H_0 = \sum_i \nu_i \cdot H_{0,i};\ \Delta H_\vartheta &= \sum_i \nu_i \cdot H_{\vartheta,i};\ \Delta C_p = \sum_i \nu_i \cdot C_{p,i};\ i = \mathrm{A,B,C,D} \end{aligned} \tag{2.17}$$

Für praktische Rechnungen wird mit der Konvention $H_{\vartheta,i} = 0$ mit $\vartheta = 0$ oder 298 K für Elemente gearbeitet.

Ist die Reaktionsenergie oder die Reaktionsenthalpie bei einer bestimmten Temperatur bekannt, so kann diese für eine beliebige andere Temperatur analog Gl. 2.16 und 2.17 berechnet werden

$$\Delta U_{T_2} = \Delta U_{T_1} + \int_{T_1}^{T_2} \Delta C_V \cdot \mathrm{d}T + \sum_{T_1}^{T_2} \sum_i \nu_i \cdot \Delta U_{\mathrm{trs},i} \tag{2.18}$$

$$\Delta H_{T_2} = \Delta H_{T_1} + \int_{T_1}^{T_2} \Delta C_p \cdot \mathrm{d}T + \sum_{T_1}^{T_2} \sum_i \nu_i \cdot \Delta H_{\mathrm{trs},i}. \tag{2.19}$$

Die Doppelsummen in Gl. 2.16 bis 2.19 berücksichtigen die Umwandlungswärmen aller an der Reaktion beteiligten Stoffe und die eventuell mehreren Umwandlungswärmen im betrachteten Temperaturbereich. Die Doppelsumme in den Gleichungen sieht furchterregend aus, ist aber meistens ungefährlich: viele Reaktionen finden in einer Phase statt und da fällt die Doppelsumme ganz weg; oft ändert sich bei nur einer Reaktionskomponente nur eine Phase und da degeneriert die Doppelsumme zu einem Ausdruck (siehe Beispiele).

Gl. 2.16 bis 2.19 sind die Kirchhoff'schen Sätze. Abb. 2.3 demonstriert prinzipiell die Reaktionswärmekapazität $\Delta C_p$ in Abhängigkeit von der Temperatur und das Integral $\int \Delta C_p \cdot \mathrm{d}T$ für eine Phase. Bei der Berechnung der inneren Energie statt der Enthalpie wird prinzipiell genauso, wie beschrieben, vorgegangen.

**Hess'scher Satz**

Der Hess'sche Satz beruht auf der Erkenntnis, dass die Reaktionsenergie $\Delta U$ und die Reaktionsenthalpie $\Delta H$ Zustandsfunktionen sind. Sie sind durch Angabe des Anfangs- und Endzustandes der Reaktion eindeutig bestimmt und werden nicht davon beeinflusst, auf welchem Weg der Anfangs- und Endzustand erreicht wird. Damit ist es möglich, Reaktionsenergien und -enthalpien zu berechnen, die nicht unmittelbar gemessen werden können.

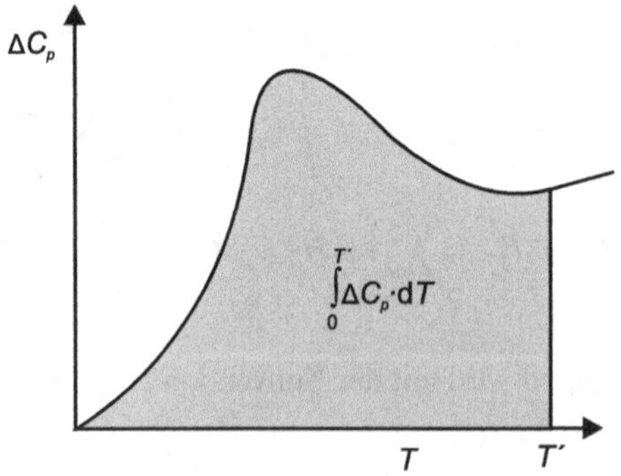


**Abb. 2.3** Temperaturabhängigkeit der Reaktionswärmekapazität $\Delta C_p$ sowie des Integrals $\int \Delta C_p \cdot \mathrm{d}T$ für eine Phase

**Beispiel**

Die Reaktion

a) $C(s) + (1/2)\ O_2(g) \rightarrow CO(g)\ \Delta H_1 = ?$ kJ/mol
ist nicht unmittelbar messbar, weil sich gleichzeitig mit CO auch $CO_2$ bildet. Zugänglich sind aber
b) $C(s) + O_2(g) \rightarrow CO_2(g)\ \Delta H_2 = -393{,}7$ kJ/mol
c) $CO(g) + (1/2)\ O_2(g) \rightarrow CO_2(g)\ \Delta H_3 = -283{,}1$ kJ/mol

Die Reaktion a) ergibt sich aus den Reaktionen b) – c).
$C(S) + O_2(g) - CO(g) - (1/2)\ O_2(g) \rightarrow CO_2(g) - CO_2(g)$
$= C(s) + (1/2)O_2(g) \rightarrow CO(g)$.
Nach dem Hess'schen Satz gilt das auch für die Reaktionsenthalpien.

$$\boldsymbol{\Delta H_1} = \Delta H_2 - \Delta H_3 = -393{,}7 - (-283{,}1) = \mathbf{-110{,}6\ kJ/mol}.$$

**Berechnung von Reaktionsenthalpien bei $T = 298$ K, Gl. 2.17**

$$N_2 + 3\,H_2 \rightarrow 2\ NH_3$$

$$\Delta H_r = \sum_i \nu_i \cdot H_i = 2(-46{,}1) - 1 \cdot 0 - 3 \cdot 0$$

$\boldsymbol{\Delta H_r} = \mathbf{-92{,}2\ kJ}$ ($T = 298$ K); exotherme Reaktion

$$6\,NO_2 + 8\,NH_3 \rightarrow 7\,N_2 + 12\,H_2O(g)$$

$$\Delta H_r = \sum_i \nu_i \cdot H_i = 12(-241{,}82) + 7 \cdot 0 - 6(33{,}18) - 8(-46{,}1)$$

$\boldsymbol{\Delta H_r} = \mathbf{-2732{,}12\ kJ}$ ($T = 298$ K); exotherme Reaktion.

Die Enthalpien $H_i$ bei $T = 298$ K finden sich in der Literatur (Wedler und Freund 2018; Atkins und de Paula 2006; Engel und Reid 2006; Atkins 2001; Lide 2018–2019; D'Ans-Lax 1992, 1998)

$H_{N_2}(g) = 0$ kJ/mol; $H_{H_2}(g) = 0$ kJ/mol; $H_{NH_3}(g) = -46{,}1$ kJ/mol;
$H_{NO_2}(g) = +33{,}18$ kJ/mol; $H_{H_2O}(g) = -241{,}82$ kJ/mol;
$H_{H_2O}(l) = -285{,}83$ kJ/mol.

Weitere Beispiele in Abschn. 2.6 ◄

## 2.5 Anwendungen des I. Hauptsatzes

### 2.5.1 Isotherme Zustandsänderung eines idealen Gases

Das Modell des idealen Gases ist gekennzeichnet durch

- Die einzelnen Teilchen des Gases sind Massepunkte ohne Ausdehnung.
- Die Massepunkte üben keine Kräfte aufeinander aus.

Hieraus ergibt sich, dass die innere Energie des idealen Gases nur eine Funktion der Temperatur und nicht des Volumens und des Drucks ist. Der Zusammenhang von Temperatur $T$, Volumen $V$ und Druck $p$ ist durch die ideale Gasgleichung gegeben (siehe auch Abschn. 7.2.1 und 8.1)

$$p \cdot V = n \cdot R \cdot T \tag{2.20}$$

wobei $n$ die Molzahl und $R$ die universelle Gaskonstante sind.

Bei der isothermen Zustandsänderung eines idealen Gases ist die Änderung der inneren Energie $\Delta U = 0$ und daher mit Gl. 2.1 $W = -Q$. Gl. 2.5 und 2.20 ergeben

$$\begin{aligned} &\mathrm{d}W = -p \cdot \mathrm{d}V;\ p = n \cdot R \cdot T/V;\ \mathrm{d}W = -n \cdot R \cdot T \cdot \mathrm{d}V/V \text{ und} \\ &W = -n \cdot R \cdot T \cdot \ln(V_2/V_1);\ W = -n \cdot R \cdot T \cdot \ln(p_1/p_2) \end{aligned} \tag{2.21}$$

### 2.5.2 Adiabatische Zustandsänderung eines idealen Gases

Beim adiabatischen Prozess erfolgt kein Wärmeübergang durch die Systemgrenze, es findet daher kein Wärmeaustausch mit der Umgebung statt. Das ergibt mit Gl. 2.2, 2.4 und 2.5 mit $Q = 0$

$$\mathrm{d}U = \delta W \text{ und } C_V \cdot \mathrm{d}T = -p \cdot \mathrm{d}V.$$

Es ergibt sich, dass die Volumenarbeit $-p \cdot \mathrm{d}V$ auf Kosten der inneren Energie geleistet wird; der Prozess ist mit einer Änderung der Temperatur des Mediums (Gas oder Flüssigkeit) verbunden.

Bei adiabatischer Kompression erwärmt sich das Medium, bei adiabatischer Expansion kühlt es sich ab. Der mechanischen Arbeit Kompression und Expansion entspricht bei adiabatischer Volumenänderung eine Wärmemenge, die nicht an die Umgebung abgegeben wird, sondern die innere Energie und damit die Temperatur des Mediums erhöht oder erniedrigt. Dieses Prinzip wird z. B. bei Kühlschränken und Wärmepumpen ausgenutzt.

Für ein ideales Gas ergibt sich mit Gl. 2.20

$$C_V \cdot \mathrm{d}T = -(n \cdot R \cdot T/V)\mathrm{d}V \text{ oder } C_{V,\mathrm{m}} \cdot \mathrm{d}T = -(R \cdot T/V)\mathrm{d}V$$

mit $C_V = n \cdot C_{V,\mathrm{m}}$. Unbestimmte Integration liefert

$$C_{V,\mathrm{m}} \cdot \ln T + c_1 = -R \cdot \ln V + c_2, \ln T + c_1 = -\left(R/C_{V,\mathrm{m}}\right) \ln V + c_2 \text{ und}$$

$$T \cdot V^{R/C_{V,\mathrm{m}}} = \text{const.}$$

In Abschn. 2.5.4, Gl. 2.27, wird gezeigt, dass für ideale Gase $C_{p,\mathrm{m}} - C_{V,\mathrm{m}} = R$ ist und daher

$$R/C_{V,\mathrm{m}} = \left(C_{p,\mathrm{m}} - C_{V,\mathrm{m}}\right)/C_{V,\mathrm{m}} = C_{p,\mathrm{m}}/C_{V,\mathrm{m}} - 1 = \gamma - 1 \text{ mit } \gamma = C_{p,\mathrm{m}}/C_{V,\mathrm{m}}.$$

Damit ergibt sich

$$T \cdot V^{\gamma-1} = \text{const.}$$

Die anderen Abhängigkeiten $p = f(V)$ und $T = f(p)$ ergeben sich über die ideale Gasgleichung Gl. 2.20 zu

$$T \cdot V^{\gamma-1} = \text{const.}; \quad \left[p \cdot V/(n \cdot R)\right] V^{\gamma-1} = \text{const.}; \; p \cdot V^{\gamma} = \text{const.}$$
$$T \cdot V^{\gamma-1} = \text{const.}; \quad T\left(n \cdot R \cdot T/p\right)^{\gamma-1} = \text{const.}; \quad T^{\gamma} \cdot p^{1-\gamma} = \text{const.}$$

Dies sind die Adiabatengleichungen eines idealen Gases

$$T \cdot V^{\gamma-1} = \text{const.}, \; p \cdot V^{\gamma} = \text{const. und } T^{\gamma} \cdot p^{1-\gamma} = \text{const.} \tag{2.22}$$

Für zwei verschiedene Zustände 1 und 2 gilt entsprechend Gl. 2.22

$$T_2/T_1 = \left(V_1/V_2\right)^{\gamma-1}; \; p_2/p_1 = \left(V_1/V_2\right)^{\gamma} \text{ und } \left(T_2/T_1\right)^{\gamma} = \left(p_1/p_2\right)^{1-\gamma} \tag{2.23}$$

Gl. 2.23 erhält man auch durch bestimmte Integration der zweiten Gleichung von Abschn. 2.5.2.

Die Arbeit d$W$ für einen adiabatischen Prozess ist mit $\delta W = \mathrm{d}U$ bei $C_V = \text{const.}$

$$\mathrm{d}W = C_V \cdot \mathrm{d}T; \; W = C_V(T_2 - T_1). \tag{2.24}$$

Abb. 2.4 vergleicht Isotherme und Adiabate für ein ideales Gas.

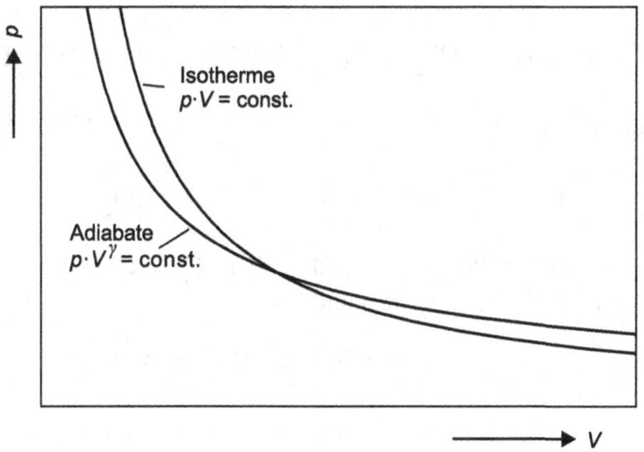


**Abb. 2.4** Isotherme $p \cdot V = \text{const.}$ und Adiabate $p \cdot V^{\gamma} = \text{const.}$ für ein ideales Gas

### 2.5.3 Ausdehnungskoeffizient, Kompressibilität und Druckkoeffizient

Das vollständige Differential der Funktion $V=f(p,T)$ ist (siehe Abschn. 9.1)

$$dV = (\partial V/\partial p)_T dp + (\partial V/\partial T)_p dT.$$

Für den Spezialfall $dV=0$ ergibt sich

$$(\partial V/\partial p)_T dp = -(\partial V/\partial T)_p dT; \ (\partial p/\partial T)_V = -(\partial V/\partial T)_p/(\partial V/\partial p)_T.$$

Mit den Definitionen.

Ausdehnungskoffizient $\alpha=(1/V_0)(\partial V/\partial T)_p$ (Volumen $V_0$ bei $T=0\,°C$ und $p=1\cdot 10^5$ Pa),

Kompressibilität $\kappa=-(1/V_1)(\partial V/\partial p)_T$ (Volumen $V_1$ bei der Versuchstemperatur $T$ und $p=1\cdot 10^5$ Pa) und

Druckkoeffizient $\beta=(\partial p/\partial T)_V$

erhält man daraus die Beziehung

$$\beta = \alpha \cdot V_0/(\kappa \cdot V_1). \tag{2.25}$$

### 2.5.4 Beziehung zwischen $C_p$ und $C_V$ für ideale Gase

Aus Gl. 2.2, $\delta Q = dU - \delta W$, und dem vollständigen Differential der Funktion $U=f(T,V)$ erhält man mit Gl. 2.5

$$\delta Q = (\partial U/\partial T)_V dT + (\partial U/\partial V)_T dV + p\,dV \text{ und}$$

$$\delta Q = C_V dT + \left[(\partial U/\partial V)_T + p\right] dV.$$

$\delta Q$ wird bei konstantem Druck zugeführt; das ergibt mit Gl. 2.9

$$(\delta Q/dT)_p = (\partial H/\partial T)_p = C_V + \left[(\partial U/\partial V)_T + p\right](\partial V/\partial T)_p$$

und weiter mit $(dH/dT)_p = C_p$

$$C_p = C_V + \left[(\partial U/\partial V)_T + p\right](\partial V/\partial T)_p \tag{2.26}$$

Für ideale Gase ist $(\partial U/\partial V)_T=0$ und daher $C_p = C_V + p(\partial V/\partial T)_p$. Aus $p\cdot V=n\cdot R\cdot T$ folgt $(\partial V/\partial T)_p=n\cdot R/p$ und daher

$$C_p = C_V + n\cdot R \text{ und } C_{p,m} = C_{V,m} + R \tag{2.27}$$

## 2.6 Beispiele

**Isotherme und adiabatische Prozesse**

10 $dm^3 = 0{,}01\ m^3$ Stickstoff (298 K, $1 \cdot 10^5$ Pa) werden **isotherm** ($\Delta U = 0$) auf 1 $dm^3 = 0{,}001\ m^3$ komprimiert. Die dafür benötigte Arbeit und Wärmemenge ist nach Gl. 2.21 $W = -Q = -n \cdot R \cdot T \cdot \ln(V_2/V_1)$. Die Molzahl von 0,01 $m^3$ Stickstoff ($N_2$) bei 298 K und $1 \cdot 10^5$ Pa ist bei einer Dichte von $\rho = 1{,}13\ kg/m^3$ und einer Molmasse von $M = 0{,}028$ kg/mol, $n = m/M = \rho \cdot V/M = 1{,}13 \cdot 0{,}01/0{,}028 = 0{,}404$ mol. Damit wird

$$\begin{aligned} \boldsymbol{W} &= -n \cdot R \cdot T \cdot \ln(V_2/V_1) \\ &= -0{,}404 \cdot 8{,}31 \cdot 298 \cdot \ln(0{,}001/0{,}01) = \mathbf{2304\,J} = \mathbf{2{,}304\,kJ} \text{ und} \\ \boldsymbol{Q} &= -W = \mathbf{-2304\,J} = \mathbf{-2{,}304\,kJ}. \end{aligned}$$

10 $dm^3 = 0{,}01\ m^3$ Stickstoff (298 K, $1 \cdot 10^5$ Pa) werden **adiabatisch** ($Q = 0$) auf 1 $dm^3 = 0{,}001\ m^3$ komprimiert. Die Temperaturerhöhung und die Arbeit sind:

$$\begin{aligned} & C_{p,\mathrm{m}} = 29{,}3\,\mathrm{J/(mol\,K)},\ C_{V,\mathrm{m}} = C_{p,\mathrm{m}} - R = 29{,}3 - 8{,}3 = 21{,}0\,\mathrm{J/(mol\,K)} \text{ und} \\ & \gamma = C_{p,\mathrm{m}}/C_{V,\mathrm{m}} = 29{,}3/21{,}0 = 1{,}40 \\ & T_2/T_1 = (V_1/V_2)^{\gamma-1} (\text{Gl. } 2.23) \\ & \boldsymbol{T_2} = T_1 (V_1/V_2)^{\gamma-1} = 298(0{,}01/0{,}001)^{1{,}4-1} = \mathbf{748\,K} \\ & W = \Delta U = C_V (T_2 - T_1) = C_{V,\mathrm{m}} \cdot n(T_2 - T_1) = 21{,}0 \cdot 0{,}404(748 - 298) \\ & \boldsymbol{W} = \mathbf{3818\,J} = \mathbf{3{,}818\,kJ}. \end{aligned}$$

***p-V-T* Zustandsgleichung, Abschn. 2.5.3**

Ein Thermometer ist bei 50 °C gerade vollständig mit Quecksilber gefüllt. Bis zu welcher Temperatur darf man ein solches Thermometer gerade noch erhitzen, wenn es einen Innendruck von $10 \cdot 10^5$ Pa = 10 bar gerade noch aushält?

Für Quecksilber gilt in diesem Temperaturbereich $\alpha = 1{,}8 \cdot 10^{-4}\ K^{-1}$ und $\kappa = 3{,}9 \cdot 10^{-11}\ Pa^{-1}$.

Der Zusammenhang zwischen Temperatur und Druck ist durch den Druckkoeffizienten gegeben. Dieser wird mit Gl. 2.25 berechnet. Näherungsweise wird $V_0 = V_1$ gesetzt. Damit ist $\beta = \alpha \cdot V_0/(\kappa \cdot V_1) = 1{,}8 \cdot 10^{-4}/3{,}9 \cdot 10^{-11} = 4{,}62 \cdot 10^6$ Pa/K

$$\beta = (\partial p/\partial T)_V;\ \int_0^{10 \cdot 10^5} \mathrm{d}p = \int_{323}^{a} \beta \cdot \mathrm{d}T.$$

Die Integration der letzten Gleichung liefert $10 \cdot 10^5 = \beta(a - 323)$; $10 \cdot 10^5 = 4{,}62 \cdot 10^6(a - 323)$ und

$$a = (10 \cdot 10^5/4{,}62 \times 10^6) + 323 = 323{,}2\,\mathrm{K} = 50{,}2°\mathrm{C}.$$

Das Thermometer kann bei diesen Bedingungen nur auf 50,2 °C erhitzt werden, ohne zu platzen.

**Reaktionsenthalpie**

Die Bildungsenthalpie für CO beträgt bei 298 K $\Delta H_f = -110{,}4$ kJ/mol und für $CO_2$ $\Delta H_f = -393$ kJ/mol. Daraus kann die Reaktionsenthalpie für die Reaktion $CO + 1/2\ O_2 \rightarrow CO_2$ bei 373 K berechnet werden.

Die mittleren Molwärmen zwischen 298 K und 373 K betragen

$$C_{p,\mathrm{m}}(\mathrm{CO}) = 29{,}3\ \mathrm{J/(mol\ K)};\ C_{p,\mathrm{m}}(\mathrm{CO_2}) = 40{,}1\ \mathrm{J/(mol\ K)};$$
$$C_{p,\mathrm{m}}(\mathrm{O_2}) = 30{,}1\ \mathrm{J/(mol\ K)}$$

Die Molwärmen sind im Temperaturbereich 298 bis 373 K als Konstante anzusehen.

Zunächst wird die Reaktionsenthalpie bei 298 K nach Gl. 2.17 berechnet.

$$\Delta H_\mathrm{r} = \sum_i \nu_i \cdot H_i = -1 \cdot 393 - 1 \cdot (-110{,}4) - (1/2) \cdot 0$$

$$\boldsymbol{\Delta H_\mathrm{r} = -282{,}6\ \mathrm{kJ/mol} = -282{,}6 \cdot 10^3\,\mathrm{J/mol}.}$$

Die Reaktionsenthalpie bei 373 K wird nach Gl. 2.19 berechnet. Umwandlungswärmen gibt es hier nicht.

$$\Delta C_p = \sum_i \nu_i \cdot C_{p_i} = 1 \cdot 40{,}1 - 1 \cdot 29{,}3 - (1/2)30{,}1 = -4{,}25\ \mathrm{J/(mol\ K)}.$$

$$\Delta H_{T_2} = \Delta H_{T_1} + \int_{T_1}^{T_2} \Delta C_p \cdot \mathrm{d}T + \sum_{T_1}^{T_2} \sum_i \nu_i \cdot \Delta H_{\mathrm{trs},i}$$
$$= -282{,}6 \cdot 10^3 + (-4{,}25)(373 - 298)$$

$$\boldsymbol{\Delta H_\mathrm{r} = -282900\ \mathrm{J/mol} = -282{,}9\ \mathrm{kJ/mol}.}$$

Die Reaktionsenthalpie bei 373 K beträgt für diese Reaktion –282,9 kJ/mol; das ist kein großer Unterschied zur Reaktionsenthalpie bei 298 K. Bei größeren Temperaturdifferenzen können die Unterschiede aber beträchtlich sein.

**Bildungsenthalpie von Propan**

Die Bildungsenthalpien von Verbindungen sind oft nicht direkt bestimmbar. Da die Enthalpie eine Zustandsfunktion ist (d. h. sie ist unabhängig vom Wege, auf dem sie erzeugt ist), kann man sie durch Addition oder Subtraktion von passenden chemischen Gleichungen und den zugehörigen Reaktionsenthalpien berechnen (Hess'scher Satz, Abschn. 2.4). Besonders geeignet sind hierfür die Verbrennungsenthalpien der beteiligten Stoffe. Die Bildungsenthalpie von Propan ergibt sich aus folgenden thermochemischen Gleichungen (alle Werte bei $T = 298$ K) (Lide, 2018–2019) mit $M_{C_3H_8} = 44$ g/mol.

a) $3\,C + 4\,H_2 \rightarrow C_3H_8$ $\Delta H_f(C_3H_8) = ?$

b) $C_3H_8 + 5\,O_2 \rightarrow 3\,CO_2 + 4\,H_2O$ $\Delta H_c = -50{,}4$ kJ/g $= -50{,}4 \cdot 44$ (kJ/g)(g/mol) $= -2218$ kJ/mol

c) $C + O_2 \rightarrow CO_2$ $\Delta H_c = -393$ kJ/mol

d) $H_2 + 1/2\,O_2 \rightarrow H_2O$ $\Delta H_c = -284$ kJ/mol

$a = 3 \cdot c + 4 \cdot d - b$; $\Delta H_f(C_3H_8) = -3 \cdot 393 - 4 \cdot 284 - (-2218) = -97\,\text{kJ/mol}$.

$\mathbf{\Delta H_f(C_3H_8) = -97}$ **kJ/mol.** Propan ist eine exotherme Verbindung.

**Isochore Erwärmung, konstantes Volumen**

2 g $H_2$ ($M = 2$ g/mol, $n = m/M = 2/2 = 1$ mol) sollen in einem geschlossenen Behälter von 283 K und $1 \cdot 10^5$ Pa durch Erwärmen auf einen Druck von $5 \cdot 10^5$ Pa gebracht werden. Welche Wärmemenge ist hierzu erforderlich und wie ändert sich die innere Energie? Die spezifische Wärme von $H_2$ ist $C_{p,\text{sp}} = 14{,}6$ J/(g K) und damit $C_{p,\text{m}} = M \cdot C_{p,\text{sp}} = 2 \cdot 14{,}6 = 29{,}2$ J/(mol K), $C_{V,\text{m}} = C_{p,\text{m}} - R = 29{,}2 - 8{,}3 = 20{,}9$ J/(mol K). Die Temperaturänderung beträgt mit Gl. 2.23, $p_2/p_1 = T_2/T_1$, $T_2 = T_1 \cdot p_2/p_1 = 283 \cdot 5/1 = 1415$ K $= 1142$ °C. Damit wird

$$\mathrm{d}U = C_V \cdot \mathrm{d}T;\ \Delta U = C_V \int_{T_1}^{T_2} \mathrm{d}T = n \cdot C_{V,\text{m}} \int_{T_1}^{T_2} \mathrm{d}T \text{ und daher mit Gl. 2.6}$$

$$\mathbf{\Delta U} = \boldsymbol{Q_V} = 1 \cdot 20{,}9 \cdot (1415 - 283) = \mathbf{23659}\ \text{J} = \mathbf{23{,}66}\,\text{kJ}.$$

**Isobare Erwärmung, konstanter Druck**

2 mol eines idealen Gases werden beim Druck $1 \cdot 10^5$ Pa von 283 K auf 333 K bei konstantem Druck erwärmt. Daraus kann $\Delta H = Q_p$ (Gl. 2.8) und $\Delta U$ mit $C_{p,\text{m}} = 28{,}8$ J/(mol K) berechnet werden. Für $p = \text{const.}$ und $C_p = \text{const.}$ ist (Gl. 2.9)

$$\mathrm{d}H = C_p \cdot \mathrm{d}T;\quad \Delta H = C_p \int_{T_1}^{T_2} \mathrm{d}T = n \cdot C_{p,\text{m}} \int_{T_1}^{T_2} \mathrm{d}T \text{ und daher mit Gl. 2.8}$$

$$\mathbf{\Delta H} = \boldsymbol{Q_p} = 2 \cdot 28{,}8 \cdot (333{-}283) = \mathbf{2880\,J} = \mathbf{2{,}88\ kJ}.$$

Zur Erwärmung des Gases bei konstantem Druck von 283 K auf 333 K ist eine Wärmemenge von $\Delta H = Q_p = 2{,}88$ kJ erforderlich.

Aus Gl. 2.7 ergibt sich $\mathrm{d}H = \mathrm{d}U + p \cdot \mathrm{d}V + V \cdot \mathrm{d}p$ und für $p = \text{const.}$ ist $\mathrm{d}U = \mathrm{d}H - p \cdot \mathrm{d}V$ und $\Delta U = \Delta H - p \cdot \Delta V$.

Aus der idealen Gasgleichung, Gl. 2.20, $p \cdot V = n \cdot R \cdot T$, ergeben sich für die Temperaturen $T_1$ und $T_2$ und die zugehörigen Volumina $V_1$ und $V_2$ die Gleichungen $p \cdot V_1 = n \cdot R \cdot T_1$ und $p \cdot V_2 = n \cdot R \cdot T_2$ und damit $p \cdot V_2 - p \cdot V_1 = p \cdot \Delta V = n \cdot R(T_2 - T_1)$. Das ergibt für diesen Fall $p \cdot \Delta V = 2 \cdot 8{,}314(333 - 283) = 831$ J. Damit ergibt sich für $\Delta U$

$$\mathbf{\Delta U} = \boldsymbol{Q_V} = \Delta H - p \cdot \Delta V = 2880 - 831 = \mathbf{2049\ J} = \mathbf{2{,}05\ kJ}.$$

Es ist einleuchtend, dass $\Delta U$ kleiner als $\Delta H$ ist; die Differenz $\Delta H - \Delta U = 831$ J ist die Volumenarbeit, die zur Ausdehnung des Gases bei konstantem Druck von 283 K auf 333 K benötigt wird.

# 3 Der II. und III. Hauptsatz der Thermodynamik

Es soll versucht werden, ein Maß für die Triebkraft eines physikalischen Vorgangs oder einer chemischen Reaktion zu finden, die es erlaubt, vorauszusagen, ob der Prozess in der geforderten Richtung freiwillig abläuft oder nicht abläuft, mit welcher Kraft die Reaktion/der Vorgang abläuft und wann die Reaktion/der Vorgang zum Stillstand kommt.

Beispiele:

a) Verdünnung eines Salzes auf osmotischem Wege (mechanische Arbeit)
b) Galvanisches Element (elektrische Arbeit)
c) Chemische Reaktion, z. B. $N_2 + 3\ H_2 \rightarrow 2\ NH_3$

Freiwillige Prozesse sind auch die, welche einen kleinen Anstoß brauchen (Katalysator). Freiwillige Vorgänge können eine Gegenkraft überwinden, sie können Arbeit leisten.

Kann die vorausberechenbare innere Energie oder Enthalpie Aussagen über die Triebkraft machen? Das alte Berthelot'sche Prinzip besagt, dass eine Reaktion eine umso größere Triebkraft hat, je höher die frei werdende Wärmemenge bei dieser Reaktion ist. Dieses Prinzip gilt heute nur noch eingeschränkt, es gibt Gegenbeispiele. Damit sind $\Delta U$ und $\Delta H$ kein Maß für die Triebkraft einer Reaktion. Es gibt freiwillige (von selbst verlaufende) Reaktionen, die alle Werte von $\Delta U$ und $\Delta H$ (positiv, null und negativ) annehmen können.



M. Dieter Lechner, *Einführung in die Thermodynamik*,
https://doi.org/10.1007/978-3-662-63996-2_3

## 3.1 Isotherme reversible Prozesse

Es wird angenommen, dass die maximal zu leistende Arbeit ein Maß für die Triebkraft ist. Damit stellen sich drei Fragen:

1. Woran erkennt man die maximale Arbeit?
2. Ist die maximale Arbeit prozessabhängig (wegabhängig)?
3. Auf welche Weise kann man die Größe der maximalen Arbeit bestimmen?

### 3.1.1 Ausdehnung eines Gases

In einem Gedankenversuch am Beispiel der Ausdehnungsarbeit eines idealen Gases soll der Begriff der maximalen Arbeit demonstriert werden. Wir stellen uns dazu einen Behälter mit einem idealen Gas und einem beweglichen, gewichtslosen Stempel vor, auf dem verschiedene Gewichte stehen (Abb. 3.1).

Wird ein Gewicht von dem Stempel entfernt, so dehnt sich das Gas aus und drückt das verbleibende Gewicht ein Stück höher. Nach dem idealen Gasgesetz wird unter den Bedingungen von Abb. 3.1 das Volumen des Gases verdoppelt und der Druck halbiert. Dabei leistet das Gas Arbeit: $W = -p \cdot \Delta V$.

$p$ entspricht dem Druck des verbleibenden Gewichts: $p = (1/2)p_1$.

$\Delta V$ ist die Volumenänderung: $\Delta V = V_2 - V_1 = 2 \cdot V_1 - V_1 = V_1$.

Die geleistete Arbeit beträgt also $W = -p \cdot \Delta V = -(1/2)p_1 \cdot V_1$.

Man kann nun aber den gleichen Versuch führen, indem man die beiden großen Gewichte in 4 kleinere unterteilt (Abb. 3.2).

Nimmt man bei dieser Anordnung ein Gewicht weg, so steigt das Volumen auf 4/3 des ursprünglichen Volumens.

Die geleistete Arbeit beträgt also

$$W_{\mathrm{I}} = -p \cdot \Delta V = -(3/4)p_1 \cdot (1/3)V_1 = -(3/12)p_1 \cdot V_1 = -(1/4)p_1 \cdot V_1.$$

Wird ein weiteres Gewicht entfernt, beträgt die geleistete Arbeit

$$W_{\mathrm{II}} = -p \cdot \Delta V = -(1/2)p_1 \cdot (2/3)V_1 = -(1/3)p_1 \cdot V_1.$$

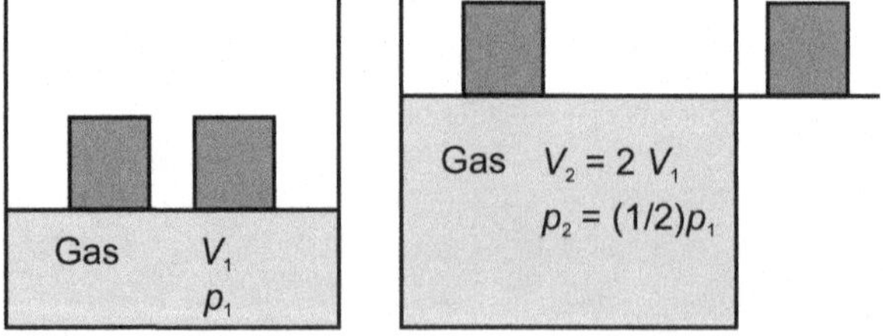


**Abb. 3.1** Ausdehnung eines idealen Gases I

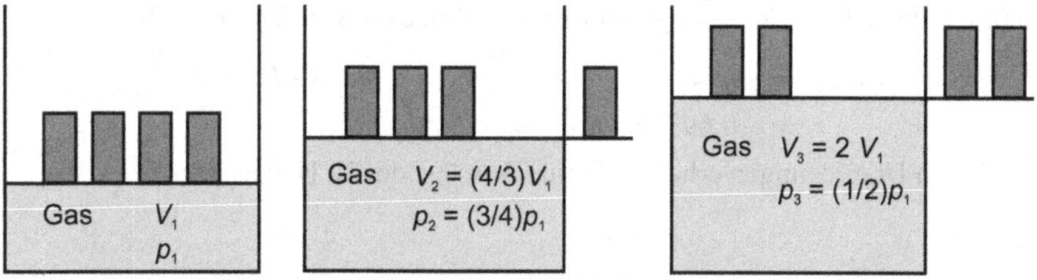


**Abb. 3.2** Ausdehnung eines idealen Gases II

Die gesamte Arbeit für diesen Zweistufen-Prozess beträgt

$$W = W_{\mathrm{I}} + W_{\mathrm{II}} = -(1/4 + 1/3)p_1 \cdot V_1 = -(7/12)p_1 \cdot V_1 = -0{,}583 p_1 \cdot V_1.$$

Im ersten Prozess betrug die geleistete Arbeit aber nur $W = -(1/2)p_1 \cdot V_1$.

Bei beiden Prozessen sind wir vom gleichen Ausgangszustand zum gleichen Endzustand gekommen. Wenn wir den Versuch in noch mehr Einzelschritte mit entsprechend kleineren Gewichten unterteilen, kommt noch mehr Arbeit heraus. Maximale Arbeit erhält man dann bei differentiell kleinen Schritten. Dann ist der außen auf dem Gas lastende Druck nur infinitesimal kleiner (oder größer) als der Innendruck des Gases: $p_{\text{außen}} = p_{\text{innen}}$, d. h. Außen- und Innendruck stehen während des ganzen Prozesses im Gleichgewicht.

Die maximale Arbeit $W_{max}$ kommt also heraus, wenn der Versuch in unmittelbarer Nähe des Gleichgewichts geführt wird. Nur dann ist der Prozess ohne Arbeitsverluste umkehrbar. Dies ist jedoch praktisch nicht durchführbar, da der Prozess dann auf unendlich lange Zeit ausgedehnt werden müsste und außerdem Verluste durch Reibung auftreten. Mittels charakteristischer Größen ist $W_{max}$ aber berechenbar.

Mit der gewonnenen maximalen Arbeit kann der Prozess gerade wieder rückgängig gemacht werden: $W_{max} = W_{rev}$. Die maximale Arbeit wird an ihrer Reversibilität erkannt; Gleichgewicht und Reversibilität bedingen sich.

Die vorhin beschriebenen beiden Versuche können rückgängig gemacht werden, indem die entfernten Gewichte nacheinander wieder auf den Stempel gestellt werden. Die aufzuwendende Arbeit, um den Prozess rückgängig zu machen, wird größer, wenn man den Vorgang in mehr Einzelschritte aufteilt.

Unter der Bedingung der Reversibilität darf für den Druck $p = n \cdot R \cdot T/V$ in $W_{max} = -\int p \cdot \mathrm{d}V$ gesetzt werden. Bei der Ausdehnung nimmt das Gas die Energie zur Arbeitsleistung aus einem Thermostaten, so dass die innere Energie des Gases bei dem Prozess konstant bleibt. Damit erhält man für die maximale Arbeit für $T = \text{const.}$ beim idealen Gas

$$\mathrm{d}W_{\max} = -p \cdot \mathrm{d}V;\, p = n \cdot R \cdot T/V;\, \mathrm{d}W = -(n \cdot R \cdot T/V)\mathrm{d}V;\, V_1 \to V_2$$

$$W_{\max} = -n \cdot R \cdot T \int_{V_1}^{V_2} \mathrm{d}V/V = -n \cdot R \cdot T \cdot \ln\left(V_2/V_1\right) = -n \cdot R \cdot T \cdot \ln\left(p_1/p_2\right)$$

Damit ergibt sich für den oben beschriebenen Prozess (Abb. 3.1 und 3.2)

$$W_{max} = -n \cdot R \cdot T \cdot \ln\left(2 \cdot V_1/V_1\right) = -n \cdot R \cdot T \cdot \ln 2$$
$$= -0{,}693 \cdot n \cdot R \cdot T = -0{,}693 \cdot p_1 \cdot V_1$$

Aus diesen Überlegungen erhält man eine Aussage des II. Hauptsatzes.

**Teilaussage des II. Hauptsatzes**

**Die maximale Arbeit $W_{max} = W_{rev}$ ist für isotherme, reversible Prozesse vom Weg unabhängig. $W_{max}$ ist für $T = \text{const.}$ eine Zustandsfunktion.**

Maximale Arbeit erhält man bei differentiell kleinen Schritten; der Prozess kann rückläufig gestaltet werden.

Es ergibt sich, dass die maximale Arbeit bei währendem Gleichgewicht geleistet wird; das bedeutet, dass während des Prozesses der Druck gleich dem Gegendruck und die Kraft gleich der Gegenkraft ist. Da dieser Prozess bei konstanter Temperatur durchgeführt wird, muss sich der Arbeitszylinder (vgl. Abb. 3.1 und 3.2) in einem Thermostaten befinden, um die bei dem Prozess auftretenden Wämemengen abzuführen oder die zuzuführenden Wärmemengen bereit zu stellen (der Thermostat ist in den beiden Abbildungen nicht eingezeichnet). Wie soeben beschrieben, erhält man für die maximale Arbeit bei der isothermen, reversiblen Ausdehnung eines idealen Gases

$$W_{max} = -n \cdot R \cdot T \int_{V_1}^{V_2} \mathrm{d}V/V = -n \cdot R \cdot T \cdot \ln\left(V_2/V_1\right) = -n \cdot R \cdot T \cdot \ln\left(p_1/p_2\right) \tag{3.1}$$

mit $V_2 > V_1$ und (wegen $p \sim 1/V$) $p_1 > p_2$.

Für ideale Lösungen wird der Druck $p$ durch den osmotischen Druck $\pi$ ersetzt; es gilt $\pi = (n/V)R \cdot T = C \cdot R \cdot T$. Damit ergibt sich für die maximale Arbeit für ideale Lösungen

$$\text{wegen } \pi \mathrel{\hat{=}} p \sim C$$

$$W_{max} = -n \cdot R \cdot T \cdot \ln\left(C_1/C_2\right) \text{ mit } C_1 > C_2 \tag{3.2}$$

### 3.1.2 Elektrochemische Prozesse

Abb. 3.3 zeigt eine galvanische Zelle für die Konzentrationskette

$$\mathrm{Cu} \mid \mathrm{Cu}^{2+}\,(\mathrm{aq}, a_1) \parallel \mathrm{Cu}^{2+}(\mathrm{aq}, a_2) \mid \mathrm{Cu} \text{ mit } a_1 > a_2$$

mit $\mid$ = Phasengrenze und $\parallel$ = flüssige Verbindung, in der das Diffusionspotenzial als eliminiert angenommen werden kann („Salzbrücke") (Wedler und Freund (2018)).

$a_i = \gamma_{c,i} \cdot C_i$ sind die Aktivitäten mit den Aktivitätskoeffizienten $\gamma_{c,i} \leq 1$.

Die Elektrodenreaktion auf der linken Seite ist $Cu^{2+}(aq, a_1) + 2\,e \rightarrow Cu(s)$.

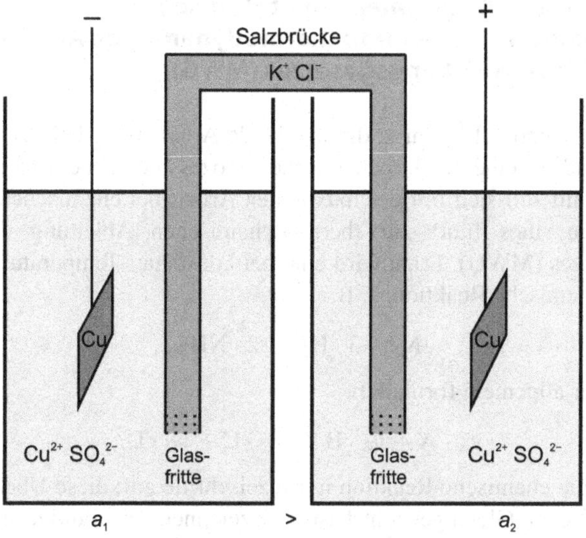


**Abb. 3.3** Galvanische Zelle als Konzentrationskette

Die Elektrodenreaktion auf der rechten Seite ist Cu(s) → $Cu^{2+}$(aq, $a_2$) + 2 e.

Damit ergibt sich als Gesamtreaktion $Cu^{2+}$(aq, $a_1$) → $Cu^{2+}$(aq, $a_2$).

Die Elektrodenräume sind identisch, nur die Konzentrationen der beiden Elektrolyte der linken und rechten Halbzelle sind unterschiedlich. Die treibende Kraft bei der Konzentrationszelle ist der Ausgleich der beiden unterschiedlichen Konzentrationen, mithin die reversible isotherme Überführung von Ionen der Aktivität $a_1$ in die Aktivität $a_2$. Die osmotische Arbeit für den beschriebenen Vorgang ist (vgl. Gl. 3.2)

$$W_{\text{osm}} = -R \cdot T \cdot \ln\left(a_1/a_2\right) \text{ mit } a_1 > a_2 \tag{3.3}$$

Die elektrische Arbeit kann mit einem hochohmigen Voltmeter direkt über die gemessene reversible Zellspannung (ältere Bezeichnung: elektromotorische Kraft, EMK) $E$ bestimmt werden

$$W_{\text{el}} = -E \cdot z \cdot F_{\text{F}} \tag{3.4}$$

Gl. 3.4 ergibt sich daraus, dass die Spannung $E$ die geleistete Arbeit pro Ladung ist, $E = W/q$. $F_F$ ist die Faraday-Konstante, $F_F = 9{,}6485 \cdot 10^4$ C/mol und $z$ die Ladungszahl; diese ist im beschriebenen Fall $z = 2$.

Die elektrische und osmotische Arbeit ist am größten, wenn die Gegenspannung fast die Spannung der elektrochemischen Zelle erreicht, d. h. wenn seine Stromaufnahme minimal ist; das wird mit hochohmigen Instrumenten erreicht. Daher ist bei währendem Gleichgewicht $W_{max} = W_{rev}$, $W_{osm} = W_{max}$, $W_{el} = W_{max}$ und daher $W_{osm} = W_{el}$. Es ergibt sich $E \cdot z \cdot F_F = R \cdot T \cdot \ln\left(a_1/a_2\right)$ und

$$E = \left[R \cdot T/(z \cdot F_{\text{F}})\right] \cdot \ln\left(a_1/a_2\right) \text{ mit } a_1 > a_2 \tag{3.5}$$

Gl. 3.5 ist die Nernst'sche Gleichung. Die experimentelle Bestätigung der Nernst'schen Gleichung sichert den II. Hauptsatz.

### 3.1.3 Chemische Reaktionen (van't Hoff'scher Gleichgewichtskasten); thermodynamische Ableitung des Massenwirkungsgesetzes (MWG)

In Abschn. 3.1.1 und 3.1.2 wurde die maximale Arbeit $W_{max}$ bei der Ausdehnung eines Gases und für einen elektrochemischen Prozess berechnet und diskutiert. In diesem Abschnitt soll sich mit der maximalen Arbeit bei chemischen Reaktionen befasst werden; dies führt zur thermodynamischen Ableitung des Massenwirkungsgesetzes (MWG). Dazu wird eine bei konstanter Temperatur verlaufende umkehrbare chemische Reaktion, z. B.

$$N_2 + 3 \cdot H_2 \rightleftarrows 2 \cdot NH_3$$

betrachtet, oder allgemein formuliert

$$\nu_A \cdot A + \nu_B \cdot B \rightleftarrows \nu_C \cdot C + \nu_D \cdot D. \qquad (3.6)$$

Abb. 3.4 teilt die chemische Reaktion in Einzelschritte auf; diese Überlegung wird als van't Hoff'scher Gleichgewichtskasten bezeichnet. Die Edukte und Produkte befinden sich in Einzelbehältern mit den Drücken $p_A$, $p_B$, $p_C$ und $p_D$. Zunächst werden die Edukte A und B von den Einzelbehältern in die Vorkammern mit beweglichen Stempeln überführt und mit den Stempeln von den Drücken $p_A$ und $p_B$, auf die Gleichgewichtsdrücke $p_A$* und $p_B$* überführt; die aufzuwendende Arbeit hierfür berechnet sich mit Gl. 3.1 und ist der jeweils erste Summand der Arbeitsbeträge $W_1$ und $W_2$. Sodann werden die Stoffe A und B in den Gleichgewichtskasten eingebracht; hierzu sind Einbringungsarbeiten notwendig, weil die Stoffe A und B mit den Drücken $p_A$* und $p_B$* gegen den Gesamtdruck aller

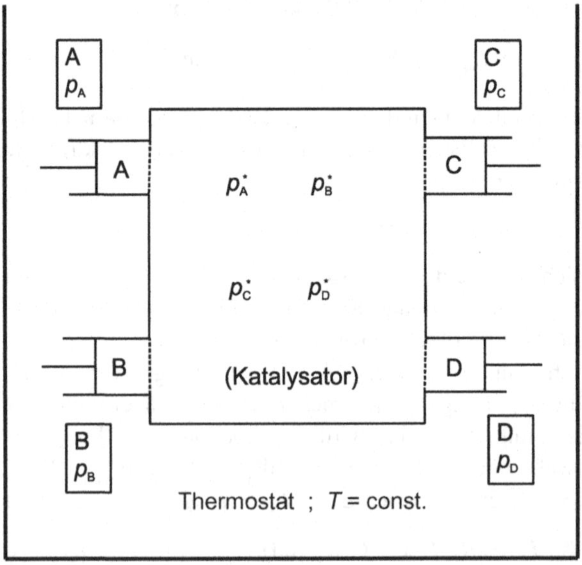


**Abb. 3.4** van't Hoff'scher Gleichgewichtskasten

beteiligten Stoffe in den Gleichgewichtskasten eingebracht werden müssen. Dies entspricht jeweils dem zweiten Summanden der Arbeitsbeträge $W_1$ und $W_2$.

$$W_1 = \nu_A \cdot R \cdot T \cdot \ln\left(p_A^*/p_A\right) + \nu_A \cdot V_m \cdot p_A^*$$
$$W_2 = \nu_B \cdot R \cdot T \cdot \ln\left(p_B^*/p_B\right) + \nu_B \cdot V_m \cdot p_B^*$$

Im Gleichgewichtskasten reagieren sodann die Stoffe A und B bei konstanter Temperatur zu C und D nach Gl. 3.6. Das bedeutet, dass für exotherme Reaktionen die entstehende Wärme über den Thermostaten abgeführt und für endotherme Reaktionen zugeführt wird. Danach werden die Stoffe C und D mit den Gleichgewichtsdrücken $p_C{}^*$ und $p_D{}^*$ in die Vorkammern überführt und mit den Stempeln auf die Drücke $p_C$ und $p_D$ gebracht; hierzu sind die Arbeiten

$$W_3 = \nu_C \cdot R \cdot T \cdot \ln\left(p_C/p_C^*\right) - \nu_C \cdot V_m \cdot p_C^*$$
$$W_4 = \nu_D \cdot R \cdot T \cdot \ln\left(p_D/p_D^*\right) - \nu_D \cdot V_m \cdot p_D^*$$

notwendig. Unter reversibler Führung aller Schritte ergibt sich für die maximale Arbeit $W_{max} = W_1 + W_2 + W_3 + W_4$ mit $p \cdot V_m = R \cdot T$ und $p \cdot \Delta V = R \cdot T \cdot \Sigma \nu_i$

$$W_{max} = R \cdot T\left[\ln\left(p_A^*/p_A\right)^{\nu_A} + \ln\left(p_B^*/p_B\right)^{\nu_B} - \ln\left(p_C/p_C^*\right)^{\nu_C} - \ln\left(p_D/p_D^*\right)^{\nu_D}\right] + R \cdot T \sum_i \nu_i$$

$$W_{max} = -R \cdot T \cdot \ln \frac{p_C^{*\nu_C} \cdot p_D^{*\nu_D}}{p_A^{*\nu_A} \cdot p_B^{*\nu_B}} + R \cdot T \cdot \ln \frac{p_C^{\nu_C} \cdot p_D^{\nu_D}}{p_A^{\nu_A} \cdot p_B^{\nu_B}} + R \cdot T \cdot \sum_i \nu_i$$

$W_{max}$ ist unabhängig vom Weg, auf dem es erzeugt ist (Abschn. 3.1.1), d. h. es ist eine Zustandsgröße und wird als freie Energie $\Delta A = W_{max}$ bezeichnet.

$$\Delta A = -R \cdot T \cdot \ln K_p + R \cdot T \cdot \ln \prod_i p_i^{\nu_i} + R \cdot T \cdot \sum_i \nu_i \tag{3.7}$$

Sind alle Ausgangsdrücke $p_i = 1 \cdot 10^5$ Pa, so erhält man die Grundarbeit oder freie Standard-Reaktionsenergie $\Delta A^{\ominus} = W_{max}^{\ominus}$

$$\Delta A^{\ominus} = -R \cdot T \cdot \ln K_p + R \cdot T \cdot \sum_i \nu_i \quad \text{mit} \quad p_i = 1 \cdot 10^5 \text{ Pa} \tag{3.8}$$

$\Delta A$ und $\Delta A^{\ominus}$ sind nach Gl. 3.7 und 3.8 experimentell bestimmbar oder berechenbar, aber nur bei $T = \text{const}$.

Mit der Definition

$$W_{nutz} = W_{max} + p \cdot \Delta V = W_{max} + R \cdot T \cdot \sum_i \nu_i \tag{3.9}$$

(das entspricht $\Delta H = \Delta U + p \cdot \Delta V$ für $p = \text{const.}$, siehe Gl. 2.7) wird eine weitere Zustandsgröße erhalten. $W_{nutz}$ ist unabhängig vom Weg, auf dem es erzeugt ist, d. h. es ist eine Zustandsgröße und wird als freie Enthalpie $\Delta G = W_{nutz}$ bezeichnet.

Damit ergibt sich mit Gl. 3.7 und 3.9 für $\Delta G$

$$\Delta G = -R \cdot T \cdot \ln K_p + R \cdot T \cdot \ln \prod_i p_i^{\nu_i} \quad (3.10)$$

Der erste Summand in Gl. 3.10 ist die Grundarbeit oder freie Standard-Reaktionsenthalpie $\Delta G^{\circ} = W^{\circ}_{\text{nutz}}$ und der zweite Summand die Restarbeit. Mit der Normierung $p_i = 1 \cdot 10^5$ Pa, d h. $p_A = p_B = p_C = p_D = 1 \cdot 10^5$ Pa ergibt sich

$$\Delta G^{\circ} = -R \cdot T \cdot \ln K_p \quad \text{mit} \quad p_i = 1 \cdot 10^5 \text{ Pa} \quad (3.11)$$

Für chemische Reaktionen in Lösung entspricht der Gasdruck $p$ dem osmotischen Druck $\pi$. Für ideale Lösungen ist $\pi = R \cdot T \cdot C$ und daher

$$\Delta G = -R \cdot T \cdot \ln K_C + R \cdot T \cdot \ln \prod_i C_i^{\nu_i} \quad (3.12)$$

$$\Delta G^{\circ} = -R \cdot T \cdot \ln K_C \quad \text{mit} \quad C_i = 1 \text{ mol/m}^3. \quad (3.13)$$

Der 1. Hauptsatz in der allgemeinen Form $\Delta U = W + Q$ oder in der spezielleren Form für einen reversiblen Prozess $\Delta U = W_{max} + Q_{rev}$ sagt nichts über die Beziehung von $W$ und $Q$ zueinander aus. $\Delta U$ ist eine Zustandsfunktion (Hess'scher Satz). $W$ und $Q$ sind keine Zustandsfunktionen, sie sind abhängig vom Weg. Die Bestimmung von $W_{max}$ geschieht bei Stillstand des Prozesses im Gleichgewicht.

Gl. 3.7 bis 3.13 lauten korrekt .... $\ln\left(K/K^{\circ}\right)$ mit $K^{\circ} = \sum \nu_i \cdot p^{\circ}$ oder $K^{\circ} = \sum \nu_i \cdot C^{\circ}$ mit $p^{\circ} = 1 \cdot 10^5$ Pa oder $C^{\circ} = 1 \text{ mol/m}^3$ weil der Logarithmus dimensionslos sein muss.

$Q = 0$ und isotherme Führung des Prozesses sind nicht möglich. Man kann daher auftretende Wärme nicht völlig in Arbeit umwandeln. Nur ein Teil der Wärme lässt sich in Arbeit umwandeln.

## 3.2 Nicht-isotherme reversible Prozesse

### 3.2.1 Carnot'scher Kreisprozess, Wirkungsgrad von Wärmemaschinen

Für einen reversiblen Prozess ergibt sich Gl. 2.1 zu

$$\Delta U = W_{\text{max}} + Q_{\text{rev}} \quad (3.14)$$

Die reversible Wärmemenge $Q_{rev}$ ist praktisch nicht zugänglich. Deshalb muss $Q_{rev}$ irgendwie anders bestimmt werden. Gesucht ist daher eine neue Beziehung zwischen $\Delta U$, $W_{max}$ und $Q_{rev}$. Diese soll mit Hilfe des Carnot'schen Kreisprozesses (Abb. 3.5) gefunden werden.

Wie die vorhergehenden Abschnitte gezeigt haben, werden die höchsten Ausbeuten für $W_{max}$ bei reversibler Führung des Prozesses erhalten; deshalb sollen die isothermen und nicht isothermen Prozesse alle reversibel geführt werden.

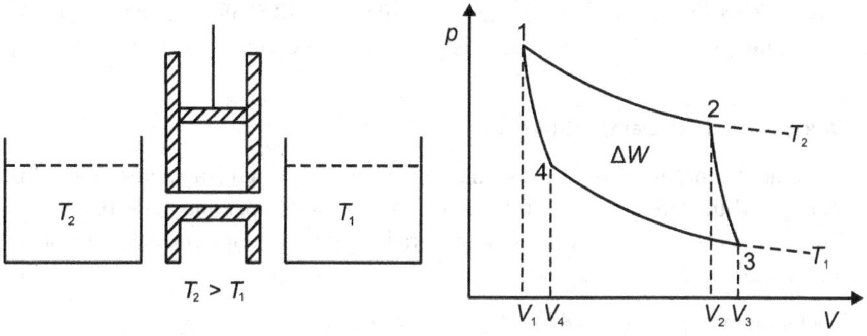


**Abb. 3.5** Carnot'scher Kreisprozess

Prozess 1→2, reversible isotherme Ausdehnung: $-Q_{T_2} = W_{T_2} = -R \cdot T_2 \cdot \ln\left(V_2/V_1\right)$.
Prozess 2→3, reversible adiabatische Ausdehnung: $W_2 = -a' \quad (a' > 0)$.
Prozess 3→4, reversible isotherme Kompression: $-Q_{T_1} = W_{T_1} = -R \cdot T_1 \cdot \ln\left(V_4/V_3\right)$
Prozess 4→1, reversible adiabatische Kompression: $W_4 \quad = +a'' \quad (a'' > 0)$.

Zunächst werden die beiden adiabatischen Prozesse 2→3 und 4→1 betrachtet. Es gilt $Q=0$ und damit $\Delta U = W$ und $dW = dU$. Mit Gl. 2.10 ergibt sich $dW = C_V \cdot dT;\ W = C_V(T_2 - T_1)$ für $C_V = \text{const.}$ Das bedeutet für die Arbeiten $W_2$ und $W_4$
$W_2 = C_V(T_1 - T_2);\ W_4 = C_V(T_2 - T_1);\ W_2 + W_4 = 0$. Die Gesamtarbeit für den Kreisprozess ist also

$$\Delta W = W_{T_2} + W_2 + W_{T_1} + W_4 = -R \cdot T_2 \cdot \ln\left(V_2/V_1\right) + R \cdot T_1 \cdot \ln\left(V_3/V_4\right).$$

Nach Gl. 2.22 ergibt sich für eine Adiabate $T \cdot V^{\gamma-1} = \text{const.}$ Damit erhält man

$$T_2 \cdot V_1^{\gamma-1} = T_1 \cdot V_4^{\gamma-1};\quad T_2 \cdot V_2^{\gamma-1} = T_1 \cdot V_3^{\lambda-1} \quad \text{und} \quad \left(V_2/V_1\right)^{\gamma-1} = \left(V_3/V_4\right)^{\gamma-1};$$

$V_2/V_1 = V_3/V_4$. Der Ausdruck für $\Delta W$ vereinfacht sich dadurch zu

$$\Delta W = -R \cdot T_2 \cdot \ln\left(V_2/V_1\right) + R \cdot T_1 \cdot \ln\left(V_2/V_1\right) = -R(T_2 - T_1)\ln\left(V_2/V_1\right).$$

Die Arbeit $\Delta W$ ist gewonnen auf Kosten von Wärmeenergie $Q_{T_2}$

$$Q_{T_2} = -R \cdot T_2 \cdot \ln\left(V_2/V_1\right)$$

Das Verhältnis $-\Delta W/Q_{T_2} = -W_{\max}/Q_{\text{rev}} = \eta$ gibt an, wieviel Arbeit $W_{\max}$ maximal bei einer zugeführten Wärmemenge $Q_{\text{rev}}$ für einen reversiblen Prozess herausgeholt werden kann.

$$-W_{\max}/Q_{\text{rev}} = \eta = (T_2 - T_1)/T_2;\quad T_2 > T_1 \tag{3.15}$$

$\eta$ wird als Wirkungsgrad bezeichnet. Gl. 3.15 ist eine Aussage des II. Hauptsatzes und gilt sowohl für Wärmekraftmaschinen (Dampfmaschinen, Dampfturbinen) als auch für Wärmepumpen und Kühlschränke.

Aus Gl. 3.15 sind alle Gasgrößen herausgefallen. Gl. 3.15 gilt daher allgemein für alle Stoffe und Systeme. Ein Spezialfall ist $T_1 = 0$ K; das ergibt $\eta = 1$ oder $\eta = 100$ %.

**Wirkungsgrad von Dampfturbinen**

Moderne Dampfturbinen werden nacheinander mit Hochtemperatur- (600 bis 400 °C), Mitteltemperatur- (400 bis 200 °C) und Tieftemperatur- (200 bis 50 °C) Turbinen betrieben. Die Einzelwirkungsgrade $\eta_i$ und der Gesamtwirkungsgrad $\eta$ sind mit Gl. 3.15.

Hochtemperatur: $\eta_1 = (873 - 673)/873 = 0{,}23$.
Mitteltemperatur: $\eta_2 = (673 - 473)/673 = 0{,}30$.
Tieftemperatur: $\eta_3 = (473 - 323)/473 = 0{,}32$.

Gesamtwirkungsgrad $\eta = \eta_1 + \eta_2 + \eta_3 = 0{,}23 + 0{,}30 + 0{,}32 = 0{,}85$. ◀

**Einsparung von Energie durch Wärmepumpen**

Ein Einfamilienhaus verbraucht im Jahresdurchschnitt pro Tag **200 MJ** Wärme, um eine Temperatur von 22 °C aufrecht zu erhalten. Die Verbrennungswärme von Heizöl ist 9,8 kWh/dm$^3$ = 35 MJ/dm$^3$, von Erdgas ist sie 10,1 kWh/m$^3$ = 36 MJ/m$^3$ und von Holzpellets 4,8 kWh/kg = 17 MJ/kg. Zur Aufrechterhaltung der genannten Temperatur werden daher im pro Tag 5,7 dm$^3$ Heizöl, 5,6 m$^3$ Erdgas und 11,8 kg Holzpellets benötigt.

Wieviel Energie benötigt eine Wärmepumpe, die ihre Wärme aus dem Erdreich, das eine Temperatur von 10 °C hat, bezieht? Als Vorlauftemperatur der Wärmepumpe wird $T_2$ = 45 °C angenommen. Die Vorlauftemperatur ist abhängig von der Wärmedämmung des Hauses. Nach Gl. 3.15 ist

$$\begin{aligned} -\boldsymbol{W}_{\mathbf{max}} &= Q_{\text{rev}}(T_2 - T_1)/T_2 = Q_{\text{rev}} \cdot \eta \\ &= 200(318 - 283)/318 = 200 \cdot 0{,}110 = \mathbf{22{,}0\ MJ}. \end{aligned}$$

Das bedeutet: um 200 MJ Wärme mit einer Wärmepumpe unter den geschilderten Bedingungen zu erzeugen, wird für die Wärmepumpe eine elektrische, chemische oder mechanische Energie von 22 MJ benötigt. Aus der oberen Gleichung geht auch hervor, dass die Wärmepumpe bei größeren Temperaturunterschieden $T_2 - T_1$ nach Gl. 3.15 mehr Energie benötigt. Zu berücksichtigen ist, dass diese Überlegung für ideale Verhältnisse gilt; für reale Verhältnisse müssen Verluste bei der Wärmeübertragung berücksichtigt werden. Insgesamt wird mit einer Wärmepumpe aber erheblich weniger Energie benötigt als bei direkter Verbrennung des Energieträgers. Die Wärmepumpe kann mit elektrischer Wind- oder Sonnenenergie betrieben werden. ◀

### 3.2.2 Gibbs–Helmholtz'sche Gleichungen

Nach Gl. 3.14 ist $\Delta U = W_{max} + Q_{rev}$. Dabei ist $\Delta U$ als Zustandsgröße unabhängig von der Prozessführung. $W_{max}$ und $Q_{rev}$ sind mit dem Prozess verbunden, d. h.

wenn der Prozess unzugänglich oder undurchführbar ist (z. B. $C+(1/2)\ O_2 \rightarrow CO$), können wir $W_{max}$ und $Q_{rev}$ nicht bestimmen.

Gl. 3.15 ergibt $W_{max}/Q_{rev} = -\Delta T/T_2$ und beim Grenzübergang das Differential $dW_{max}/dT = -Q_{rev}/T$. Daraus erhält man $Q_{rev} = -T \cdot dW_{max}/dT$.

Mit Gl. 3.14, $\Delta U = W_{max} + Q_{rev}$ und Gl. 3.9 wird daraus

$$\Delta U = W_{\text{max}} - T \cdot \text{d}W_{\text{max}}/\text{d}T \text{ und } \Delta H = W_{\text{nutz}} - T \cdot \text{d}W_{\text{nutz}}/\text{d}T \quad (3.16)$$

Ersatz von $W_{max}$ durch $\Delta A$ und $W_{nutz}$ durch $\Delta G$ liefert (Abschn. 3.1.3)

$$\Delta U = \Delta A - T \cdot \text{d}\Delta A/\text{d}T \text{ und } \Delta H = \Delta G - T \cdot \text{d}\Delta G/\text{d}T \quad (3.17)$$

Gl. 3.16 und 3.17 sind die Gibbs–Helmholtz'schen Gleichungen; sie sind eine Kombination aus I. und II. Hauptsatz.

**Bestimmung der Reaktionsenthalpie für einen elektrochemischen Prozess**

Bei der elektrochemischen Reaktion (Daniell-Zelle)

$$Cu^{2+}(aq) + Zn(s) \rightarrow Cu(s) + Zn^{2+}(aq)$$

kann die Reaktionsenthalpie über die Zell-Spannung $E$ gemessen werden. Es ist $W_{\text{nutz}} \approx W_{\text{max}} = -E \cdot z \cdot F_{\text{F}}$ (Gl. 3.4) Bei Lösungen ist $W_{nutz} \approx W_{max}$, da $W_{nutz} = W_{max} + p \cdot \Delta V$ (Gl. 3.9) und $\Delta V$ sehr klein ist. Damit ergibt sich mit Gl. 3.16

$$\begin{aligned}\Delta H &= W_{\text{nutz}} - T \cdot \text{d}W_{\text{nutz}}/\text{d}T = -E \cdot z \cdot F_{\text{F}} + T \cdot z \cdot F_{\text{F}} \cdot \text{d}E/\text{d}T \\ &= z \cdot F_{\text{F}}(-E + T \cdot \text{d}E/\text{d}T)\end{aligned}$$

Zur Bestimmung von $\Delta H$ muss die Zellspannung $E$ lediglich bei verschiedenen Temperaturen gemessen werden. Ein Beispiel findet sich in Abschn. 3.6.1 ◀

### 3.2.3 Die Entropie

Aus dem Carnot'schen Kreisprozess (Abschn. 3.2.1) ergeben sich die folgenden Beziehungen.

Prozess $1 \rightarrow 2 \rightarrow 3$: $Q_{T_2}/T_2 = R \cdot \ln(V_2/V_1)$.
Prozess $3 \rightarrow 4 \rightarrow 1$: $Q_{T_1}/T_1 = -R \cdot \ln(V_2/V_1)$.

Hieraus folgt $Q_{T_2}/T_2 + Q_{T_1}/T_1 = 0$. Die reduzierten reversiblen Wärmemengen sind auf beiden Wegen $1 \rightarrow 2 \rightarrow 3$ und $3 \rightarrow 4 \rightarrow 1$ gleich groß. Werden mehr als zwei Carnot-Prozesse betrachtet, so kann man allgemein formulieren

$$\sum_{\text{rev}} Q_i/T_i = 0 \text{ und } \oint \text{d}Q_{\text{rev}}/T = 0 \quad (3.18)$$

Aus Gl. 3.18 ergibt sich, dass $Q_{rev}/T$ und $dQ_{rev}/T$ unabhängig vom Weg sind; diese Größen sind deshalb Zustandsfunktionen. Als neue Zustandsgröße wird die Entropie als reduzierte Wärmemenge definiert

$$\text{d}S = \text{d}Q_{\text{rev}}/T \text{ und } \Delta S = Q_{\text{rev}}/T \quad (3.19)$$

Neben $\Delta U$ und $\Delta H$ wird als neue wichtige Zustandsgröße $\Delta S = Q_{rev}/T$ eingeführt. Der Arbeitsbegriff $W_{max}$ verliert hier seine Bedeutung, da ein nichtisothermer Prozess vorliegt. Angenommen, es liegen zwei Zustände mit den reduzierten Wärmemengen

Reduzierte Wärmemenge bei Zustand 1: $S_1$.
Reduzierte Wärmemenge bei Zustand 2: $S_2$.

vor, so gilt

$$S_2 - S_1 = \Delta S = Q_{rev}/T, \quad dS = \delta Q_{rev}/T \text{ und } \int_1^2 dS = \int_1^2 \delta Q_{rev}/T \tag{3.20}$$

Aus $\Delta U = W_{max} + Q_{rev}$ (Gl. 3.14) und $Q_{rev} = T \cdot \Delta S$ folgt $\Delta U = W_{max} + T \cdot \Delta S$. Daraus ergibt sich

$$\begin{aligned} W_{max} &= U_2 - U_1 - (T \cdot S_2 - T \cdot S_1) \\ &= U_2 - T \cdot S_2 - (U_1 - T \cdot S_1) = A_2 - A_1 = \Delta A \end{aligned}$$

Mit den vorstehenden Überlegungen kann die Freie Energie $A$ definiert werden:

$$A \equiv U - T \cdot S \text{ und } \Delta A \equiv \Delta U - T \cdot \Delta S \tag{3.21}$$

In Abschn. 3.1.3 hatten wir bereits $\Delta A$ für einen isothermen Prozess definiert: $\Delta A = A_2 - A_1 = W_{max}$. Weiterhin ergibt sich aus Gl. 3.14, 2.7 und 3.9 $\Delta H = W_{nutz} + Q_{rev} = W_{nutz} + T \cdot \Delta S$. Damit kann die freie Enthalpie $G$ definiert werden

$$G \equiv H - T \cdot S \text{ und } \Delta G \equiv \Delta H - T \cdot \Delta S \tag{3.22}$$

Gl. 3.21 und 3.22 sind die Gibbs–Helmholtz'schen Gleichungen. In Abschn. 3.1.3 hatten wir bereits $\Delta G$ für einen isothermen Prozess definiert: $\Delta G = G_2 - G_1 = W_{nutz}$.

Entsprechend Gl. 2.7, $H = U + p \cdot V$ und Gl. 3.9 folgt für die Beziehung zwischen $G$ und $A$

$$G = A + p \cdot V \tag{3.23}$$

Die Gibbs–Helmholtz'schen Gleichungen nehmen durch die Einführung der Entropie die Form

$$\Delta U = \Delta A - T\left(\partial \Delta A/\partial T\right)_V; \quad \Delta U = \Delta A + T \cdot \Delta S \text{ und} \tag{3.24}$$

$$\Delta H = \Delta G - T\left(\partial \Delta G/\partial T\right)_p; \quad \Delta H = \Delta G + T \cdot \Delta S \tag{3.25}$$

an, wobei für isotherme Prozesse $\Delta A = W_{max}$ und $\Delta G = W_{nutz}$ sind.

### 3.2.4 Berechnung der Entropie für eine Temperatur *T*

Die nach Gl. 3.19 gegebene Definition der Entropie $dS = dQ_{rev}/T$ kann mit der inneren Energie, der Enthalpie und den Wärmekapazitäten bei konstantem Druck und konstantem Volumen in Zusammenhang gebracht werden (Abschn. 2.3)

1. $dQ_V = dU$; $dQ_V = C_V \cdot dT$; $V$=const.
2. $dQ_p = dH$; $dQ_p = C_p \cdot dT$; $p$=const.

Daraus erhält man Gleichungen zur Berechnung der Entropie

$$dS = (C_V/T)dT; \quad S_{T'} = S_0 + \int_0^{T'} (C_V/T)dT + \sum_0^{T'} \Delta U_{trs}/T_{trs}; \; V = \text{const.} \tag{3.26}$$

$$dS = (C_p/T)dT; \quad S_{T'} = S_0 + \int_0^{T'} (C_p/T)dT + \sum_0^{T'} \Delta H_{trs}/T_{trs}; \; p = \text{const.} \tag{3.27}$$

$S_0$ ist die Entropie am absoluten Nullpunkt $T$=0 K.

Bei der Integration von Gl. 3.26 und 3.27 ist zu berücksichtigen, dass die Funktionen $C_V/T=f(T)$ und $C_p/T=f(T)$ bei den Umwandlungstemperaturen $T_{trs}$ Unstetigkeitsstellen aufweisen (siehe Abb. 3.6); die Integration kann daher nur für eine bestimmte Phase durchgeführt werden, wobei die Größen $\Delta U_{trs}/T_{trs}$ und $\Delta H_{trs}/T_{trs}$ nach Gl. 3.26 und 3.27 berücksichtigt werden müssen. Bei mehreren Phasen wird die Integration in den Bereichen $T_1$ bis $T_{trs1}$, $T_{trs1}$ bis $T_{trs2}$ usw. bis $T_{trsn}$ bis $T_2$ durchgeführt (siehe Beispiel).

**III. Hauptsatz der Thermodynamik, Nernst'sches Wärmetheorem**

$$\lim_{T\to 0} S = 0. \textbf{ Am absoluten Nullpunkt } T = 0 \textbf{ K ist } S_0 = 0. \tag{3.28}$$

Begründung: Bei Messungen von Reaktionen zwischen reinen, kristallinen Festkörpern wurde festgestellt, dass die Änderung der Entropie $\Delta S$ bei Annäherung an $T \to 0$ K gegen null strebt. Daher ist für reine, perfekt geordnete Substanzen die Entropie am absoluten Nullpunkt gleich null. Damit hat jeder Stoff oberhalb $T$=0 K eine bestimmte positive Entropie.

Abb. 3.6 zeigt den Verlauf von $C_p/T$ mit der Temperatur. Die Entropie $S_{T'}$ ist die Summe der Flächen der Kurve $C_p/T=f(T)$ und den Entropieänderungen der erlittenen Phasenumwandlungen (fest/flüssig und flüssig/gasförmig). Gl. 3.27 (und entsprechend Gl. 3.26) kann umgewandelt werden in

$$S_{T'} = \underbrace{S_0 + \int_0^{\vartheta} (C_p/T)\,dT + \sum_0^{\vartheta} \Delta H_{trs}/T_{trs}} + \int_{\vartheta}^{T'} (C_p/T)\,dT + \sum_{\vartheta}^{T'} \Delta H_{trs}/T_{trs}$$

$$S_{T'} = S_{\vartheta} + \int_{\vartheta}^{T'} (C_p/T)\,dT + \sum_{\vartheta}^{T'} \Delta H_{trs}/T_{trs} \tag{3.29}$$

**Abb. 3.6** $C_p/T$ in Abhängigkeit von der Temperatur $T$

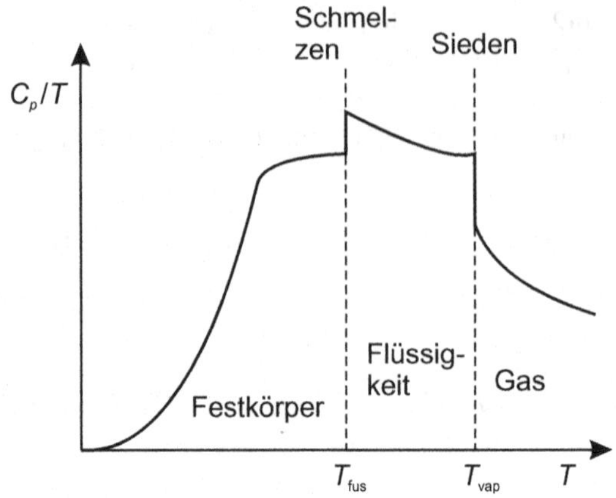


wobei $S_\vartheta$ die Standardentropie bei einer Standardtemperatur $\vartheta$ ist. In Tabellenwerken ist meist $\vartheta = 298$ K.

**Enthalpie- und Entropieänderung von $Cl_2$ bei Temperaturänderungen**

Wie ändern sich die Enthalpie und die Entropie beim Erwärmen von 1 kg Chlor ($M_{Cl2} = 71 \cdot 10^{-3}$ kg/mol) von 0 auf 500 °C bei konstantem Druck, wenn die Molwärme in diesem Bereich mit

$$C_{p,\mathrm{m}} = 30,9\ \mathrm{J/(mol\ K)} + 0{,}004 \cdot T\ \mathrm{J/\left(mol\ K^2\right)}$$

angegeben wird?

Zwischen 0 und 500 °C ist Chlor ein Gas; es finden keine Phasenübergänge statt. Daher vereinfachen sich Gl. 2.11 und 3.29

$$\mathrm{d}H = C_p \cdot \mathrm{d}T; \quad \int_{H_1}^{H_2} \mathrm{d}H = \int_{T_1}^{T_2} C_p \cdot \mathrm{d}T \text{ und}$$

$$\mathrm{d}S = \left(C_p/T\right)\mathrm{d}T; \quad \int_{S_1}^{S_2} \mathrm{d}S = \int_{T_1}^{T_2} \left(C_p/T\right)\mathrm{d}T$$

1 kg $Cl_2$ ist $n = m/M = 1/(71 \cdot 10^{-3}) = 14{,}08$ mol $Cl_2$. Für die Enthalpieänderung $H_2 - H_1$ ergibt sich damit

$$H_2 - H_1 = 14{,}08 \cdot \int_{T_1}^{T_2} (30{,}9 + 0{,}004 \cdot T)\mathrm{d}T = 14{,}08\left[30{,}9 \cdot T|_{T_1}^{T_2} + \left(0{,}004/2\right) T^2\Big|_{T_1}^{T_2}\right]$$

$$\boldsymbol{H_2 - H_1 = \Delta H} = 14{,}08\left[30{,}9(773 - 273) + 0{,}002\left(773^2 - 273^2\right)\right] = \mathbf{232,3\ kJ}.$$

Für die Entropieänderung $S_2 - S_1$ ergibt sich

$$S_2 - S_1 = 14{,}08 \cdot \int_{T_1}^{T_2} \left(30{,}9/T + 0{,}004\right)\mathrm{d}T = 14{,}08\left(30{,}9 \cdot \ln T|_{T_1}^{T_2} + 0,004 \cdot T|_{T_1}^{T_2}\right)$$

$$\boldsymbol{S_2 - S_1 = \Delta S} = 14{,}08[30{,}9(\ln 773 - \ln 273) + 0{,}004(773 - 273) = \mathbf{481{,}1\ J/K}$$ ◀

**Enthalpie- und Entropieänderungen von $NH_3$ bei Temperaturänderungen**

2 Mol $NH_3$ werden von 223 auf 473 K erhitzt. Der Siedepunkt von $NH_3$ liegt bei 240 K und die molare Verdampfungsenthalpie am Siedepunkt ist $\Delta H_{vap,m} = \Delta H_{vap}/n = 2{,}32 \cdot 10^4$ J mol$^{-1}$.

Die Molwärmen im betrachteten Temperaturintervall sind $C_{p,m}(l) =$ 75 J/(K mol) und $C_{p,m}(g) = 33{,}6$ J/(mol K) + 0,00.292 · $T$ J/(mol K$^2$).

Die Entropie- und Enthalpieänderungen für den angegebenen Prozess können mit Gl. 2.11 und 3.29 berechnet werden; es findet ein Phasenübergang von flüssig nach gasförmig statt.

$$H_{T_2} = H_{T_1} + \int_{T_1}^{T_2} C_p \cdot \mathrm{d}T \quad + \Delta H_{\mathrm{vap}}$$

$$S_{T_2} = S_{T_1} + \int_{T_1}^{T_2} (C_p/T)\,\mathrm{d}T + \Delta H_{\mathrm{vap}}/T_{\mathrm{vap}}$$

Für die Enthalpieänderung $H_{T_2} - H_{T_1}$ ergibt sich damit

$$H_{T_2} - H_{T_1} = 2 \cdot \left[\int_{T_1}^{T_2} 75 \cdot \mathrm{d}T + \int_{T_2}^{T_3} (33{,}6 + 0{,}00292 \cdot T)\mathrm{d}T\right] + 2 \cdot 2{,}32 \cdot 10^4$$

$$H_{T_2} - H_{T_1} = 2 \cdot \left[75 \cdot T|_{T_1}^{T_2} + 33,6 \cdot T|_{T_2}^{T_3} + (0{,}00292/2)\,T^2\Big|_{T_2}^{T_3}\right] + 2 \cdot 2{,}32 \cdot 10^4$$

$$H_{T_2} - H_{T_1} = 2 \cdot [75(240 - 223) + 33,6(473 - 240)$$
$$+0{,}00292(473^2 - 240^2) + 2{,}32 \cdot 10^4]$$

$$\boldsymbol{H_{T_2} - H_{T_1} = \Delta H} = 206496 \text{ J} = \mathbf{206{,}5\ kJ}.$$

Für die Entropieänderung $S_{T_2} - S_{T_1}$ ergibt sich

$$S_{T_2} - S_{T_1} = 2 \cdot \left[\int_{T_1}^{T_2} (75/T) \cdot \mathrm{d}T + \int_{T_2}^{T_3} (33{,}6/T + 0{,}00292)\mathrm{d}T\right] + 2 \cdot 2{,}32 \cdot 10^4/T_2$$

$$S_{T_2} - S_{T_1} = 2 \cdot \left[75 \cdot \ln T|_{T_1}^{T_2} + 33,6 \cdot \ln T|_{T_2}^{T_3} + 0{,}00292 \cdot T|_{T_2}^{T_3}\right] + 2 \cdot 2{,}32 \cdot 10^4/T_2$$

$$S_{T_2} - S_{T_1} = 2 \cdot [75(\ln 240 - \ln 223) + 33{,}6(\ln 473 - \ln 240)$$
$$+ 0{,}00292(473 - 240) + 23200/240]$$

$$\boldsymbol{S_{T_2} - S_{T_1} = \Delta S = 125,7\ \mathrm{J/K}.}$$ ◄

### 3.2.5 Prozesse, Chemische Reaktionen

Für eine chemische Reaktion

$$\nu_{\mathrm{A}} \cdot \mathrm{A} + \nu_{\mathrm{B}} \cdot \mathrm{B} \rightarrow \nu_{\mathrm{C}} \cdot \mathrm{C} + \nu_{\mathrm{D}} \cdot \mathrm{D}$$

können für die Edukte A und B und die Produkte C und D nach Gl. 3.27 die folgenden Gleichungen für die Entropie aufgestellt werden

$$S_{\mathrm{A}} = S_{0,\mathrm{A}} + \int_0^{T'} \left(C_{p,\mathrm{A}}/T\right) \mathrm{d}T + \sum \Delta H_{\mathrm{trs,A}}/T_{\mathrm{trs,A}}$$

$$\begin{matrix} \cdot & \cdot & \cdot & \cdot \\ \cdot & \cdot & \cdot & \cdot \\ \cdot & \cdot & \cdot & \cdot \end{matrix}$$

Mit dem Hess'schen Satz $\Delta S = \sum_i \nu_i \cdot S_i$ und Gl. 2.17 ergibt sich für die Reaktionsentropie

$$\Delta S_{T'} = \sum_i \nu_i \cdot S_{0,i} + \int_0^{T'} \left(\Delta C_p/T\right) \mathrm{d}T + \sum_0^{T'} \sum_i \Delta H_{\mathrm{trs},i}/T_{\mathrm{trs},i} \tag{3.30}$$

und

$$\Delta S_{T'} = \Delta S_{\vartheta} + \int_{\vartheta}^{T'} \left(\Delta C_p/T\right) \mathrm{d}T + \sum_{\vartheta}^{T'} \sum_i \Delta H_{\mathrm{trs},i}/T_{\mathrm{trs},i} \quad \text{mit} \quad \Delta S_{\vartheta} = \sum_i \nu_i \cdot S_{\vartheta,i} \tag{3.31}$$

**Ablauf von Prozessen und chemischen Reaktionen**

An den Beispielen Ausdehnung eines Gases (Abschn. 3.1.1), elektrochemischer Prozess (Abschn. 3.1.2) und van't Hoff'scher Gleichgewichtskasten (Abschn. 3.1.3) wurde demonstriert

**Prozesse und Reaktionen bei konstanter Temperatur und konstantem Volumen**

$W_{\mathrm{max}} = \Delta A < 0$ Freiwilliger Ablauf der Reaktion.
$W_{\mathrm{max}} = \Delta A = 0$ Gleichgewicht.
$W_{\mathrm{max}} = \Delta A > 0$ Freiwilliger Ablauf der Gegenreaktion.

**Prozesse und Reaktionen bei konstanter Temperatur und konstantem Druck**

$W_{\mathrm{nutz}} = \Delta G < 0$ Freiwilliger Ablauf der Reaktion.
$W_{\mathrm{nutz}} = \Delta G = 0$ Gleichgewicht.
$W_{\mathrm{nutz}} = \Delta G > 0$ Freiwilliger Ablauf der Gegenreaktion.

**Dissoziation von Wasserstoff; energetische Größen**

Für die Dissoziation des Wasserstoffs $H_2 \rightleftharpoons 2\,H$ bei 1500 K und 1 bar kann die Reaktionsenthalpie, die Reaktionsentropie und die freie Reaktionsenthalpie berechnet werden. Die Molwärmen von $H_2$ und H für den betrachteten Bereich sind:

$$H_2 : C_p = 27{,}2\ \mathrm{J/(mol\ K)} + 0{,}0038 \cdot T\ \mathrm{J/\left(mol\ K^2\right)}\ \text{und}\ H : C_p = 20{,}9\ \mathrm{J/(mol\ K)}.$$

Standardenthalpie und –entropie der Reaktion bei 298 K:

$$\Delta H_{298} = 433900\ \mathrm{J/mol}\ \text{und}\ \Delta S_{298} = 98{,}6\ \mathrm{J/(mol\ K)}.$$

Für die Reaktion $H_2 \rightleftharpoons 2\,H$ finden im Bereich 298 und 1500 K keine Phasenübergänge statt; Gl. 2.17 und 3.31 vereinfachen sich daher zu

$$\mathrm{d}\Delta H/\mathrm{d}T = \Delta C_p; \quad \Delta H_{T'} = \Delta H_\vartheta + \int_\vartheta^{T'} \Delta C_p \cdot \mathrm{d}T$$

$$\mathrm{d}\Delta S/\mathrm{d}T = \Delta C_p/T; \quad \Delta S_{T'} = \Delta S_\vartheta + \int_\vartheta^{T'} \left(\Delta C_p/T\right) \mathrm{d}T$$

mit $\Delta C_p = \sum_i v_i \cdot C_{p_i}$. Damit ergibt sich.

$$\Delta C_p = 2 \cdot C_{p,\mathrm{H}} - C_{p,\mathrm{H2}} = 2 \cdot 20{,}9 - (27{,}2 + 0{,}0038 \cdot T) = 14{,}6 - 0{,}0038 \cdot T$$

Die Reaktionsenthalpie ist

$$\Delta H_{1500} = 433900 + \int_{298}^{1500} (14{,}6 - 0{,}0038 \cdot T)\mathrm{d}T$$
$$= 433900 + 14{,}6 \cdot T|_{298}^{1500} - \left(0{,}0038/2\right)T^2\Big|_{298}^{1500}$$

$$\boldsymbol{\Delta H_{1500}} = 433.900 + 14{,}6(1500 - 298) - 0{,}0019\left(1500^2 - 298^2\right)$$
$$= 447.289\ \mathrm{J/mol} = \mathbf{447{,}3\ kJ/mol}.$$

Die Reaktionsentropie ist

$$\Delta S_{1500} = 98{,}6 + \int_{298}^{1500} \left(14{,}6/T + 0{,}0038\right)\mathrm{d}T$$
$$= 98{,}6 + \left(14{,}6 \cdot \ln T|_{298}^{1500} - 0{,}0038 \cdot T|_{298}^{1500}\right)$$

$$\boldsymbol{\Delta S_{1500}} = 98{,}6 + 14{,}6(\ln 1500 - \ln 298) - 0{,}0038(1500 - 298)$$
$$= \mathbf{117{,}5\ J/(mol\ K)}.$$

Die freie Reaktionsenthalpie ist.

$$\boldsymbol{\Delta G_{1500}} = \Delta H_{1500} - T \cdot \Delta S_{1500} = 447.289 - 1500 \cdot 117{,}5 = 271.039\ \mathrm{J/mol}$$
$$= \mathbf{271{,}0\ kJ/mol}.$$

◀

**Deacon-Verfahren**

Im Gleichgewichtskasten werden die Gase HCl, $O_2$, $H_2O$ und $Cl_2$ zu gleichen Massenanteilen bei den Bedingungen $p = 1$ bar und $T = 430$ °C vermischt. Die Gesamtmasse der Gasmischung betrage 4 g. Die chemische Reaktion gehorcht der Beziehung

$$4\,HCl + O_2 \rightarrow 2\,H_2O + 2\,Cl_2.$$

Die Gleichgewichtskonstante beträgt bei der angegebenen Temperatur 40,8 bar$^{-1}$. Die Molmassen der beteiligten Stoffe sind $M_{H_2O} = 18$ g/mol; $M_{Cl_2} = 71$ g/mol; $M_{HCl} = 36{,}5$ g/mol; $M_{O_2} = 32$ g/mol. In welche Richtung und mit welcher Triebkraft läuft der Prozess?

Die Richtung und Triebkraft einer chemischen Reaktion kann mit Gl. 3.10 und Abschn. 3.2.5 beurteilt werden

$$W_{\text{nutz}} = \Delta G = -R \cdot T \cdot \ln K_p + R \cdot T \cdot \ln \prod_i p_i^{\nu_i}.$$

Die Größe $\Pi p_i^{\nu_i}$ ist gegeben durch

$$\prod_i p_i^{\nu_i} = p_{H_2O}^2 \cdot p_{Cl_2}^2 / \left(p_{HCl}^4 \cdot p_{O_2}^2\right).$$

Die Drücke $p_i$ können durch die Molenbrüche der Ausgangssubstanzen $x_i$ mit Hilfe der idealen Gasgleichung ersetzt werden; $\Sigma n_i$ ist die Summe aller Ausgangsmolzahlen

$$p_i = n_i \cdot R \cdot T/V, p = \Sigma p_i = \Sigma n_i \cdot R \cdot T/V \text{ und } x_i = n/\Sigma n_i = p_i/p.$$

Das ergibt

$$\prod_i p_i^{\nu_i} = p_{H_2O}^2 \cdot p_{Cl_2}^2 / \left(p_{HCl}^4 \cdot p_{O_2}^2\right) = \left[x_{H_2O}^2 \cdot x_{Cl_2}^2 / \left(x_{HCl}^4 \cdot x_{O_2}^2\right)\right](1/p).$$

Die Molzahlen $n_i$ der Komponenten ergeben sich mit $m_i = 1$ g und $n_i = m_i/M_i$ zu $n_{H_2O} = 1/18 = 0{,}0555$ mol, $n_{Cl_2} = 1/71 = 0{,}0141$ mol, $n_{HCl} = 1/36{,}5 = 0{,}0274$ mol, $n_{O_2} = 1/32 = 0{,}0313$ mol. Damit erhält man $\Sigma n_i = 0{,}1283$ mol. Jetzt können die Molenbrüche $x_i = n_i/\Sigma n_i$ der beteiligten Stoffe berechnet werden.
$x_{H_2O} = 0{,}0555/0{,}1283 = 0{,}4325$, $x_{Cl_2} = 0{,}0141/0{,}1283 = 0{,}1099$,
$x_{HCl} = 0{,}0274/0{,}1283 = 0{,}2136$, $x_{O_2} = 0{,}0313/0{,}1283 = 0{,}2440$.

Da $p = 1$ bar ist, ergibt sich $\Pi p_i^{\nu_i}$ zu.

$$\Pi p_i^{\nu_i} = 0{,}4325^2 \cdot 0{,}1099^2 / \left(0{,}2136^4 \cdot 0{,}2440\right) = 4{,}45 \text{ bar}^{-1}.$$

Zum Schluss werden die Zahlenwerte in Gl. 3.10 eingesetzt

$$\begin{aligned} \Delta G &= -R \cdot T \cdot \ln K_p + R \cdot T \cdot \ln \prod_i p_i^{\nu_i} \\ &= 8{,}314 \cdot 703(-\ln 40{,}8 + \ln 4{,}45) = -12952 \text{ J} = -12{,}952 \text{ kJ} \end{aligned}$$

Es ist offensichtlich: unter den angegebenen Bedingungen herrscht kein Gleichgewicht; es tritt Bildung von $H_2O$ und $Cl_2$ ein, mit der Triebkraft $\Delta G = -12{,}95$ kJ. Die Reaktion verläuft von links nach rechts. ◀

## Reduktion von Stickoxiden in Kraftwerken und Automobilen (SCR-Verfahren)

In Kohle- Erdöl- und Gaskraftwerken sowie bei Automobilen werden die entstehenden Stickoxide mit Ammoniak zu Stickstoff und Wasser bei $T = 423$ K nach der folgenden Gleichung reduziert

$$6\,NO_2(g) + 8\,NH_3(g) \rightarrow 7\,N_2(g) + 12\,H_2O(g)$$

Aus Tabellenwerken findet man die folgenden thermodynamischen Werte bei $T = 298$ K und $p = 10^5$ Pa.:

$N_2(g)$: $\Delta H_f^{\circ} = 0$ kJ/mol; $\Delta S_f^{\circ} = 191{,}6$ J/(K mol); $C_{p,m} = 29{,}1$ J/(K mol).

$H_2O(g)$: $\Delta H_f^{\circ} = -241{,}8$ kJ/mol; $\Delta S_f^{\circ} = 188{,}8$ J/(K mol);
$C_{p,m} = 33{,}6$ J/(K mol).

$NO_2(g)$: $\Delta H_f^{\circ} = +33{,}2$ kJ/mol; $\Delta S_f^{\circ} = 240{,}1$ J/(K mol);
$C_{p,m} = 37{,}2$ J/(K mol).

$NH_3(g)$: $\Delta H_f^{\circ} = -46{,}1$ kJ/mol; $\Delta S_f^{\circ} = 192{,}5$ J/(K mol);
$C_{p,m} = 35{,}1$ J/(K mol).

Zunächst werden die Reaktionsenthalpie $\Delta H_r$ und die Reaktionsentropie $\Delta S_r$ aus den Bildungswärmen bei $T = 298$ K nach Abschn. 2.4 und 3.2.5 berechnet; daraus wird $\Delta G_r$ nach Gl. 3.22 berechnet Sodann werden diese Größen nach Gl. 2.17 und 3.31 auf die Temperatur $T = 423$ K umgerechnet. Es ergibt sich:

$$\boldsymbol{T = 298\ \mathrm{K}.}$$

$$\boldsymbol{\Delta H_{r,\vartheta}} = \sum v_i H_i = 7 \cdot 0 + 12 \cdot (-241{,}8) - 6 \cdot 33{,}2 - 8 \cdot (-46{,}1) = \mathbf{-2732\ kJ.}$$

$$\boldsymbol{\Delta S_{r,\vartheta}} = \sum v_i S_i = 7 \cdot 191{,}6 + 12 \cdot 188{,}8 - 6 \cdot 240{,}1 - 8 \cdot 192{,}5 = \mathbf{627\ J/K.}$$

$$\boldsymbol{\Delta G_{r,\vartheta}} = \Delta H - T \cdot \Delta S = -2.732.000 - 298 \cdot 627 = -2.918.846\ \mathrm{J} = \mathbf{-2919\ kJ.}$$

$$\boldsymbol{T = 423\ \mathrm{K}.}$$

$$\Delta C_p = \sum v_i C_{p,i} = 7 \cdot 29{,}1 + 12 \cdot 33{,}6 - 6 \cdot 37{,}2 - 8 \cdot 35{,}1 = 102{,}9\ \mathrm{J/K}$$

$$\Delta H_{r,T} = \Delta H_{r,\vartheta} + \int_{\vartheta}^{T} \Delta C_p \cdot \mathrm{d}T$$

$$\boldsymbol{\Delta H_r} = -2732000 + \int_{298}^{423} 102{,}9 \cdot \mathrm{d}T = -2.732.000 + 102{,}9(423 - 298)$$
$$= -2.719.000\ \mathrm{J} = \mathbf{-2719\ kJ}$$

$$\Delta S_{r,T} = \Delta S_{r,\vartheta} + \int_{\vartheta}^{T} (\Delta C_p/T) \cdot dT$$

$$\mathbf{\Delta S_r} = 627 + \int_{298}^{423} (102{,}9/T)dT = 627 + 102{,}9(\ln 423 - \ln 298) = \mathbf{663{,}0\ J/K}.$$

$$\mathbf{\Delta G_r} = \Delta H - T \cdot \Delta S = -2.719.000 - 423 \cdot 663 = -2.999.449\text{J} = \mathbf{-2999\ kJ}.$$

Die SCR-Reaktion ist für beide Temperaturen exotherm. Da $\Delta G_r$ für die o.a. Reaktion für beide Temperaturen < 0 ist, läuft diese Reaktion freiwillig ab. Allerdings ist die Reaktion ziemlich langsam; für technische Anwendungen wird sie deshalb katalytisch beschleunigt (SCR-Verfahren = selected catalytic reduction) (Lechner 2018). ◀

## 3.3 Irreversible Prozesse

Irreversible Prozesse sind dadurch gekennzeichnet, dass ein Zurückführen des Systems in den Ausgangszustand mit nicht rückgängig zu machenden Veränderungen des Arbeitsspeichers oder der Umgebung einhergehen. Irreversibel besagt aber nicht, dass ein Schritt nicht rückgängig gemacht werden kann. Hierzu werden drei Beispiele angeführt.

### 3.3.1 Ausdehnung eines idealen Gases ins Vakuum

Die Ausdehnung eines idealen Gases kann irreversibel und reversibel durchgeführt werden. Bei der irreversiblen Ausdehnung in ein Vakuum (Abb. 3.7a) vergrößert sich sein Volumen von $V_1$ nach $2 \cdot V_1$; dabei bleibt die Temperatur $T$ konstant, weil beim idealen Gas keine Wechselwirkungskräfte der einzelnen Atome oder Moleküle auftreten und deshalb $\Delta U = 0$ ist. Da bei dieser irreversiblen Ausdehnung keine Arbeit gewonnen wird ($W = 0$), ist mit Gl. 2.1 $Q_{irr} = 0$ und es wird auch keine Wärme aus der Umgebung aufgenommen.

Bei der reversiblen isothermen Ausdehnung leistet das ideale Gas Arbeit auf Kosten von Wärme, die es einem Wärmereservoir entnimmt (Abb. 3.7b). Das ideale Gas vergrößert bei diesem Vorgang sein Volumen bei der Temperatur $T$ von $V_1$ auf $2 \cdot V_1$ und nimmt aus dem Wärmereservoir die Wärmemenge $Q_{rev} > 0$ auf. Da auch in diesem Fall $\Delta U = 0$ ist, ist $Q_{rev} = -W_{max}$ (Gl. 3.14) und daher die aufgenommene Wärme der geleisteten Arbeit äquivalent. Die Entropie des Gases wächst bei diesem Vorgang um $\Delta S = Q_{rev}/T$ ($Q_{rev} > 0$). Um denselben Betrag verringert sich die Entropie des Wärmereservoirs, sodass die Gesamtentropie bei reversibler Durchführung des Vorgangs konstant bleibt. Nach Gl. 3.19, der idealen Gasgleichung, $p \cdot V = n \cdot R \cdot T$ und Gl. 2.5, $dW = -p \cdot dV$, ergibt sich für die Entropieänderung

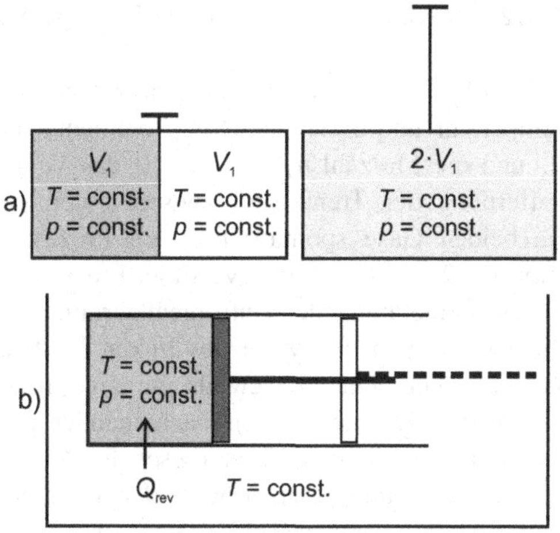


**Abb. 3.7** Irreversible und reversible Ausdehnung eines idealen Gases

$$\Delta S = Q_{\text{rev}}/T = -W_{\text{max}}/T = \int_{V_1}^{2 \cdot V_1} (p/T)\,\mathrm{d}V$$

$$= \int_{V_1}^{2 \cdot V_1} (n \cdot R/V)\mathrm{d}V = n \cdot R \cdot \ln(2 \cdot V_1/V_1).$$

Damit ist $\Delta S = n \cdot R \cdot \ln 2 = n \cdot R \cdot 0{,}693 > 0$, die Ausdehnung läuft freiwillig ab und ist ein spontaner Prozess (siehe Definition am Ende dieses Abschnitts).

Da die Entropie eine Zustandsfunktion ist, ist die Entropieänderung $\Delta S$ nur vom Anfangs- und Endzustand des Systems abhängig und nicht von der Art der Durchführung (z. B. irreversibel und reversibel). Bei irreversibler Ausdehnung des idealen Gases ins Vakuum wächst die Entropie des Gases um den gleichen Betrag wie bei reversibler Ausdehnung. Die irreversible Ausdehnung eines idealen Gases, bei der keine Arbeit gewonnen wird und bei der auch die Entropie der Umgebung unverändert bleibt, ist daher mit einer Zunahme der Entropie verbunden

$$Q_{\text{irr}}/T = 0;\ \Delta S = Q_{\text{rev}}/T > 0;\ Q_{\text{irr}}/T < \Delta S.$$

**II. Hauptsatz der Thermodynamik**

Die Entropie eines abgeschlossenen (isolierten) Systems bleibt bei reversiblen Zustandsänderungen unverändert; sie nimmt bei irreversiblen (spontanen, selbst verlaufenden) Prozessen zu.

$$\mathrm{d}S = \delta Q_{\text{rev}}/T \geq 0 \tag{3.32}$$

Die Entropieänderung d$S$ wird berechnet, indem man das System von einem Anfangszustand in einen Endzustand durch eine Folge von Gleichgewichtszuständen überführt und die hierbei schrittweise zugeführte Wärmemenge $\delta Q_{\text{rev}}$ bestimmt und durch die entsprechende Temperatur des Wärmeübertrags dividiert. Alle Beträge $\delta Q_{\text{rev}}/T$ werden anschließend summiert.

### 3.3.2 Vermischung von zwei idealen Gasen

Es werden zwei (ideale) Gase in zunächst getrennten Kammern bei gleicher Temperatur und gleichem Druck betrachtet (Abb. 3.8). Gas A hat das Volumen $V_A$ und die Molzahl $n_A$ und Gas B das Volumen $V_B$ und die Molzahl $n_B$. Nach Entfernung der Trennwand zwischen den beiden Teilräumen vermischen sich die beiden Gase spontan. Für den Prozess gilt $T=\text{const.}$ und daher $\Delta U=0$ (Abschn. 2.5); es ist ein irreversibler Prozess.

Zur Berechnung der Entropieänderung wird ein reversibler Prozess benötigt. Dazu werden in der Mitte des linken Kastens in Abb. 3.8 zwei semipermeable Kolben angebracht, die jeweils nur eine Teilchensorte reibungsfrei durchlassen. Die beiden Kolben werden nacheinander an die Außenwände des Kastens in der Weise geschoben, dass dieser Prozess einer reversiblen Ausdehnung der Einzelgase A und B entspricht; dabei bleibt $T=\text{const}$ und $p=\text{const.}$ erhalten. Damit ist $\Delta U=0$ und $Q_{rev}=-W_{max}$. $W_{max}$ setzt sich zusammen aus $W_{max}$ für das Gas A und $W_{max}$ für das Gas B und daher analog zu Abschn. 3.3.1

$$\mathrm{d}W_{\mathrm{max}} = -p_{\mathrm{A}} \cdot \mathrm{d}V_{\mathrm{A}} - p_{\mathrm{B}} \cdot \mathrm{d}V_{\mathrm{B}} \text{ und weiter}$$

$\Delta S = Q_{\mathrm{rev}}/T = -W_{\mathrm{max}}/T = \int_{V_{\mathrm{A}}}^{V_{\mathrm{A}}+V_{\mathrm{B}}} (p/T)\,\mathrm{d}V + \int_{V_{\mathrm{B}}}^{V_{\mathrm{A}}+V_{\mathrm{B}}} (p/T)\,\mathrm{d}V$ und nochmal weiter mit $p \cdot V=n \cdot R \cdot T$

$$\Delta S = \int_{V_{\mathrm{A}}}^{V_{\mathrm{A}}+V_{\mathrm{B}}} (n_{\mathrm{A}} \cdot R/V)\,\mathrm{d}V + \int_{V_{\mathrm{B}}}^{V_{\mathrm{A}}+V_{\mathrm{B}}} (n_{\mathrm{B}} \cdot R/V)\,\mathrm{d}V.$$

Die Integration ergibt

$$\Delta S = n_{\mathrm{A}} \cdot R \cdot \ln\left[(V_{\mathrm{A}} + V_{\mathrm{B}})/V_{\mathrm{A}}\right] + n_{\mathrm{B}} \cdot R \cdot \ln\left[(V_{\mathrm{A}} + V_{\mathrm{B}})/V_{\mathrm{B}}\right].$$

Das führt mit $x_A=n_A/(n_A+n_B)=V_A/(V_A+V_B)$, $x_B=n_B/(n_A+n_B)=V_B/(V_A+V_B)$ und $n=n_A+n_B$ zu

$$\Delta S = -R(n_{\mathrm{A}} \cdot \ln x_{\mathrm{A}} + n_{\mathrm{B}} \cdot \ln x_{\mathrm{B}}) = -n \cdot R(x_{\mathrm{A}} \cdot \ln x_{\mathrm{A}} + x_{\mathrm{B}} \cdot \ln x_{\mathrm{B}}). \quad (3.33)$$

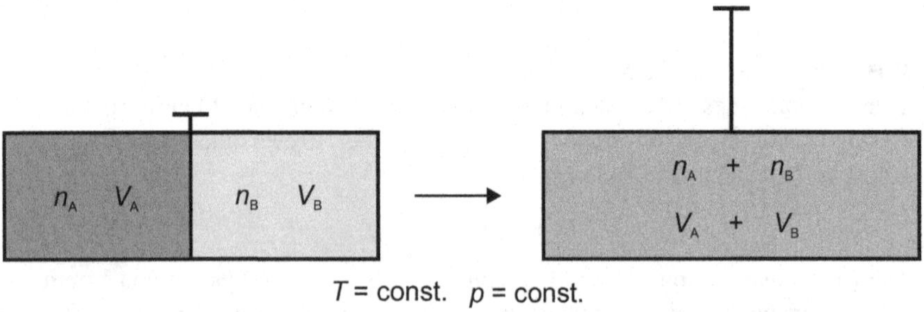


**Abb. 3.8** Vermischung von zwei idealen Gasen

Die mittlere Mischungsentropie ist $\overline{\Delta S} = \Delta S/n$ und daher

$$\overline{\Delta S} = \Delta S/n = -R(x_\mathrm{A} \cdot \ln x_\mathrm{A} + x_\mathrm{B} \cdot \ln x_\mathrm{B}). \tag{3.34}$$

Da $x_\mathrm{A}+x_\mathrm{B}=1$ ist, sind beide Größen < 1 und damit ln $x_\mathrm{A}$ und ln $x_\mathrm{B}$ < 0. Z. B. ergibt sich für $x_\mathrm{A}=x_\mathrm{B}=0{,}5$ und $n=2$ aus Gl. 3.33.

$$\begin{aligned}\Delta S &= -2 \cdot R(0{,}5 \cdot \ln 0{,}5 + 0{,}5 \cdot \ln 0{,}5) = -2 \cdot R[0{,}5 \cdot (-0{,}693) + 0{,}5 \cdot (-0{,}693)]\\ &= +2 \cdot R \cdot 0{,}693 > 0.\end{aligned}$$

Die vorstehende Überlegung ergibt, dass $\Delta S > 0$ und damit die Vermischung von Gasen ein spontaner, selbst verlaufender Prozess ist.

**Vermischung von zwei Gasen: Mischungsentropie**

2 Mol $H_2$ und 3 Mol $N_2$ werden bei $T=\text{const.}$ und $p=\text{const.}$ gemischt. Die mittlere Mischungsentropie ist mit Gl. 3.34, $n_\mathrm{A}=2$ mol, $n_\mathrm{B}=3$ mol und $n=5$ mol

$$\overline{\Delta S} = -8{,}314[(2/5) \cdot \ln(2/5) + (3/5) \cdot \ln(3/5)] = +5{,}60\ \mathrm{J/(mol\ K)}$$ ◄

### 3.3.3 Wärmeleitung

Bei der Wärmeleitung findet ein spontaner Wärmeübergang zwischen zwei sich berührenden Körpern 2 und 1, die auf den Temperaturen $T_2$ und $T_1$ gehalten werden, statt, wobei $T_2>T_1$ ist (siehe Abb. 3.9). Die Wärmemenge $Q > 0$ ist klein, damit $T_2$ und $T_1$ konstant bleiben und sie fließt von Körper 2 zu Körper 1; es wird bei diesem Vorgang keine Arbeit geleistet und die gesamte innere Energie des Systems ändert sich nicht. Die gesamte Entropieänderung des aus Körper 2 und Körper 1 bestehenden Systems beträgt (zur Vorzeichenregelung siehe Abschn. 2.2)

$$\Delta S = \Delta S_2 + \Delta S_1 = -Q/T_2 + Q/T_1 > 0 \text{ mit } Q > 0 \text{ und } T_2 > T_1 \tag{3.35}$$

Die Entropie des wärmeren Körpers 2 verkleinert sich ($\Delta S_2=-Q/T_2 < 0$) und die Entropie des kälteren Körpers 1 vergrößert sich ($\Delta S_1 = Q/T_1 > 0$). Allgemein ergibt sich für einen irreversiblen Prozess

$$\sum_{\mathrm{irr}} Q_i/T_i > 0 \quad \text{und} \quad \oint \mathrm{d}Q_{\mathrm{irr}}/T > 0. \tag{3.36}$$

Die entsprechenden Gleichungen für reversible Prozesse finden sich in Gl. 3.18. Festzuhalten ist, dass bei einem irreversiblen Vorgang in einem abgeschlossenen System eine Entropiezunahme $\Delta S > 0$ stattfindet; bei einem reversiblen Vorgang tritt ein Gleichgewicht mit $\Delta S = 0$ auf.

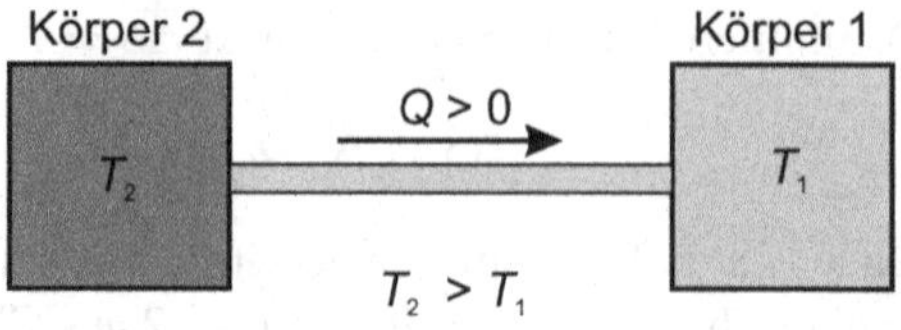


**Abb. 3.9** Wärmeleitung

## 3.4 Die Grundgleichungen der Thermodynamik

Die Grundgleichungen der Thermodynamik erlauben Aussagen zu thermischen und kalorischen Eigenschaften von physikalischen und chemischen Prozessen. Ausgehend vom I. Hauptsatz, Gl. 2.2, $\mathrm{d}U = \delta W + \delta Q$ und dem II. Hauptsatz, Gl. 3.19, $\mathrm{d}S = \delta Q_{\mathrm{rev}}/T$, sowie den Definitionen
Gl. 2.7, $H \equiv U + p \cdot V$ und Gl. 3.23, $G \equiv A + p \cdot V$,
Gl. 3.21, $A \equiv U - T \cdot S$ und Gl. 3.22, $G \equiv H - T \cdot S$,
folgt mit Gl. 2.5, $\mathrm{d}W = -p \cdot \mathrm{d}V$

$$\mathrm{d}U = -p \cdot \mathrm{d}V + T \cdot \mathrm{d}S. \qquad (3.37)$$

Mit Gl. 2.7, $H \equiv U + p \cdot V$ und Gl. 3.37 folgt

$$\mathrm{d}H = V \cdot \mathrm{d}p + T \cdot \mathrm{d}S. \qquad (3.38)$$

Mit Gl. 3.21, $A \equiv U - T \cdot S$ und Gl. 3.37 folgt $\mathrm{d}A = \mathrm{d}U - T \cdot \mathrm{d}S - S \cdot \mathrm{d}T = -p \cdot \mathrm{d}V - S \cdot \mathrm{d}T$ und

$$\mathrm{d}A = -p \cdot \mathrm{d}V - S \cdot \mathrm{d}T \qquad (3.39)$$

Mit Gl. 3.23, $G \equiv A + p \cdot V$ und Gl. 3.39 folgt
$\mathrm{d}G = \mathrm{d}A + p \cdot \mathrm{d}V + V \cdot \mathrm{d}p = -p \cdot \mathrm{d}V - S \cdot \mathrm{d}T + p \cdot \mathrm{d}V + V \cdot \mathrm{d}p = V \cdot \mathrm{d}p - S \cdot \mathrm{d}T$ und

$$\mathrm{d}G = V \cdot \mathrm{d}p - S \cdot \mathrm{d}T \qquad (3.40)$$

Gl. 3.37 bis 3.40 werden charakteristische Funktionen genannt. Durch Koeffizientenvergleich der charakteristischen Funktionen mit den vollständigen Differentialen von $U = f(V,S)$, $A = f(V,T)$ und $G = f(p,T)$ ergibt sich

mit $U = f(V,S)$; $\quad \mathrm{d}U = (\partial U/\partial V)_S \mathrm{d}V + (\partial U/\partial S)_V \mathrm{d}S$

$$(\partial U/\partial V)_S = -p; \quad (\partial U/\partial S)_V = T, \qquad (3.41)$$

mit $A = f(V,T)$; $\quad \mathrm{d}A = (\partial A/\partial V)_T \mathrm{d}V + (\partial A/\partial T)_V \mathrm{d}T$

$$(\partial A/\partial V)_T = -p; \quad (\partial A/\partial T)_V = -S \qquad (3.42)$$

und mit $G = f(p,T)$; $\quad \mathrm{d}G = (\partial G/\partial p)_T \mathrm{d}V + (\partial G/\partial T)_p \mathrm{d}T$

$$\left(\partial G/\partial p\right)_T = V; \quad \left(\partial G/\partial T\right)_p = -S. \tag{3.43}$$

Weiterhin ergibt sich aus Gl. 3.43 mit Gl. 3.22, $G = H - T \cdot S$,

$$G = H + T\left(\partial G/\partial T\right)_p \text{ und } \Delta G = \Delta H + T\left(\partial \Delta G/\partial T\right)_p. \tag{3.44}$$

Dies sind die Grundgleichungen der Thermodynamik; sie sind für weitere Überlegungen und Berechnungen von Bedeutung. Weitere Grundgleichungen finden sich in Wedler und Freund (2018).

## 3.5 Beispiele

### 3.5.1 Allgemeine Beziehung zwischen $C_V$ und $C_p$

In Abschn. 2.5.4 wurde eine Beziehung zwischen $C_p$ und $C_V$ für ideale Gase hergeleitet. Eine allgemeine Beziehung für Gase, Flüssigkeiten und Festkörper wird durch folgende Überlegung erhalten. In Gl. 2.26

$$C_p - C_V = \left[\left(\partial U/\partial V\right)_T + p\right]\left(\partial V/\partial T\right)_p$$

wird $\left(\partial U/\partial V\right)_T$ ersetzt durch Gl. 3.21, $A = U - T \cdot S$; Differentiation nach $V$ bei konstantem $T$ ergibt

$$\left(\partial U/\partial V\right)_T = \left(\partial A/\partial V\right)_T + T\left(\partial S/\partial V\right)_T.$$

Nach Gl. 3.42 ist $\left(\partial A/\partial V\right)_T = -p$, $\left(\partial A/\partial T\right)_V = -S$ und daher

$$\left(\partial U/\partial V\right)_T = -p - T\left[\left(\partial/\partial V\right)\left(\partial A/\partial T\right)_V\right]_T = -p - T\left[\left(\partial/\partial T\right)\left(\partial A/\partial V\right)_T\right]_V.$$

Das ergibt mit Gl. 3.42.

$\left(\partial U/\partial V\right)_T = -p + T\left(\partial p/\partial T\right)_V$ und weiter $C_p - C_V = T\left(\partial p/\partial T\right)_V\left(\partial V/\partial T\right)_p$.

In Abschn. 2.5.3 wurde bereits abgeleitet $(\partial p/\partial T)_V = -(\partial V/\partial T)_p/(\partial V/\partial p)_T$. Damit ergibt sich

$$C_p - C_V = -T\left(\partial V/\partial T\right)_p^2 / \left(\partial V/\partial p\right)_T. \tag{3.45}$$

In Abschn. 2.5.3 wurde der Ausdehnungskoeffizient $\alpha = \left(1/V_0\right)\left(\partial V/\partial T\right)_p$ und die Kompressibilität $\kappa = -\left(1/V_1\right)\left(\partial V/\partial p\right)_T$ definiert; das führt zu den allgemeinen Beziehungen zwischen $C_p$ und $C_V$ und $C_{p,\mathrm{m}}$ und $C_{V,\mathrm{m}}$

$$C_p - C_V = T \cdot \alpha^2 \cdot V_0^2/(\kappa \cdot V_1) \quad \text{und} \quad C_{p,\mathrm{m}} - C_{V,\mathrm{m}} = T \cdot \alpha^2 \cdot V_{\mathrm{m},0}^2/\left(\kappa \cdot V_{\mathrm{m},1}\right) \tag{3.46}$$

wobei der Index m die entsprechenden molaren Größen bezeichnet.

Eine Kontrollrechnung für ideale Gase, $p \cdot V = n \cdot R \cdot T$, $\left(\partial V/\partial T\right)_p = n \cdot R/p$ und $\left(\partial V/\partial p\right)_T = -n \cdot R \cdot T/p^2$ ergibt mit Gl. 3.45.

$$C_p - C_V = +\frac{T \cdot n^2 \cdot R^2 \cdot p^2}{p^2 \cdot n \cdot R \cdot T} = n \cdot R \text{ und damit exakt Gl. 2.27 aus Abschn. 2.5.4.}$$

### 3.5.2 Joule–Thomson-Effekt

Für ideale Gase sind die innere Energie und die Enthalpie unabhängig vom Volumen und dem Druck und nur abhängig von der Temperatur, d. h. $(\partial U/\partial V)_T = 0$ und $(\partial H/\partial p)_T = 0$. Für reale Gase, Flüssigkeiten und Festkörper sind diese Größen allerdings vom Volumen und dem Druck abhängig, d. h. Volumen- und Druckänderungen können Temperaturänderungen hervorrufen.

In einem thermisch isolierten Rohr tritt ein kontinuierlicher Gasstrom durch ein poröses Diaphragma (Drossel, Abb. 3.10). Die Drossel setzt dem Gas einen Widerstand entgegen, sodass vor der Drossel ein konstanter Druck $p_1$ und hinter der Drossel ein kleinerer konstanter Druck $p_2$ mit $p_2 < p_1$ aufrecht erhalten wird. Bei diesem Vorgang ändert sich die Temperatur von $T_1$ auf $T_2$. Es handelt sich um einen adiabatischen Prozess mit $\delta Q = 0$. Dem Gas wird daher auf der linken Seite eine Arbeit $p_1 \cdot V_1$ zugeführt; auf der rechten Seite leistet das Gas eine Arbeit $p_2 \cdot V_2$. Die Änderung der inneren Energie ist bei diesem adiabatischen Prozess gegeben durch
$U_2 - U_1 = -p_2 \cdot V_2 + p_1 \cdot V_1$. Das ergibt $U_2 + p_2 \cdot V_2 = U_1 + p_1 \cdot V_1$. Mit der Definition für die Enthalpie, Gl. 2.7, $H \equiv U + p \cdot V$, ergibt das

$$H_2 = H_1 \text{ und } \mathrm{d}H = 0;$$

beim Joule–Thomson-Effekt handelt es sich um einen isenthalpischen Vorgang, d. h. die Enthalpie ändert sich nicht: $\mathrm{d}H = \left(\partial H/\partial p\right)_T \cdot \mathrm{d}p + \left(\partial H/\partial T\right)_p \cdot \mathrm{d}T = 0$. Durch Umformung wird der Joule–Thomson-Koeffizient $\mu_{\mathrm{JT}} = (\partial T/\partial p)_H$ erhalten

$$\mu_{\mathrm{JT}} = \left(\partial T/\partial p\right)_H = -\left(\partial H/\partial p\right)_T \Big/ \left(\partial H/\partial T\right)_p. \tag{3.47}$$

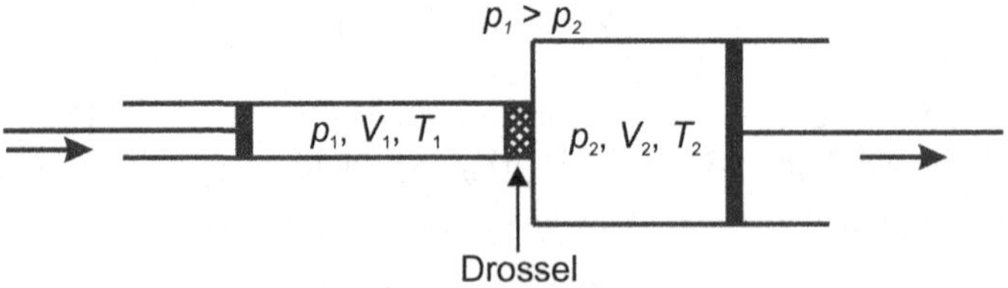


**Abb. 3.10** Prinzipzeichnung zum Joule–Thomson-Effekt

Für den Ausdruck $(\partial H/\partial p)_T$ wird mit Gl. 3.22, $G \equiv H - T \cdot S$, durch Differentiation nach $p$ mit Gl. 3.43

$$(\partial H/\partial p)_T = (\partial G/\partial p)_T + T(\partial S/\partial p)_T = V - T\left[(\partial/\partial p)(\partial G/\partial T)_p\right]_T$$

erhalten und weiter mit Gl. 3.43

$$(\partial H/\partial p)_T = V - T\left[(\partial/\partial T)(\partial G/\partial p)_T\right]_p = V - T(\partial V/\partial T)_p$$

Wie bereits erwähnt, ist für ideale Gase $(\partial H/\partial p)_T = 0$ und damit auch $\mu_{JT} = 0$. Für alle anderen Stoffe ist mit Gl. 2.9

$$\mu_{\mathrm{JT}} = \left[T(\partial V/\partial T)_p - V\right]/C_p \tag{3.48}$$

Gl. 3.48 kann auf reale Gase angewendet werden. z. B. auf die van der Waals Gleichung $(p + a/V_{\mathrm{m}}^2)(V_{\mathrm{m}} - b) = R \cdot T$; diese wird ausmultipliziert, $p \cdot V_{\mathrm{m}} - p \cdot b + a/V_{\mathrm{m}} - a \cdot b/V_{\mathrm{m}}^2 = R \cdot T$ und ergibt $p \cdot V_{\mathrm{m}} = R \cdot T + p \cdot b - a/V_{\mathrm{m}} + a \cdot b/V_{\mathrm{m}}^2$ und weiter mit $p \cdot V_{\mathrm{m}} \approx R \cdot T$ für die Korrekturglieder $p \cdot V_{\mathrm{m}} = R \cdot T + p \cdot b - p \cdot a/(R \cdot T) + a \cdot b/V_{\mathrm{m}}^2$. Daraus wird die vereinfachte van der Waals Gleichung erhalten $p \cdot V_{\mathrm{m}} = R \cdot T + p[b - a/(R \cdot T)] + \ldots$. Ein Vergleich mit der Virialentwicklung für reale Gase $p \cdot V_{\mathrm{m}} = R \cdot T + p \cdot B + \ldots$ ergibt $B = b - a/(R \cdot T)$ und

$$(\partial V_{\mathrm{m}}/\partial T)_p = R/p + a/(R \cdot T^2) \tag{3.49}$$

Einsetzen von Gl. 3.49 in Gl. 3.48 ergibt

$$\mu_{\mathrm{JT}} = \left[+R \cdot T/p + a/(R \cdot T) - R \cdot T/p - b + a/(R \cdot T)\right]/C_{p,\mathrm{m}}$$

und

$$\mu_{\mathrm{JT}} = \left[2 \cdot a/(R \cdot T) - b\right]/C_{p,\mathrm{m}} \tag{3.50}$$

Gl. 3.50 ist zwar nur eine Näherungsgleichung für den Joule–Thomson-Koeffizienten für reale Gase; sie reicht jedoch für viele Fälle aus. Aus Gl. 3.50 ergibt sich, dass – abhängig von der Temperatur $T$ – $\mu_{\mathrm{JT}}$ positiv oder negativ sein kann. Bei der Inversionstemperatur $T_{\mathrm{I}}$ mit der Bedingung $\mu_{\mathrm{JT}} = 0$ und daher $2 \cdot a/(R \cdot T_{\mathrm{I}}) = b$ ergibt sich (Abb. 3.11)

$$T_{\mathrm{I}} = 2 \cdot a/(R \cdot b) \tag{3.51}$$

Tab. 3.1 listet Inversionstemperaturen einiger Gase. Bemerkenswert ist die Inversionstemperatur von Wasserstoff $T_{\mathrm{I}} = 224\ \mathrm{K} = -49\ °\mathrm{C}$. Das bedeutet, dass Wasserstoff sich beim Ausdehnen bei Zimmertemperatur erwärmt. Das kann beim unkontrollierten Austritt von Wasserstoff aus einem Druckbehälter zum Brand des Wasserstoffs führen.

**Abb. 3.11** Diagramm zur Inversionstemperatur

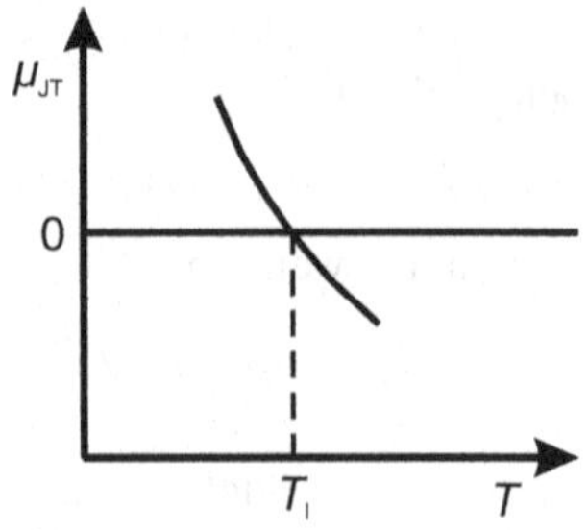


**Tab. 3.1** Inversionstemperaturen verschiedener Gase

| Gas | He | $H_2$ | $N_2$ | $O_2$ | CO |
|---|---|---|---|---|---|
| $T_I$ [K] | 35 | 224 | 866 | 1041 | 908 |

## 3.6 Berechnung von Gleichgewichtskonstanten chemischer Reaktionen und physikalischer Übergänge aus thermodynamischen Daten

Für eine isotherme chemische Reaktion gilt Gl. 3.11, $W^{\ominus}_{\text{nutz}} = \Delta G^{\ominus}_T = -R \cdot T \cdot \ln K$; $\Delta G^{\ominus}_T$ ist mit Gl. 3.22, $\Delta G_T = \Delta H_T - T \cdot \Delta S_T$ über $\Delta H^{\ominus}_T$ und $\Delta S^{\ominus}_T$ mit Hilfe von Gl. 2.17 und 3.31 berechenbar, wobei die Standardenthalpien und –entropien $H_\vartheta$ und $S_\vartheta$ aus Tabellenwerken entnommen werden können (Lide 2018–2019; D'Ans-Lax 1992, 1998).

$$\Delta H_T = \Delta H_\vartheta + \int_\vartheta^{T'} \Delta C_p \cdot \mathrm{d}T + \sum_\vartheta^{T'} \sum_i \nu_i \cdot \Delta H_{\text{trs},i} \text{ mit } \Delta H_\vartheta = \sum_i \nu_i H_{\vartheta,i} \text{ und}$$

$$\Delta C_p = \sum_i \nu_i \cdot C_{p,i}$$

$$\Delta S_T = \Delta S_\vartheta + \int_\vartheta^{T'} (\Delta C_p/T)\,\mathrm{d}T + \sum_\vartheta^{T'} \sum_i \nu_i \cdot (\Delta H_{\text{trs},i}/T_{\text{trs},i}) \text{ mit } \Delta S_\vartheta = \sum_i \nu_i \cdot S_{\vartheta,i}$$

Das ergibt

$$\Delta G = \Delta H_\vartheta - T \cdot \Delta S_\vartheta + \int_\vartheta^{T'} \Delta C_p \cdot \mathrm{d}T - T \int_\vartheta^{T'} (\Delta C_p/T)\,\mathrm{d}T + \sum_\vartheta^{T'} \sum_i \nu_i \cdot \Delta H_{\text{trs},i}$$

$$- T \sum_\vartheta^{T'} \sum_i \nu_i \cdot (\Delta H_{\text{trs},i}/T_{\text{trs},i})$$

$$\Delta G = \Delta H_\vartheta - T \cdot \Delta S_\vartheta + T \int_\vartheta^{T'} (1/T^2)\mathrm{d}T \int_\vartheta^{T'} \Delta C_p \cdot \mathrm{d}T + \sum_\vartheta^{T'} \sum_i \nu_i \cdot \Delta H_{\mathrm{trs},i}$$
$$- T \sum_\vartheta^{T'} \sum_i \nu_i \cdot \left(\Delta H_{\mathrm{trs},i} / T_{\mathrm{trs},i}\right) \tag{3.52}$$

Bei reinen Gasreaktionen fallen die Glieder mit den Umwandlungswärmen weg. Es gibt zwei Näherungen

1. **Ulich'sche Näherung:** $\Delta C_p = 0$. Damit wird $\Delta G_T = \Delta H_\vartheta - T \cdot \Delta S_\vartheta$. Für Reaktionen in der Nähe der Zimmertemperatur ist diese Näherung brauchbar.
2. **Ulich'sche Näherung:** $\Delta C_p = \text{const}$. Ein Problem bei dieser Näherung ist die Bestimmung von $\Delta C_p$. Für einige Reaktionen gibt es Erfahrungswerte.

### 3.6.1 Temperatur- und Druckabhängigkeit eines Gleichgewichts

Eine wichtige Frage bei chemischen Reaktionen ist ihr Verhalten bei Temperatur- und Druckänderungen und damit die Temperatur- und Druckabhängigkeit der Gleichgewichtskonstanten. Nach Gl. 3.11 und 3.13 ist $\Delta G^\circ = -R \cdot T \cdot \ln K$ und damit $\ln K = -\Delta G^\circ / (R \cdot T)$. Gemeint sind hier $K_C$, $K_p$ und $K_x$. Differentiation nach $T$ liefert mit Gl. 3.43, $(\partial \Delta G / \partial T)_p = -\Delta S$ und Gl. 9.5 den Ausdruck

$$(\partial \ln K / \partial T)_p = -(1/R)\left[\left(-T \cdot \Delta S^\circ - \Delta G^\circ\right)/T^2\right] = \left(\Delta G^\circ + T \cdot \Delta S^\circ\right)/\left(R \cdot T^2\right)$$

und weiter mit Gl. 3.22, $\Delta G = \Delta H - T \cdot \Delta S$,

$$(\partial \ln K / \partial T)_p = \Delta H^\circ / \left(R \cdot T^2\right) \tag{3.53}$$

Gl. 3.53 ist die van't Hoff'sche Reaktionsisobare. Auf ganz ähnliche Weise ergibt sich

$$(\partial \ln K / \partial T)_V = \Delta U^\circ / \left(R \cdot T^2\right) \tag{3.54}$$

Gl. 3.54 ist die van't Hoff'sche Reaktionsisochore. Die Integration von Gl. 3.53 liefert

$$\int_{K_1}^{K_2} \mathrm{d} \ln K = (1/R) \int_{T_1}^{T_2} \left(\Delta H^\circ / T^2\right) \mathrm{d}T \tag{3.55}$$

Für kleine Temperaturintervalle $T_2 - T_1 \ll T$, z. B. $T_1 = 300$ K und $T_2 = 330$ K ist $\Delta H^\circ$ konstant und daher

$$\ln(K_2/K_1) = \left(\Delta H^\circ / R\right)(1/T_1 - 1/T_2) \tag{3.56}$$

Durch experimentelle Bestimmung der Gleichgewichtskonstanten bei zwei dicht beieinander liegenden Temperaturen kann daher die Reaktionsenthalpie $\Delta H^{\circ}$ bestimmt werden

$$\Delta H^{\circ} = R \ln(K_2/K_1)/(1/T_1 - 1/T_2) \tag{3.57}$$

Entsprechende Gleichungen gelten für die innere Energie $\Delta U^{\circ}$.

Für die Druckabhängigkeit der Gleichgewichtskonstanten ist wieder $\ln K = -\Delta G^{\circ}/(R \cdot T)$ und $(\partial \ln K/\partial p)_T = -[1/(R \cdot T)](\partial \Delta G^{\circ}/\partial p)_T$. Das ergibt mit Gl. 3.43, $(\partial \Delta G^{\circ}/\partial p)_T = \Delta V^{\circ}$

$$(\partial \ln K/\partial p)_T = -\Delta V^{\circ}/(R \cdot T) \tag{3.58}$$

Mit $\Delta V^{\circ} = \sum_i \nu_i \cdot V_i^{\circ}$, $\nu_i$ den vorzeichenbehafteten stöchiometrischen Faktoren und $V_i^{\circ}$ den Volumina der Stoffe $i$ der chemischen Reaktion. $\Delta V^{\circ}$ ist die Volumenänderung pro Formelumsatz.

**Bestimmung von thermodynamischen Daten aus elektrischen Messungen**

Experimentelle Messungen der elektrischen Spannung $E$ im Bereich 20 bis 50 °C an einer galvanischen Zelle (Daniell-Zelle)

$$\mathrm{Zn} \,|\, \mathrm{Zn^{2+}(aq)} \,\vdots\vdots\, \mathrm{Cu^{2+}(aq)} \,|\, \mathrm{Cu}$$

ergaben $E_{298K} = 1{,}06958$ V und $dE/dT = -0{,}389 \cdot 10^{-3}$ V/K.

Die zugehörige Zellreaktion ist

$$\mathrm{Cu^{2+}(aq) + Zn(s) \rightarrow Cu(s) + Zn^{2+}(aq)}.$$

Mit diesen Werten erhält man für die freie Reaktionsenthalpie der Reaktion $\Delta G = W_{el}$ nach Gl. 3.4

$$\mathbf{\Delta G} = -z \cdot F_F \cdot E = -2 \cdot (96.485\ \mathrm{C/mol}) \cdot 1{,}06.958\ \mathrm{V} = -206.397\ \mathrm{J/mol}$$
$$= \mathbf{-206{,}4\ kJ/mol}.$$

mit $z$ = Zahl der umgesetzten Elektronen und $F_F$ = Faraday-Konstante.

Die Reaktionsentropie $\Delta S$ ergibt sich mit Gl. 3.25 zu.

$$\mathbf{\Delta S} = -(\partial \Delta G/\partial T)_p = z \cdot F_F \cdot (\partial E/\partial T)_p = 2 \cdot (96.485\ \mathrm{C/mol}) \cdot (-0{,}000.389\ \mathrm{V/K})$$
$$= \mathbf{-75{,}1\ J/(K\ mol)}.$$

Die Reaktionsenthalpie $\Delta H$ ergibt sich mit Gl. 3.22 zu.

$$\mathbf{\Delta H} = \Delta G + T \cdot \Delta S = -206.400 - 298 \cdot 75{,}1 = -228.800\ \mathrm{J/mol} = \mathbf{-228{,}8\ kJ/mol}.$$

Es handelt sich um eine spontan ablaufende Reaktion (d. h. es wird elektrischer Strom produziert), die Reaktion ist exotherm (es wird dabei Wärme produziert) und sie ist mit einer geringen Abnahme der Reaktionsentropie verbunden. ◀

**Berechnung von Gleichgewichtskonstanten bei verschiedenen Temperaturen**

Wegen der Überlegungen in Abschn. 3.6 können Gleichgewichtskonstanten für beliebige Temperaturen berechnet werden, wenn die Gleichgewichtskonstante bei einer Temperatur experimentell bestimmt oder berechnet werden kann. Für eine Gleichgewichtsreaktion

$$\nu_A \cdot A + \nu_B \cdot B \rightleftarrows \nu_C \cdot C + \nu_D \cdot D$$

gilt nach Gl. 3.55, $\int_{K_1}^{K_2} \mathrm{d}\ln K = (1/R)\int_{T_1}^{T_2}\left(\Delta H^{\circ}/T^2\right)\mathrm{d}T$. Dabei ist zu berücksichtigen, dass insbesondere für größere Temperaturbereiche $\Delta H^{\circ}$ nicht mehr konstant, sondern eine Funktion der Temperatur ist. Aus Gl. 2.19 folgt mit variabler Temperatur $T$ für die obere Grenze im Integral

$$\Delta H_T = \Delta H_{T_1} + \int_{T_1}^{T} \Delta C_p \cdot \mathrm{d}T \quad \text{mit} \quad \Delta C_p = \sum \nu_i \cdot C_{p,i}$$

Die Temperaturabhängigkeit der molaren Reaktionswärmekapazität $\Delta C_{p,\mathrm{m}} = \sum \nu_i \cdot C_{p,\mathrm{m},i}$ kann als Polynom $\Delta C_{p,\mathrm{m}} = a + b \cdot T + c \cdot T^2$ ausgedrückt werden. Berechnet wird $\Delta C_{p,\mathrm{m}}$ aus den $C_{p,\mathrm{m},i}$ der Einzelkomponenten A, B, C und D, die ebenfalls Polynome sind und zu $\Delta C_{p,\mathrm{m}}$ aufsummiert werden. Das führt zu

$$\Delta H_T = \Delta H_{T_1} + \int_{T_1}^{T} (a + b \cdot T + c \cdot T^2)\mathrm{d}T. \quad \text{Die Integration ergibt}$$

$$\begin{aligned}\Delta H_T &= \Delta H_{T_1} + a \cdot T + (1/2)b \cdot T^2 + (1/3)c \cdot T^3 - a \cdot T_1 \\ &\quad - (1/2)b \cdot T_1^2 - (1/3)c \cdot T_1^3 \\ &= e + a \cdot T + (1/2)b \cdot T^2 + (1/3)c \cdot T^3 \\ &\text{mit } e = \Delta H_{T_1} - a \cdot T_1 - (1/2)b \cdot T_1^2 - (1/3)c \cdot T_1^3\end{aligned}$$

Jetzt kann $K_2$ bei $T_2$ K mit Gl. 3.55 und $\Delta H^{\circ} = \Delta H_{T_2}$ berechnet werden

$$\int_{K_1}^{K_2} \mathrm{d}\ln K = (1/R)\int_{T_1}^{T_2}\left(\Delta H^{\circ}/T^2\right)\mathrm{d}T$$

$$\begin{aligned}\ln(K_2/K_1) &= (1/R)\int_{T_1}^{T_2} \left(e/T^2 + a/T + (1/2)b + (1/3)c \cdot T\right)\mathrm{d}T \\ &= (1/R)\left(-e/T + a \cdot \ln T + (1/2)b \cdot T + (1/6)c \cdot T^2\right)\Big|_{T_1}^{T_2} \\ &= (1/R)\left[-e(1/T_2 - 1/T_1)\right] + a \cdot \ln(T_2/T_1) \\ &\quad + (1/2)b \cdot (T_2 - T_1) + (1/6)c \cdot (T_2^2 - T_1^2)\end{aligned}$$

Mit exp(ln $a$) = $a$ folgt daraus

$$K_2 = K_1 \cdot \exp\{(1/R)[-e(1/T_2 - 1/T_1) + a \cdot \ln(T_2/T_1) + (1/2)b \cdot (T_2 - T_1) + (1/6)c \cdot (T_2^2 - T_1^2)]\}$$

**Beispiel:** Für die Gleichgewichtsreaktion

$$NH_3 \rightleftharpoons (3/2)\, H_2 + (1/2)\, N_2$$

ist die Reaktionsenthalpie bei $T_1 = 298$ K $\Delta H_r^\circ = 46{,}11$ kJ/mol (Abschn. 2.4, Beispiel). Die Gleichgewichtskonstante bei $T_1 = 298$ K ist für diese Reaktion $K_1 = 3{,}8 \cdot 10^{-4}$. Gesucht ist die Gleichgewichtskonstante bei $T_2 = 600$ K. Diese kann nach Gl. 2.19 berechnet werden, wobei zu berücksichtigen ist, dass die Reaktionsenthalpie für diesen Temperaturbereich nicht mehr konstant ist.

Die Temperaturabhängigkeit der molaren Reaktionswärmekapazität $\Delta C_{p,m}$ ist für diesen Temperaturbereich und für diese Reaktion $\Delta C_{p,m} = a + b \cdot T + c \cdot T^2$ mit $a = 31{,}33$, $b = -31{,}19 \cdot 10^{-3}$ und $c = 6{,}05 \cdot 10^{-6}$. Damit ergibt sich für $e$

$$e = \Delta H_{T_1} - a \cdot T_1 - (1/2)b \cdot T_1^2 - (1/3)c \cdot T_1^3$$

$$e = 46.110 - 31{,}33 \cdot 298 + (1/2) \cdot 31{,}19 \cdot 10^{-3} \cdot 298^2 - (1/3) \cdot 6{,}05 \cdot 10^{-6} \cdot 298^3 = 38106\,\text{kJ/mol}$$

und für $K_2$

$$K_2 = K_1 \cdot \exp\{(1/R)[-e(1/T_2 - 1/T_1) + a \cdot \ln(T_2/T_1) + (1/2)b \cdot (T_2 - T_1) + (1/6)c \cdot (T_2^2 - T_1^2)]\}$$

$$K_2 = 3{,}8 \cdot 10^{-4} \cdot \exp\{(1/8{,}314)[-38.106(1/600 - 1/298) + 31{,}33 \cdot \ln(600/298) - (1/2) \cdot 31{,}19 \cdot 10^{-3}(600 - 298) + (1/6) \cdot 6{,}05 \cdot 10^{-6}(600^2 - 298^2).$$

$$\boldsymbol{K_2} = 3{,}8 \cdot 10^{-4} \cdot \exp\{(1/8{,}314)[64{,}362 + 21{,}926 - 4{,}710 + 0{,}273]\} = 3{,}8 \cdot 10^{-4} \cdot 1{,}89 \cdot 10^4 = \mathbf{7{,}18}.$$

Aus den Gleichgewichtskonstanten $K_1 = 3{,}8 \cdot 10^{-4}$ (298 K) und $K_2 = 7{,}18$ (600 K) geht hervor, dass das Gleichgewicht für die obige endotherme Reaktion bei 600 K stark nach rechts verschoben ist, in Übereinstimmung mit dem Le Chatelier'schen Prinzip, dass bei endothermen Reaktionen bei Temperaturerhöhung eine Vergrößerung der Ausbeute postuliert (Abschn. 3.6.6). ◀

### 3.6.2 Verdampfungsgleichgewicht

Beim Verdampfungsgleichgewicht A(l) $\rightleftharpoons$ A(g) (Abb. 3.12) handelt es sich um ein degeneriertes Gleichgewicht, weil keine chemische Reaktion stattfindet, sondern ein physikalischer Übergang eines Stoffs vom flüssigen in den gas-

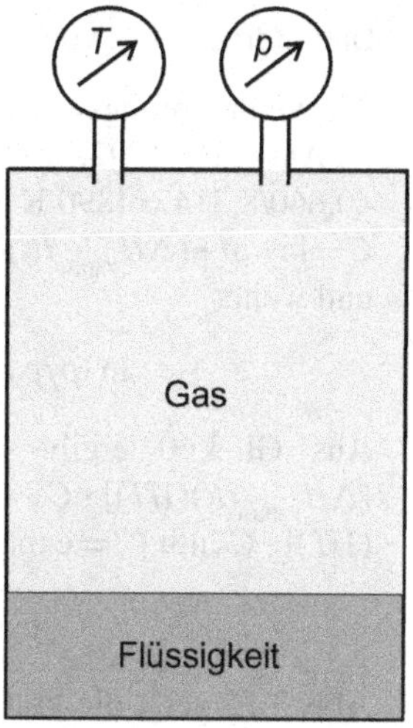


**Abb. 3.12** Experimentelle Bestimmung des Verdampfungsdrucks

förmigen Zustand. Entsprechend besteht die Gleichgewichtskonstante $K = \prod_i p_i^{\nu_i}$ lediglich aus dem Sättigungsdampfdruck des Stoffs A, $K = p_A$, mit $p_A = p_{A,\text{Sättigung}}$. Die van't Hoff'sche Reaktionsisobare (Gl. 3.53) ergibt sich damit zu

$$\mathrm{d}\ln p/\mathrm{d}T = \Delta H_{\text{vap,m}}/(R \cdot T^2) \tag{3.59}$$

mit $\Delta H_{\text{vap,m}}$ = molare Verdampfungswärme des Stoffs A. Gl. 3.59 ist die Gleichung von Clausius-Clapeyron (Clausius-Klappermann); die Gleichung wird auch in Abschn. 3.7.2 behandelt. Für kleine Temperaturbereiche und Näherungsrechnungen ist $\Delta H_{\text{vap,m}}$ eine Konstante. Unbestimmte Integration von Gl. 3.59 liefert

$$\int \mathrm{d}\ln p = \int (\Delta H_{\text{vap,m}}/R)(1/T^2)\mathrm{d}T; \quad \ln p = -(\Delta H_{\text{vap,m}}/R)(1/T) + C \tag{3.60}$$

Aus der Randbedingung, dass am Siedepunkt ein Sättigungsdruck von $1{,}0 \cdot 10^5$ Pa = 1,0 bar herrschen muss, kann die Integrationskonstante $C$ berechnet werden. Eine weitere Randbedingung zur Berechnung der Integrationskonstanten ist der Gefrierpunkt mit einem Sättigungsdruck von 0 Pa.

Die bestimmte Integration in den Grenzen $p_1$, $T_1$ und $p_2$, $T_2$ liefert

$$\ln(p_2/p_1) = (\Delta H_{\text{vap,m}}/R)(1/T_1 - 1/T_2) \tag{3.61}$$

Gl. 3.60 und 3.61 ergeben eine Möglichkeit, aus Dampfdruckmessungen bei verschiedenen Temperaturen die Verdampfungswärme von Flüssigkeiten zu bestimmen.

**Dampfdruckkurve von Wasser**

Die Verdampfungswärme von Wasser beträgt bei 100 °C = 373 K 40,66 kJ/mol (D'Ans-Lax, 1992, 1998). Damit erhält man mit Gl. 3.60 und $\Delta H_{vap,m}/R = 40.660/8{,}314 = 4890$ K die Integrationskonstante $C$ zu
$C = \ln\ p + (\Delta H_{vap,m}/R)(1/T) = \ln\ (1 \cdot 10^5) + 4890/373 = 11{,}53 + 13{,}11 = 24{,}64$ und weiter

$$\ln(p/p_0) = -4890/T + 24{,}64 \text{ mit } p_0 = 1\text{Pa}$$

Aus Gl. 3.60 ergibt sich weiter $p/p_0 = \exp[-(\Delta H_{vap,m}/R)(1/T) + C] = \exp[-(\Delta H_{vap,m}/R)(1/T)] \cdot C'$ mit $C' = \exp(C)$. Das ergibt $p = \exp[-(\Delta H_{vap,m}/R)(1/T)] \cdot C'$ mit $C' = \exp(C)$. Damit erhält man mit $C' = \exp(24{,}64) = 5{,}024 \cdot 10^{10}$

$$p = \exp(-4890/T) \cdot 5{,}024 \cdot 10^{10}$$

Abb. 3.13 zeigt die grafischen Auftragungen $p = f(T)$ und $\ln(p/p_0) = f(1/T)$. Die Auftragung $\ln(p/p_0) = f(1/T)$ ergibt eine Gerade; man kann daher aus Dampfdruckmessungen an Flüssigkeiten deren Verdampfungswärme bestimmen.

Zu berücksichtigen ist, dass die Verdampfungswärme nur für kleine Temperaturbereiche eine Konstante ist. Für größere Temperaturbereiche ist $H_{vap,m}$ eine Funktion der Temperatur; dies ist in den Gl. 3.60 und 3.61 und auch bei der Dampfdruckkurve von Wasser entsprechend zu berücksichtigen. ◄

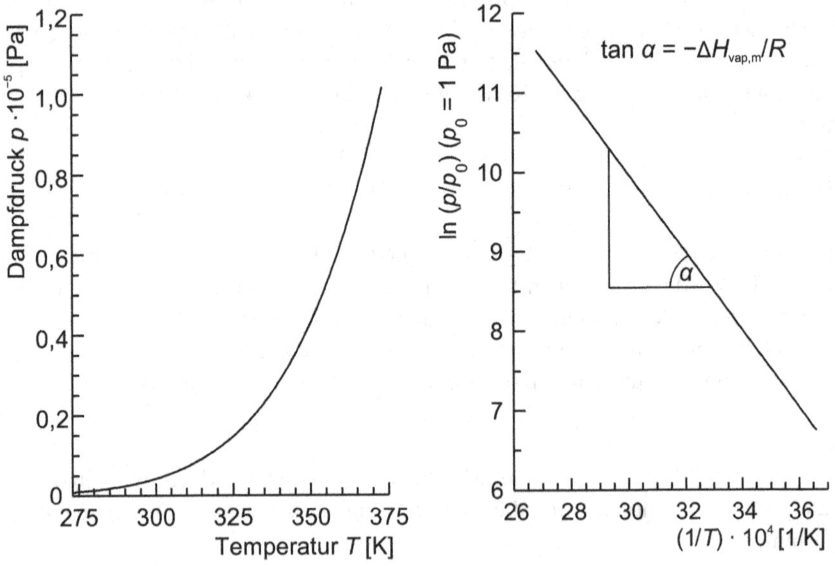


**Abb. 3.13** Verdampfungsgleichgewicht von Wasser: Dampfdruck $p = f(T)$ und $\ln(p/p_0) = f(1/T)$

**Beispiel**

In einem Dampfdrucktopf werden Lebensmittel bei 130 °C 5 bis 8 mal schneller gegart als in einem normalen Topf bei 100 °C. Der Dampfdruck des Wassers bei 130 °C ist nach Gl. 3.61 bei bestimmter Integration und $\Delta H_{vap,m}/R = 4890$ K (siehe vorheriges Beispiel).

$$\ln(p_2/p_1) = (\Delta H_{vap,m}/R)(1/T_1 - 1/T_2),$$
$$\ln p_2 = \ln 1{,}013 \cdot 10^5 + 4890(1/373 - 1/403) = 11{,}53 + 0{,}978 = 12{,}51.$$

$$p_2 = \exp(12{,}51) = 2{,}71 \cdot 10^5 \text{ Pa}.$$

Bei 130 °C ist der Druck im Topf $2{,}7 \cdot 10^5$ Pa = 2,7 bar; bei unsachgemäßer Handhabung ist dieser daher lebensgefährlich! ◄

Aus Gl. 3.11 ergibt sich ein Zusammenhang zwischen Dampfdruck und freier Enthalpie

$$\Delta G^{\ominus} = -R \cdot T \cdot \ln K; \ \Delta G^{\ominus} = -R \cdot T \cdot \ln p; \ \ln p = -\Delta G^{\ominus}/(R \cdot T)$$

Dies führt mit Gl. 3.22 weiter zu

$$p = \exp\left[-\Delta G/(R \cdot T)\right];$$
$$p = \exp\left[-(\Delta H - T \cdot \Delta S)/(R \cdot T)\right] = \exp\left[-\Delta H/(R \cdot T)\right] \cdot \exp\left(\Delta S/R\right)$$

mit der Verdampfungsentropie $\Delta S_{m,vap} = \Delta H_{m,vap}/T_{vap}$. Die Trouton-Pictet'sche Regel besagt, dass die Verdampfungsentropie für alle regulären Flüssigkeiten eine Konstante ist

$$\Delta S_{vap,m} = \Delta H_{vap,m}/T_{vap} \approx 92 \text{ J/mol} \quad (3.62)$$

Diese Aussage bedeutet, dass alle Flüssigkeiten beim Verdampfen ähnliche oder gleiche Ordnungszustände durchlaufen. Gl. 3.62 bedeutet, dass die Verdampfungswärme von Flüssigkeiten abgeschätzt werden kann; z. B. für Wasser ist $\Delta H_{vap,m} = 92 \cdot T_{vap} = 92 \cdot 373 = 34.316$ J/mol (gemessener Wert: 40.660 J/mol). Die nicht unerhebliche Abweichung liegt daran, dass Wasser im gasförmigen Zustand Doppelmoleküle $H_4O_2$ bildet, die die Verdampfungsentropie im Vergleich zu regulären Flüssigkeiten verändert. Bei anderen Flüssigkeiten ist die Übereinstimmung zum Teil erheblich besser.

### 3.6.3 Lösungsgleichgewicht

Beim Lösungsgleichgewicht löst sich ein fester Stoff B zunächst in einem Lösemittel A und bildet dann ein Gleichgewicht aus, $B(s) \rightleftharpoons B(sol)$ z. B.

NaCl(s) $\rightleftharpoons$ NaCl(sol) (Abb. 3.14). Für das Gleichgewicht ergibt sich mit der Reaktionsisobare, Gl. 3.53

$$\mathrm{d}\ln K/\mathrm{d}T = \Delta H_{\mathrm{sol,m}}/\left(R\cdot T^2\right) \tag{3.63}$$

mit $H_{\mathrm{sol,m}}$ = molare Lösungswärme. Die Gleichgewichtskonstante $K$ degeneriert beim Lösungsgleichgewicht zur Aktivität des gelösten Stoffes $a$

$$\mathrm{d}\ln a/\mathrm{d}T = \Delta H_{\mathrm{sol,m}}/\left(R\cdot T^2\right);\quad \Delta H_{\mathrm{sol,m}} = R\cdot\ln\left(a_2/a_1\right)/\left(1/T_1 - 1/T_2\right) \tag{3.64}$$

Bei genügender Verdünnung können die Aktivitäten $a$ durch die Konzentrationen $C$ oder die Molenbrüche $x$ (bei Mischungen) ersetzt werden

$$\mathrm{d}\ln C/\mathrm{d}T = \Delta H_{\mathrm{sol,m}}/\left(R\cdot T^2\right);\quad \mathrm{d}\ln x/\mathrm{d}T = \Delta H_{\mathrm{sol,m}}/\left(R\cdot T^2\right) \tag{3.65}$$

### 3.6.4 Verteilungsgleichgewicht, Nernst'scher Verteilungssatz

Beim Verteilungsgleichgewicht oder Löslichkeitsgleichgewicht verteilt sich ein Stoff C in zwei nicht mischbaren Lösemitteln A mit der Phase α und B mit der Phase β, C(α) $\rightleftharpoons$ C(β), z. B. $J_2(\alpha) \rightleftharpoons J_2(\beta)$ (Abb. 3.15). Entsprechend Gl. 3.53 und 3.58 ergeben sich für den in beiden Phasen gelösten Stoff C

$$\mathrm{d}\ln\left(a_{\mathrm{C}}^{\beta}/a_{\mathrm{C}}^{\alpha}\right)/\mathrm{d}T = \Delta H_{\mathrm{trs,m}}/\left(R\cdot T^2\right) \tag{3.66}$$

$$\mathrm{d}\ln\left(a_{\mathrm{C}}^{\beta}/a_{\mathrm{C}}^{\alpha}\right)/\mathrm{d}p = -\Delta V_{\mathrm{trs,m}}/(R\cdot T) \tag{3.67}$$

Unbestimmte Integration von Gl. 3.66 liefert

$$\ln\left(a_{\mathrm{C}}^{\beta}/a_{\mathrm{C}}^{\alpha}\right) = -\Delta H_{\mathrm{trs,m}}/(R\cdot T) + \mathrm{Const} \tag{3.68}$$

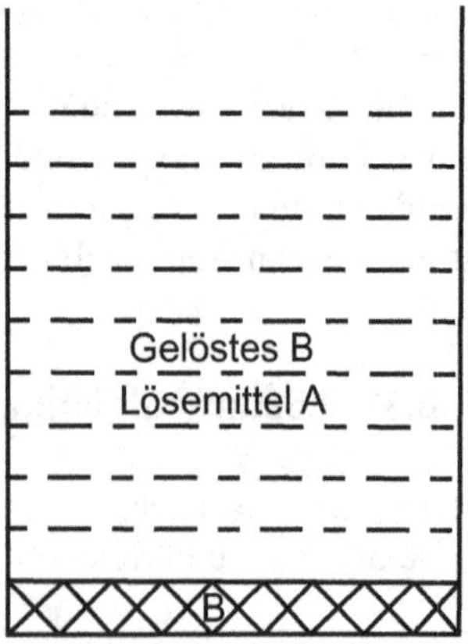


**Abb. 3.14** Prinzipskizze zum Lösungsgleichgewicht

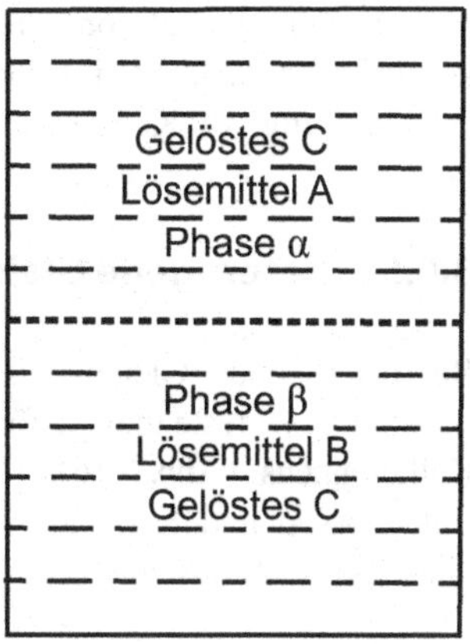


**Abb. 3.15** Prinzipskizze zum Verteilungsgleichgewicht

$a_C^\alpha$ und $a_C^\beta$ sind die Aktivitäten des Stoffes C in den Lösemitteln A und B und $\Delta H_{trs,m} = H_{sol,m,B} - H_{sol,m,A}$ ist die Wärme, die verbraucht oder frei wird, wenn der Stoff A vom Lösemittel A in das Lösemittel B übergeht; sie ist gleich der Differenz der Lösungswärmen des Stoffes C in den Lösemitteln B und A. $\Delta V_{trs,m}$ ist die Volumenänderung, wenn der Stoff C vom Lösemittel A in das Lösemittel B übergeht. Für konstante Temperatur und konstantem Druck ist

$$a_C^\beta \big/ a_C^\alpha = \kappa \tag{3.69}$$

mit dem Verteilungskoeffizienten $\kappa$. Das bedeutet, dass das Verhältnis der Aktivitäten eines Stoffes C in zwei verschiedenen, nicht mischbaren Flüssigkeiten A und B im Gleichgewicht konstant ist und daher unabhängig von der Größe der Aktivitäten. Allerdings hängt $\kappa$ nach Gl. 3.66 und 3.67 von der Temperatur und vom Druck ab. Bei genügender Verdünnung können die Aktivitäten durch die Konzentrationen oder die Molenbrüche ersetzt werden

$$c_C^\beta \big/ c_C^\alpha = \kappa \text{ und } x_C^\beta \big/ x_C^\alpha = \kappa \tag{3.70}$$

Gl. 3.70 ist der Nernst'sche Verteilungssatz.

Der Nernst'sche Verteilungssatz bildet die theoretische Grundlage bei der Trennung von Stoffgemischen, i.e. Verteilungschromatographie und Extraktionsprozesse. Bei der Extraktion wird die Extraktionsflüssigkeit so gewählt, dass die zu extrahierende Substanz in dieser besser löslich ist als in der Ursprungsflüssigkeit. Zusätzlich kann der Verteilungskoeffizient $\kappa$ durch Variation von Temperatur und Druck nach Gl. 3.66 bis 3.68 geändert und optimiert (z. B. Hochtemperatur- und Hochdruckextraktion) und die Ausbeute durch Mehrfachextraktion erhöht werden.

Bei der Extraktion mit überkritischen Gasen werden Feststoffe mit komprimierten, überkritischen Gasen als Extraktionsmittel eingesetzt, z. B. Entcoffeinierung von Kaffee und Regenerierung von Katalysatoren und Adsorbentien.

### 3.6.5 Heterogene Gleichgewichte

Bei heterogenen Gleichgewichten sind Stoffe unterschiedlicher Aggregatzustände beteiligt, z. B. feste und gasförmige Stoffe. Beim industriell bedeutsamen Prozess des Kalkbrennens (Abb. 3.16), $CaCO_3 \rightleftharpoons CaO + CO_2$ entsteht aus Calciumcarbonat Calciumoxid und Kohlendioxid. Da nur ein Gas – $CO_2$ – entsteht, degeneriert die Gleichgewichtkonstante zu $K = p_{CO_2}$ und die Gleichgewichtskonstante wird

$$\mathrm{d}\ln p/\mathrm{d}T = \Delta H^{\ominus}/\left(R \cdot T^2\right)$$

Das bedeutet, dass nur der Druck von $CO_2$, $p_{CO_2}$, Einfluss auf das Gleichgewicht hat. Für eine hohe Ausbeute von CaO muss daher das entstehende $CO_2$ möglichst vollständig mit Ventilatoren entfernt werden.

### 3.6.6 Le Chatelier'sches Prinzip: Prinzip des kleinsten Zwanges

Wird auf ein im Gleichgewicht befindliches System durch Änderung der Temperatur $T$ oder des Drucks $p$ ein Zwang ausgeübt, so stellt sich ein neues Gleichgewicht mit geänderten Parametern so ein, dass dieser Zwang vermindert wird. Eine Temperaturerhöhung vermindert die Ausbeute einer exothermen Reaktion und vergrößert die Ausbeute einer endothermen Reaktion. Eine Druckerhöhung vermindert die Ausbeute einer Reaktion, bei der sich das Volumen vergrößert und vergrößert die Ausbeute einer Reaktion, bei der sich das Volumen verkleinert. Gl. 3.53 und 3.58 erlauben es, d $\ln K/\mathrm{d}T$ und d $\ln K/\mathrm{d}p$ zu berechnen

$$\left(\partial \ln K/\partial T\right)_p = \Delta H^{\ominus}/\left(R \cdot T^2\right); \ \left(\partial \ln K/\partial p\right)_T = -\Delta V^{\ominus}/\left(R \cdot T\right)$$

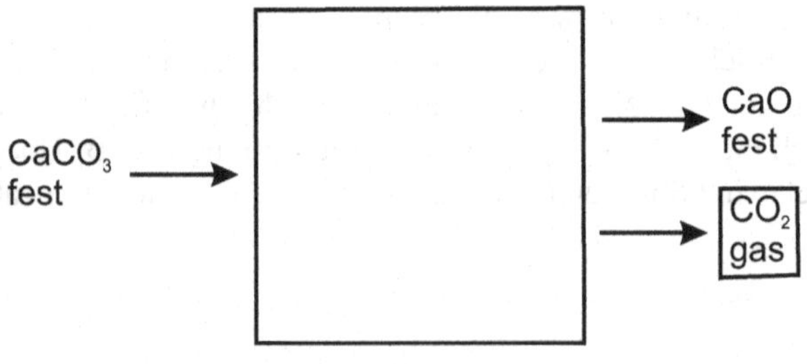


**Abb. 3.16** Gleichgewicht mit festen und gasförmigen Stoffen

**Beispiel 1: Ammoniaksynthese** $N_2 + 3\,H_2 \rightleftharpoons 2\,NH_3$

Das ist eine exotherme Reaktion mit $\Delta H^{\circ} = -92{,}2$ kJ/mol, $\Delta V^{\circ} < 0$ und $K = p^2_{NH_3} / (p_{N_2} \cdot p^3_{H_2})$. Daher wird die Ausbeute bei niedriger Temperatur und hohem Druck erhöht; niedrige Temperatur und hoher Druck führt zu einer Verschiebung des Gleichgewichts nach rechts. Das Problem ist aber, dass die Reaktionsgeschwindigkeit durch niedrige Temperaturen verlangsamt wird. In der Praxis wird die Reaktion daher bei mittlerer Temperatur (ca. 500 °C) und möglichst hohem Druck durchgeführt.

**Beispiel 2: Bildung von Jodwasserstoff** $H_2 + J_2 \rightleftharpoons 2\,HJ$
Diese Reaktion ist bezüglich des Drucks indifferent, d. h. druckunabhängig, weil $\Delta V^{\circ} = 0$.

**Beispiel 3: Bildung von Kohlendioxid** $C + O_2 \rightleftharpoons CO_2$
Hoher Druck begünstigt die Reaktion, da das Volumen abnimmt, $\Delta V^{\circ} < 0$.

## 3.7 Phasengleichgewichte

### 3.7.1 Phasengesetz, Gibbs'sche Phasenregel

Die Begriffe des Systems und der Phase wurden bereits in Abschn. 2.2 behandelt. Ein System enthält eine oder mehrere Komponenten *K*. Unter Komponenten wird die Anzahl unabhängiger chemischer Bestandteile verstanden, die benötigt werden, um eine Phase *P* herzustellen.

Der Zustand des Systems wird mit Zustandsvariablen beschrieben, die von der Art des Systems abhängen. Die Freiheit *F* ist die Anzahl der Zustandsvariablen, die unabhängig voneinander variiert werden können, ohne dass dadurch eine der Phasen verschwindet; (*F* ist nicht mit den Freiheitsgraden der Gastheorie identisch).

Abb. 3.17 zeigt das Gas $CO_2$ in einem Behälter. Das System besteht aus einer Phase (gasförmig), und einer Komponente ($CO_2$). Die Anzahl der möglichen Variablen ist 3, nämlich *p*, *V* und *T*. Diese sind aber nicht unabhängig voneinander, sondern durch eine Zustandsgleichung miteinander verbunden (z. B. $p \cdot V = n \cdot R \cdot T$ für ideale Gase).

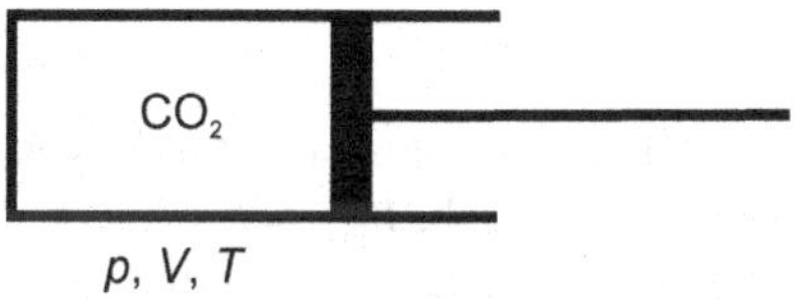


**Abb. 3.17** Phasengesetz, Beispiel Gas

In einem System müssen daher berücksichtigt werden

- Anzahl der Phasen, $P$
- Anzahl der Komponenten, $K$ (z. B. $H_2O$+Alkohol: 2 Komponenten)
- Zahl der Variablen
- Zahl der frei verfügbaren Variablen = Freiheiten, $F$
- Zahl der Variablen bei $K$ Komponenten und $P$ Phasen: $p$, $V$, $T$ und $P \cdot K$ Molenbrüche

In jeder Phase $P$ können alle Komponenten $K$ drin sein. Die Zahl der Variablen beträgt deshalb: $3 + P \cdot K$. Diese Variablen $3 + P \cdot K$ sind nicht unabhängig voneinander, sondern durch Zustandsgleichungen, Bestimmungsgleichungen und Verteilungsgesetze miteinander verbunden.

1. Zustandsgleichung (z. B. $p \cdot V = n \cdot R \cdot T$ für ideale Gase); 1 Bestimmungsgleichung.
2. Die Summe der Molenbrüche aller Komponenten in einer Phase ist gleich 1: $\sum_{i=1}^{K} x_i = 1$; für jede Phase $P$ gibt es $P$ Bestimmungsgleichungen
3. Verteilungsgesetze, z. B. Nernst'scher Verteilungssatz oder eine andere Beziehung (eine Beziehung gilt immer).

$$
\begin{array}{llll}
C_1^\alpha / C_1^\beta = \kappa_{11}; & C_1^\beta / C_1^\gamma = \kappa_{21}; \; \ldots\ldots & C_1^\alpha = f\left(C_1^\beta\right); & C_1^\beta = f\left(C_1^\gamma\right); \; \ldots\ldots \\
C_2^\alpha / C_2^\beta = \kappa_{12}; & C_2^\beta / C_2^\gamma = \kappa_{22}; \; \ldots\ldots & C_2^\alpha = f\left(C_2^\beta\right); & C_2^\beta = f\left(C_2^\gamma\right); \; \ldots\ldots \\
\cdot \quad \cdot & \cdot \quad \cdot \; ; \; \ldots\ldots & & \\
\cdot \quad \cdot & \cdot \quad \cdot \; ; \; \ldots\ldots & & \\
\cdot \quad \cdot & \cdot \quad \cdot \; ; \; \ldots\ldots & & \\
\cdot \quad \cdot & \cdot \quad \cdot \; ; \; \ldots\ldots & & \\
\cdot \quad \cdot & \cdot \quad \cdot \; ; \; \ldots\ldots & & \\
C_K^\alpha / C_K^\beta = \kappa_{1K}; & C_K^\beta / C_K^\gamma = \kappa_{2K}; \; \ldots\ldots & C_K^\alpha = f\left(C_K^\beta\right); & C_K^\beta = f\left(C_K^\gamma\right); \; \ldots\ldots
\end{array}
$$

Für eine Komponente gibt es $P - 1$ und für $K$ Komponenten $K(P - 1)$ Verteilungsgesetze. Die Zahl der Freiheiten $F$ ist die Zahl der Variablen insgesamt minus der Zahl der Gleichungen (siehe 1. bis 3.)
$F$ = Variable – Gleichungen = $3 + P \cdot K - 1 - P - K(P - 1)$

$$F = 2 + P \cdot K - P - P \cdot K + K = K - P + 2$$

$$P + F = K + 2 \tag{3.71}$$

Gl. 3.71 ist das Gibbs'sche Phasengesetz. Die maximale Zahl der Phasen $P_{max}$ entspricht $F = 0$, d. h. $P_{max} = K + 2$, z. B. bei einer Komponente, $K = 1$ ergibt sich mit $F = 0$ $P_{max} = 3$. Abb. 3.18 zeigt das Phasendiagramm von Wasser. Es gibt einen einzigen Punkt mit $F = 0$ bei festgelegter Temperatur und Druck bei dem die 3 Phasen gasförmig, flüssig und fest koexistieren.

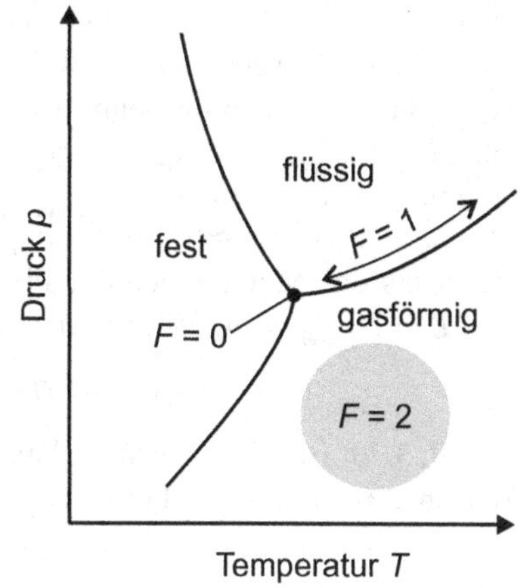


**Abb. 3.18** Phasendiagramm von Wasser

## 3.7.2 Verlauf von Phasengrenzlinien, Clapeyron- und Clausius-Clapeyron-Gleichung

Wie aus Abschn. 3.7.1 hervorgeht, stehen an den Phasengrenzlinien (Abb. 3.18) zwei Phasen α und β bei gegebenem Druck und gegebener Temperatur miteinander im Gleichgewicht. Bei Änderung des Drucks oder der Temperatur muss sich auch die jeweils andere Variable ändern, damit sich die Phasen auch weiterhin im Gleichgewicht miteinander befinden. Zur Ableitung einer Beziehung zwischen der Änderung des Drucks und der Temperatur mit der Maßgabe, dass das Gleichgewicht zwischen den beiden Phasen bestehen bleibt, werden die beiden Phasen α und β eines Stoffes A

$$\mathrm{A}(\alpha) \rightleftharpoons \mathrm{A}(\beta)$$

betrachtet. Z. B. ist α die feste Phase s und β die flüssige Phase l des Stoffes A, A(s) ⇌ A(l). Für ein Gleichgewicht der beiden Phasen gilt, dass die molaren freien Enthalpien der beiden Phasen gleich sein müssen (Abschn. 3.2.5), $G_\mathrm{m}^\alpha = G_\mathrm{m}^\beta$ und damit auch $\mathrm{d}G_\mathrm{m}^\alpha = \mathrm{d}G_\mathrm{m}^\beta$ (der Index m bezeichnet eine molare Größe). Mit Gl. 3.40 folgt daraus für die beiden Phasen

$$\mathrm{d}G_\mathrm{m}^\alpha = V_\mathrm{m}^\alpha \cdot \mathrm{d}p - S_\mathrm{m}^\alpha \cdot \mathrm{d}T$$
$$\mathrm{d}G_\mathrm{m}^\beta = V_\mathrm{m}^\beta \cdot \mathrm{d}p - S_\mathrm{m}^\beta \cdot \mathrm{d}T$$

und weiter $V_\mathrm{m}^\alpha \cdot \mathrm{d}p - S_\mathrm{m}^\alpha \cdot \mathrm{d}T = V_\mathrm{m}^\beta \cdot \mathrm{d}p - S_\mathrm{m}^\beta \cdot \mathrm{d}T$, $\left(S_\mathrm{m}^\beta - S_\mathrm{m}^\alpha\right)\mathrm{d}T = \left(V_\mathrm{m}^\beta - V_\mathrm{m}^\alpha\right)\mathrm{d}p$, $\Delta S_\mathrm{m} \cdot \mathrm{d}T = \Delta V_\mathrm{m} \cdot \mathrm{d}p$ und

$$\mathrm{d}p/\mathrm{d}T = \Delta S_\mathrm{m}/\Delta V_\mathrm{m} \tag{3.72}$$

mit $\Delta S_\mathrm{m} = S_\mathrm{m}^\beta - S_\mathrm{m}^\alpha$ = Phasenübergangsentropie und
$\Delta V_\mathrm{m} = V_\mathrm{m}^\beta - V_\mathrm{m}^\alpha$ = Phasenübergangsvolumenänderung.

Gl. 3.72 ist die Clapeyron-Gleichung.

Für den Phasenübergang flüssig/gasförmig, A(l) $\rightleftharpoons$ A(g), ist in Gl. 3.72 $\Delta S_m$ die Verdampfungsentropie $\Delta S_{vap,m}$ und $\Delta V_m$ das Verdampfungsvolumen $\Delta V_{vap,m}$. $\Delta S_{vap,m}$ kann durch die Verdampfungsenthalpie nach Gl. 3.62 ersetzt werden $\Delta S_{vap,m} = \Delta H_{vap,m}/T$. Das Verdampfungsvolumen ist $\Delta V_{vap,m} = V_m^g - V_m^l \approx V_m^g = R \cdot T/p$, weil das Molvolumen des Gases erheblich größer als das Molvolumen der Flüssigkeit ist. Damit nimmt Gl. 3.72 die Form $dp/dT = \Delta H_{vap,m} \cdot p/(R \cdot T^2)$ und weiter

$$d \ln p/dT = \Delta H_{vap,m}/(R \cdot T^2) \tag{3.73}$$

an. Gl. 3.73 ist die Clausius-Clapeyron'sche Gleichung. Sie wurde bereits in Abschn. 3.6.2 in anderer Form abgeleitet und ist hier nochmal bestätigt.

# 4 Thermodynamik der Mischphasen

## 4.1 Definitionen

In Kap. 2 und 3 wurden Einstoffsysteme oder Systeme, die sich weitgehend nicht beeinflussen, untersucht. Kap. 4 befasst sich mit Systemen, die mindestens zwei Komponenten als Mischung enthalten und aus Mischphasen bestehen können. Eine Mischung besteht aus mindestens zwei gasförmigen, flüssigen oder festen Komponenten. Nach den IUPAC (**I**nternational **U**nion of **P**ure and **A**pplied **C**hemistry) Empfehlungen sollen die Komponenten mit Großbuchstaben A, B, C, … gekennzeichnet werden. Dies hat sich in den deutschen Lehrbüchern und Monographien bisher nicht durchgesetzt. Hier werden die Komponenten mit Zahlen 1, 2, 3, … gekennzeichnet. Es gibt praktisch keine Unterschiede zwischen beiden Schreibweisen, außer, dass die Schreibweise mit Großbuchstaben gewöhnungsbedürftig ist.

Die Zustandsfunktionen *U, H, S, A, G,* $C_V$ und $C_p$ sind nicht nur abhängig von *p, V* und *T,* sondern auch von der Zusammensetzung der Mischung oder Lösung. Bei idealen Mischphasen liegen keine Wechselwirkungen der verschiedenen Teilchen vor; die extensiven Größen V, *U, H, S, A, G,* $C_V$ und $C_p$ setzen sich hierbei additiv aus den entsprechenden Werten der Einzelkomponenten zusammen. Bei realen Mischphasen setzen sich die genannten Größen nicht additiv aus den Werten der Einzelkomponenten zusammen. Das vollständige Differential der Funktion $U = f(V, T, n_A, n_B, \ldots)$ ist

$$dU = (\partial U/\partial V)_{T,n_A,n_B,\ldots} dV + (\partial U/\partial T)_{V,n_A,n_B,\ldots} dT + (\partial U/\partial n_A)_{V,T,n_B,\ldots} dn_A + \ldots \quad (4.1)$$

**Ergänzende Information** Die elektronische Version dieses Kapitels enthält Zusatzmaterial, auf das über folgenden Link zugegriffen werden kann (https://doi.org/10.1007/978-3-662-63996-2_4).



M. Dieter Lechner, *Einführung in die Thermodynamik*,
https://doi.org/10.1007/978-3-662-63996-2_4

$n_A$, $n_B$, … sind die Molzahlen der beteiligten Stoffe in der Mischung oder Lösung. Der erste Term von Gl. 4.1 ist für ideale Gase gleich Null und fällt bei Reaktionen, die bei konstantem Volumen ablaufen, d. h. $\mathrm{d}V = 0$, weg. Der zweite Term ist die Wärmekapazität des Systems und der dritte Term wird als partielle molare innere Energie bezeichnet.

Für die Funktionen $H = f(p, T, n_A, n_B, \ldots)$, $A = f(V, T, n_A, n_B, \ldots)$ und $G = f(p, T, n_A, n_B, \ldots)$ gelten entsprechende vollständige Differentiale. Für die Freie Energie $A$ ergibt sich

$$\mathrm{d}A = \left(\partial A/\partial V\right)_{T,n_A,n_B,\ldots}\mathrm{d}V + \left(\partial A/\partial T\right)_{V,n_A,n_B,\ldots}\mathrm{d}T + \left(\partial A/\partial n_A\right)_{V,T,n_B,\ldots}\mathrm{d}n_A + \ldots \tag{4.2}$$

Mit Gl. 3.42, $\left(\partial A/\partial V\right)_{T,n_A,n_B,\ldots} = -p$ und $\left(\partial A/\partial T\right)_{V,n_A,n_B,\ldots} = -S$, ergibt sich

$$\mathrm{d}A = -p \cdot \mathrm{d}V - S \cdot \mathrm{d}T + \mu_A \cdot \mathrm{d}n_A + \mu_B \cdot \mathrm{d}n_B + \ldots \quad \text{und} \tag{4.3}$$

$$\mathrm{d}A = -p \cdot \mathrm{d}V - S \cdot \mathrm{d}T + \sum_{i=A}^{n} \mu_i \cdot \mathrm{d}n_i \tag{4.4}$$

mit $\mu_i = \left(\partial A/\partial n_i\right)_{V,T,n_{j\neq i}}$. Die Größe $\mu_i$ wird chemisches Potential des Stoffes $i$ genannt. Es bezeichnet die Änderung der freien Energie des Systems bei Zugabe von einem Mol der Substanz $i$ in der Weise, dass sich die Konzentrationen der beteiligten Stoffe nicht ändern.

Für die freie Enthalpie $G$ ergibt sich entsprechend

$$\mathrm{d}G = \left(\partial G/\partial p\right)_{T,n_A,n_B,\ldots}\mathrm{d}p + \left(\partial G/\partial T\right)_{p,n_A,n_B,\ldots}\mathrm{d}T + \left(\partial G/\partial n_A\right)_{p,T,n_B,\ldots}\mathrm{d}n_A + \ldots \tag{4.5}$$

Mit $\left(\partial G/\partial p\right)_{T,n_A,n_B,\ldots} = V$ und $\left(\partial G/\partial T\right)_{p,n_A,n_B,\ldots} = -S$ aus Gl. 3.43 wird daraus

$$\mathrm{d}G = V \cdot \mathrm{d}p - S \cdot \mathrm{d}T + \mu_A \cdot \mathrm{d}n_A + \mu_B \cdot \mathrm{d}n_B + \ldots \quad \text{und} \tag{4.6}$$

$$\mathrm{d}G = V \cdot \mathrm{d}p - S \cdot \mathrm{d}T + \sum_{i=A}^{n} \mu_i \cdot \mathrm{d}n_i \tag{4.7}$$

mit dem chemischen Potential $\mu_i = \left(\partial G/\partial n_i\right)_{p,T,n_{j\neq i}}$. Es ist $\left(\partial A/\partial n_i\right)_{V,T,n_{j\neq i}} = \left(\partial G/\partial n_i\right)_{p,T,n_{j\neq i}}$ (siehe z. B. Wedler und Freund 2018).

**Beispiel**

**Gl. 4.1, 1 Komponente, $V = \text{const.} \rightarrow \mathrm{d}V = 0$**

$$\mathrm{d}U = \left(\partial U/\partial T\right)_V \mathrm{d}T = C_V \cdot \mathrm{d}T$$

**Gl. 4.1, 1 Komponente, $T = \text{const.} \rightarrow \mathrm{d}T = 0$**

$$\mathrm{d}U = \left(\partial U/\partial V\right)_T \mathrm{d}V$$

**Gl. 4.1, 2 Komponenten, $T = \text{const.}$, $p = \text{const.}$**

$$\mathrm{d}U = (\partial U/\partial n_\mathrm{A})_{V,T,n_\mathrm{B}} \mathrm{d}n_\mathrm{A} + (\partial U/\partial n_\mathrm{B})_{V,T,n_\mathrm{A}} \mathrm{d}n_\mathrm{B}$$

$$\Delta U = (\partial U/\partial n_\mathrm{A})_{V,T,n_\mathrm{B}} \Delta n_\mathrm{A} + (\partial U/\partial n_\mathrm{B})_{V,T,n_\mathrm{A}} \Delta n_\mathrm{B}$$ ◀

## 4.2 Gibbs-Helmholtz'sche Gleichungen für Mischungen

Die Gibbs-Helmholtz'sche Gleichung, Gl. 3.22, $G = H - T \cdot S$, kann nach der Molzahl des Stoffes $i$ $n_i$ differenziert werden

$$(\partial G/\partial n_i)_{p,T,n_{j \neq i}} = (\partial H/\partial n_i)_{p,T,n_{j \neq i}} - T(\partial S/\partial n_i)_{p,T,n_{j \neq i}} \tag{4.8}$$

Mit den Definitionen.

$\mu_i = (\partial G/\partial n_i)_{p,T,n_{j \neq i}}$, partielle molare freie Enthalpie, chemisches Potential des Stoffes $i$,

$H_i = (\partial H/\partial n_i)_{p,T,n_{j \neq i}}$, partielle molare Enthalpie des Stoffes $i$,

$S_i = (\partial S/\partial n_i)_{p,T,n_{j \neq i}}$, partielle molare Entropie des Stoffes $i$,

ergibt sich die Gibbs-Helmholtz'sche Gleichung für Mischungen

$$\mu_i = H_i - T \cdot S_i \tag{4.9}$$

Kombination von Gl. 3.43 mit Gl. 4.8 einschließlich der Definitionen und Gl. 9.9 liefert

$$[\partial^2 G/(\partial n_i \cdot \partial T)]_{p,n_{j \neq i}} = [\partial^2 G/(\partial T \cdot \partial n_i)]_{p,n_{j \neq i}} \quad \text{und}$$

$$(\partial \mu_i/\partial T)_{p,n_{j \neq i}} = -(\partial S/\partial n_i)_{p,T,n_{j \neq i}}$$

$$(\partial \mu_i/\partial T)_{p,n_{j \neq i}} = -S_i. \tag{4.10}$$

Gl. 4.10 für Mehrstoffsysteme entspricht Gl. 3.43 für Einstoffsysteme.

## 4.3 Partielles molares Volumen

Bei einer binären Mischung können bei konstanter Temperatur, $T = \text{const.}$ und konstantem Druck, $p = \text{const.}$, die folgenden Änderungen in der Zusammensetzung des binären Gemischs auftreten:

a) Komponente 1 oder 2 von außen zufügen
b) Chemische Umsetzung

Bei der idealen Mischung von Stoffen ist das Volumen additiv und setzt sich aus den entsprechenden Werten der Einzelkomponenten zusammen; bei realen Mischungen ist es nicht additiv. Die Funktion $V = f(n_A, n_B)$ ergibt bei $p=$const. und $T=$const. das vollständige Differential

$$dV = \left(\partial V/\partial n_A\right)_{p,T,n_B} dn_A + \left(\partial V/\partial n_B\right)_{p,T,n_A} dn_B. \quad (4.11)$$

$\left(\partial V/\partial n_i\right)_{p,T,n_{j\neq i}} = V_i$ ist das partielle molare Volumen des Stoffes $i$. Bei Zugabe von $dn_i$ Molen der Komponente $i$ zur Mischung ändert sich $dV$ nach Gl. 4.11. $V_i$ ist eine feste Größe, die eine Funktion der vorliegenden Zusammensetzung ist.

**Beispiel**

Gibt man 1 cm$^3$ reines Wasser zu reinem Wasser, so nimmt das Volumen $V$ um 1 cm$^3$ zu. Gibt man 1 cm$^3$ reines Wasser zu einer Alkohol-Wasser-Mischung so nimmt das Volumen $V$ um weniger als 1 cm$^3$ zu. ◀

Gl. 4.11 nimmt dann die Form

$$dV = V_A \cdot dn_A + V_B \cdot dn_B \quad (4.12)$$

an; Integration ergibt

$$V = V_A \cdot n_A + V_B \cdot n_B. \quad (4.13)$$

Allgemein gilt für beliebig viele Komponenten

$$dV = \sum_i V_i \cdot dn_i \text{ und } V = \sum_i V_i \cdot n_i, \quad (4.14)$$

wobei $V_i$ bei realen Mischungen eine Funktion der Zusammensetzung der Mischung oder Lösung ist.

Für eine ideale Mischung gilt

$$V^{id} = V_A^0 \cdot n_A + V_B^0 \cdot n_B \quad \text{und} \quad \overline{V}^{id} = V^{id}/(n_A + n_B) = V_A^0 \cdot x_A + V_B^0 \cdot x_B \quad (4.15)$$

mit $V_i^0 =$ Molvolumen der reinen Komponente $i$.

Entsprechend Gl. 4.15 kann für reale Mischungen eine auf 1 Mol bezogene intensive Größe mittleres Volumen $\overline{V}$ definiert werden und ist für eine binäre reale Mischung

$$\overline{V} = V/(n_A + n_B) = V_A \cdot n_A/(n_A + n_B) + V_B \cdot n_B/(n_A + n_B)$$

$$\overline{V} = V/(n_A + n_B) = V_A \cdot x_A + V_B \cdot x_B. \quad (4.16)$$

Die Differenz der partiellen Molvolumina von realer Mischung und fiktiver idealer Mischung $\Delta\overline{V} = \overline{V} - \overline{V}^{id}$ ist

$$\Delta\overline{V} = \overline{V} - \overline{V}^{id} = V_A \cdot x_A + V_B \cdot x_B - \left(V_A^0 \cdot x_A + V_B^0 \cdot x_B\right) \quad \text{und daher}$$

$$\Delta\overline{V} = x_A\left(V_A - V_A^0\right) + x_B\left(V_B - V_B^0\right) = x_A \cdot \Delta V_A + x_B \cdot \Delta V_B \quad (4.17)$$

**Experimentelle Bestimmung des partiellen molaren Volumens**
Die experimentelle Bestimmung des mittleren Volumens $\overline{V}$ von Mischungen und Lösungen erfolgt mit einem kalibrierten Glaskolben oder einem Biegeschwinger (Wedler und Freund 2018; Atkins und de Paula 2006; Engel und Reid 2006). Daraus erhält man $V_A$ und $V_B$ über Gl. 4.16, $\overline{V} = x_A \cdot V_A + x_B \cdot V_B$. Mit $x_A + x_B = 1$ ergibt sich $\overline{V} = (1 - x_B)V_A + x_B \cdot V_B = V_A + x_B(V_B - V_A)$. Daraus wird durch Differentiation nach $x_B$ $\mathrm{d}\overline{V}/\mathrm{d}x_B = V_B - V_A$ und

$$\overline{V} = V_A + x_B \cdot \mathrm{d}\overline{V}/\mathrm{d}x_B. \quad (4.18)$$

Das ist eine Geradengleichung mit dem Achsenabschnitt $V_A$ und der Steigung $\mathrm{d}\overline{V}/\mathrm{d}x_B$.

Weiterhin ergibt sich $\overline{V} = x_A \cdot V_A + (1 - x_A)V_B = V_B + x_A(V_A - V_B)$, $\mathrm{d}\overline{V}/\mathrm{d}x_A = V_A - V_B$ und

$$\overline{V} = V_B + x_A \cdot \mathrm{d}\overline{V}/\mathrm{d}x_A. \quad (4.19)$$

Diese Geradengleichung hat den Achsenabschnitt $V_B$ und die Steigung $\mathrm{d}\overline{V}/\mathrm{d}x_A$.

Abb. 4.1 demonstriert das experimentell bestimmte mittlere Molvolumen $\overline{V}$ als Funktion des Molenbruchs $x_A$. Anlegen der Tangente an einen bestimmten Wert von $x_A$ ergibt aus den Achsenabschnitten nach Gl. 4.18 und 4.19 die partiellen molaren Volumina $V_A$ und $V_B$ als Funktion der Molenbrüche $x_A$ und $x_B = 1 - x_A$.

**Partielle molare Molvolumina des Systems $H_2SO_4/H_2O$**

Die mittleren Molvolumina $\overline{V}$ des Systems $H_2SO_4$ (A)/$H_2O$ (B) als Funktion des $H_2SO_4$-Molenbruchs $x_A$ haben folgende Werte (Tab. 4.1):

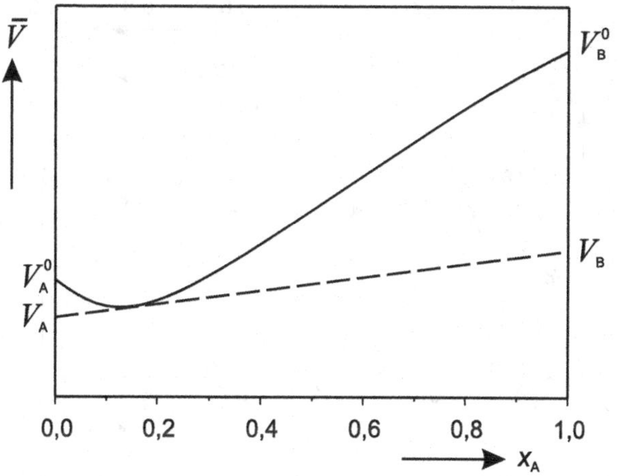


**Abb. 4.1** Bestimmung der partiellen Molvolumina $V_A$ und $V_B$ aus dem mittleren Molvolumen $\overline{V} = f(x_A)$

**Tab. 4.1** Mittleres Molvolumen $\overline{V}$ des Systems $H_2SO_4/H_2O$ als Funktion des $H_2SO_4$-Molenbruchs $x_A$

| $x_A$ | 0 | 0,035 | 0,075 | 0,125 | 0,202 | 0,355 | 0,833 | 1,00 |
|---|---|---|---|---|---|---|---|---|
| $\overline{V}$ [cm³] | 18,0 | 16,0 | 14,3 | 13,5 | 14,4 | 20,7 | 46,6 | 53,2 |

Abb. 4.2a zeigt $\overline{V}^{\text{id}} = f(x_A)$ sowie $\overline{V} = f(x_A)$ nach Gl. 4.15 und 4.16. Daraus erhält man mit Gl. 4.18 und 4.19 die partiellen Molvolumina $V_A$ und $V_B$ als Funktionen der Molenbrüche von $H_2SO_4$ und $H_2O$ $x_A$ und $x_B$ (Abb. 4.2b). Die Steigungen können manuell graphisch aus Abb. 4.2a oder eleganter durch Ausgleichsrechnung mit der Methode der kleinsten Fehlerquadrate bestimmt werden. Da die Funktion $\overline{V} = f(x_A)$ nicht bekannt ist, bietet sich die Berechnung mit kubischen Regressions-Splines an (Abschn. 9.4). Abb. 4.2b ist mit dem Graphik-Programm Origin erzeugt worden.

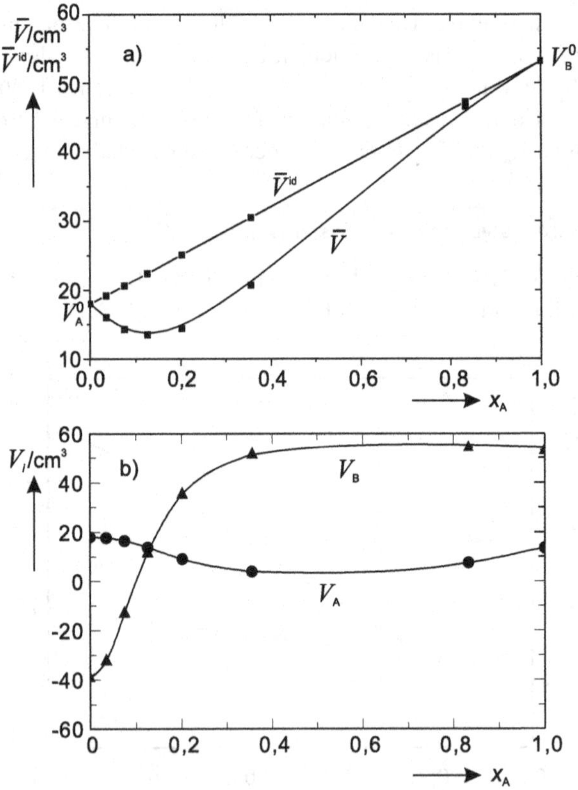


**Abb. 4.2** Das System $H_2SO_4$ (A)/$H_2O$ (B) **a**) Experimentelles mittleres Molvolumen $\overline{V}$ und fiktives ideales Molvolumen $\overline{V}^{\text{id}}$ (Gl. 4.15) als Funktion des $H_2SO_4$-Molenbruchs $x_A$, **b**) partielle Molvolumina $V_A$ und $V_B$ als Funktion von $x_A$

**Tab. 4.2** Mittlere Molvolumina $\overline{V}$ und $\Delta\overline{V}$ und partielle Molvolumina $V_A$, $V_B$, $\Delta V_A$ und $\Delta V_B$ des Systems $H_2SO_4/H_2O$ als Funktion des $H_2SO_4$-Molenbruchs $x_A$

| $x_A$ | 0 | 0,035 | 0,075 | 0,125 | 0,202 | 0,355 | 0,833 | 1,00 |
|---|---|---|---|---|---|---|---|---|
| $\overline{V}$ [cm$^3$] | 18,0 | 16,0 | 14,3 | 13,5 | 14,4 | 20,7 | 46,6 | 53,2 |
| $d\overline{V}/dx_A$ | −57,1 | −49,8 | −29,3 | −2,16 | 26,4 | 47,7 | 46,9 | 39,5 |
| $V_A$ [cm$^3$] | −39,1 | −32,1 | −12,80 | 11,61 | 35,5 | 51,5 | 54,4 | 53,2 |
| $V_B$ [cm$^3$] | 18,0 | 17,7 | 16,5 | 13,8 | 9,07 | 3,77 | 7,53 | 13,7 |
| $\overline{V}^{id}$[cm$^3$] | 18,0 | 19,2 | 20,64 | 22,4 | 25,11 | 30,5 | 47,3 | 53,2 |
| $\Delta\overline{V}$ [cm$^3$] | 0 | −3,2 | −6,34 | −8,9 | −10,71 | −9,8 | −0,7 | 0 |
| $\Delta V_A$ [cm$^3$] | −92,3 | −85,3 | −66,00 | −41,6 | −17,7 | −1,73 | 1,23 | 0 |
| $\Delta V_B$ [cm$^3$] | 0 | −0,26 | −1,5 | −4,2 | −8,9 | −14,2 | 10,5 | −4,3 |

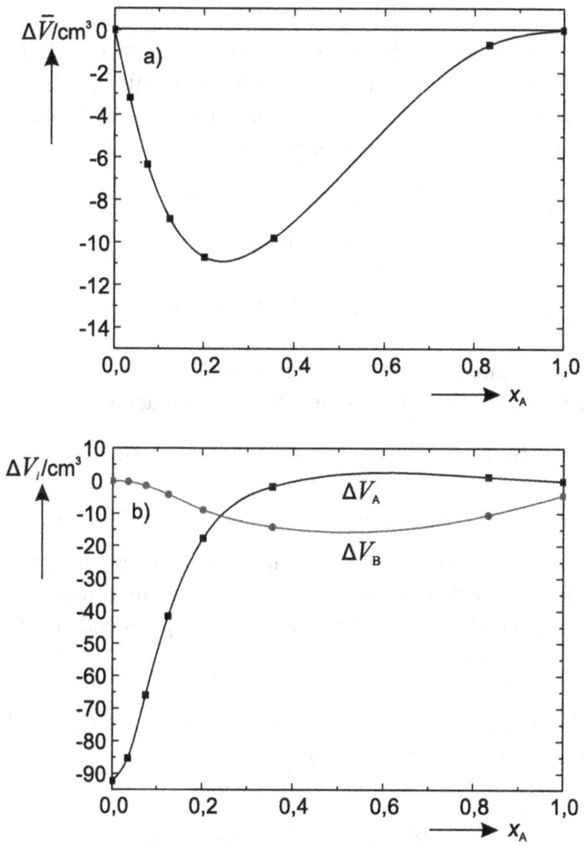


**Abb. 4.3** Das System $H_2SO_4$ (A)/$H_2O$ (B) a) Experimentelles mittleres Molvolumen $\Delta\overline{V}$ als Funktion des $H_2SO_4$-Molenbruchs $x_A$, b) partielle Molvolumina $\Delta V_A$ und $\Delta V_B$ als Funktion von $x_A$

Das fiktive ideale Verhalten von $H_2SO_4/H_2O$ zeigt Abb. 4.2a und Tab. 4.2. Hier addieren sich die mit den Molenbrüchen gewichteten Molvolumina der reinen Komponenten nach Gl. 4.15 zum Gesamtvolumen $\overline{V}^{\mathrm{id}}$.

Die Differenz der partiellen Molvolumina von realer Mischung und fiktiver idealer Mischung in Abhängigkeit vom Molenbruch $x_A$ $\Delta\overline{V} = \overline{V} - \overline{V}^{\mathrm{id}}$ kann nach Gl. 4.17 bestimmt werden. Tab. 4.2 und Abb. 4.3 zeigen das Ergebnis. ◀

Ein weiteres System Chloroform/Aceton mit der Bestimmung der partiellen Molvolumina und des Gesamtvolumens findet sich unter Volumen_CHCl3_C3H6O.pdf.

## 4.4 Kalorische Größen

### 4.4.1 Partielle molare Enthalpie

Die Enthalpie des gesamten Systems ist im Allgemeinen nicht die Summe der Einzelenthalpien. $n_A$ Mol des Stoffes A werden mit $n_B$ Mol des Stoffes B gemischt. Vor dem Mischungsvorgang ist die Enthalpie des Systems die Summe der Einzelenthalpien der getrennten Komponenten

$$H_{\mathrm{vor}} = n_A \cdot H_A^0 + n_B \cdot H_B^0. \tag{4.20}$$

Nach dem Mischen beträgt die Enthalpie des Systems

$$H_{\mathrm{nach}} = n_A \cdot H_A + n_B \cdot H_B; \; H_i = \left(\partial H / \partial n_i\right)_{p,T,n_{j \neq i}} \tag{4.21}$$

mit den partiellen molaren Mischungsenthalpien $H_i$.

Die mittlere Enthalpie für das System vor und nach der Mischung ist

$$\overline{H}_{\mathrm{vor}} = H_{\mathrm{vor}} / (n_A + n_B) = x_A \cdot H_A^0 + x_B \cdot H_B^0 \tag{4.22}$$

$$\overline{H}_{\mathrm{nach}} = H_{\mathrm{nach}} / (n_A + n_B) = x_A \cdot H_A + x_B \cdot H_B \tag{4.23}$$

Die absoluten Werte von $\overline{H}$ und $H_i$ können nicht oder nur mit großem Aufwand gemessen werden; deshalb werden wie beim Molvolumen mittlere und partielle molare Mischungsenthalpien als Differenz der entsprechenden Größen vor und nach der Mischung verwendet

$$\begin{aligned} \Delta H = H_{\mathrm{nach}} - H_{\mathrm{vor}} &= n_A \cdot H_A + n_B \cdot H_B - n_A \cdot H_A^0 - n_B H_B^0 \\ &= n_A\left(H_A - H_A^0\right) + n_B\left(H_B - H_B^0\right) \end{aligned}$$

$$\Delta H = n_A \cdot \Delta H_A + n_B \cdot \Delta H_B \tag{4.24}$$

$$\Delta\overline{H} = \Delta H / (n_A + n_B) = x_A \cdot \Delta H_A + x_B \cdot \Delta H_B \tag{4.25}$$

mit $\Delta\overline{H}$ = mittlere Mischungsenthalpie oder integrale Mischungsenthalpie und $\Delta H_i = \left(\partial \Delta H / \partial n_i\right)_{p,T,n_{j \neq i}}$ = partielle molare Mischungsenthalpie des Stoffes $i$.

Die experimentelle Bestimmung von $\Delta H_A$ und $\Delta H_B$ wird wie beim partiellen molaren Volumen durchgeführt (Gl. 4.18 und 4.19)

$$\Delta\overline{H} = \Delta H_A + x_B \cdot d\Delta\overline{H}/dx_B \quad \text{und} \quad \Delta\overline{H} = \Delta H_B + x_A \cdot d\Delta\overline{H}/dx_A \qquad (4.26)$$

### Partielle molare Mischungsenthalpien des Systems $H_2SO_4/H_2O$

Die mittlere molare Mischungsenthalpie des Systems $H_2SO_4/H_2O$ $\Delta\overline{H}$ als Funktion des $H_2SO_4$- Molenbruchs $x_A$ hat bei 18 °C in Tab. 4.3 befindliche Werte.

Daraus werden die partiellen molaren Mischungsenthalpien von $H_2SO_4$ und $H_2O$ $\Delta H_A$ und $\Delta H_B$ als Funktion des $H_2SO_4$-Molenbruchs $x_A$ ermittelt. Abb. 4.4a und Tab. 4.3 zeigen $\Delta\overline{H} = f(x_A)$. Daraus erhält man mit Gl. 4.26 die partiellen Molvolumina $\Delta H_A$ und $\Delta H_B$ als Funktionen der Molenbrüche von $H_2SO_4$ und $H_2O$ $x_A$ und $x_B$ (Abb. 4.4b). Die Steigungen können manuell

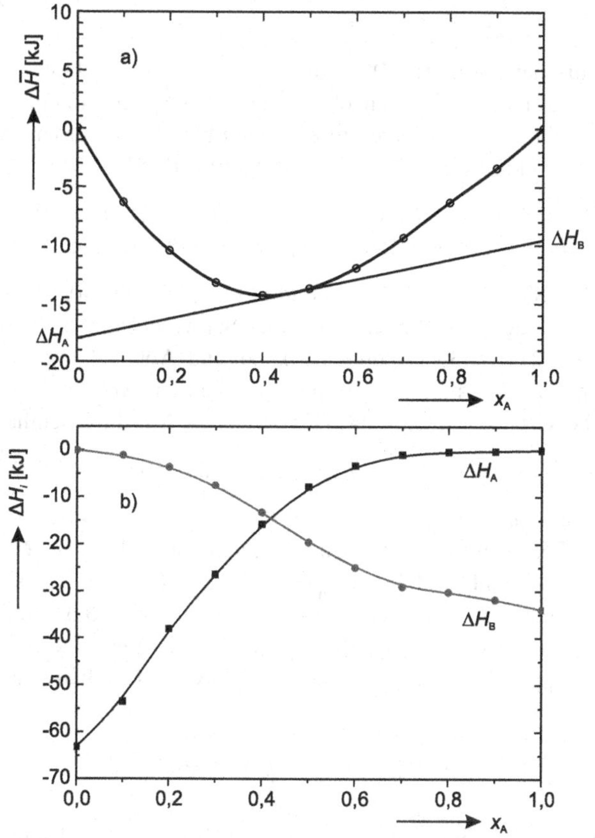


**Abb. 4.4** Das System $H_2SO_4$(A)/$H_2O$(B) **a)** Experimentelle mittlere molare Mischungsenthalpie $\Delta\overline{H}$ als Funktion des $H_2SO_4$-Molenbruchs $x_A$, **b)** partielle molare Mischungsenthalpien $\Delta H_A$ und $\Delta H_B$ als Funktion von $x_A$

**Tab. 4.3** Mittlere molare Mischungsenthalpie des Systems $H_2SO_4/H_2O$ $\Delta\overline{H}$ als Funktion des $H_2SO_4$-Molenbruchs $x_A$

| $x_A$ | 0 | 0,1 | 0,2 | 0,3 | 0,4 | 0,5 | 0,6 | 0,7 | 0,8 | 0,9 | 1,0 |
|---|---|---|---|---|---|---|---|---|---|---|---|
| $\Delta\overline{H}$ [kJ] | 0 | –6,31 | –10,49 | –13,21 | –14,30 | –13,71 | –11,95 | –9,36 | –6,31 | –3,39 | 0 |

graphisch aus Abb. 4.4a durch Anlegen der Tangente an den entsprechenden Wert von $x_A$ oder eleganter durch Ausgleichsrechnung mit der Methode der kleinsten Fehlerquadrate bestimmt werden. Da die Funktion $\Delta\overline{H} = f(x_A)$ nicht bekannt ist, bietet sich die Berechnung mit kubischen Regressions-Splines an (Abschn. 9.4). Abb. 4.4b ist mit dem Graphik-Programm Origin erzeugt worden.

Die Ergebnisse werden in Tab. 4.4 und Abb. 4.4 demonstriert. ◀

### Mischungswärmen und Temperaturerhöhung beim Vermischen von $H_2SO_4$ und $H_2O$

Beim Vermischen von $H_2SO_4$ und $H_2O$ können erhebliche Temperaturerhöhungen auftreten. Es sollen 60 cm³ $H_2SO_4$ (A) und 40 cm³ $H_2O$ (B) bei 25 °C vermischt und die Temperaturerhöhung berechnet werden, wenn die frei werdende Mischungsenthalpie in der Mischung verbleibt. Mit

$\rho\ (H_2SO_4) = 1{,}83\ g/cm^3$, $M\ (H_2SO_4) = 98\ g/mol$, $\rho\ (H_2O) = 1{,}00\ g/cm^3$ und $M\ (H_2O) = 18\ g/mol$ ergeben sich mit $n = m/M = \rho \cdot V/M$ für die Molzahlen

$H_2SO_4$: $n_A = 1{,}83 \cdot 60/98 = 1{,}12$ mol und $H_2O$: $n_B = 1{,}00 \cdot 40/18 = 2{,}22$ mol.

Damit wird der Molenbruch für die Schwefelsäure $x_A = n_A/(n_A + n_B) = 1{,}12/(1{,}12 + 2{,}22) = 0{,}335$ erhalten. Tab. 4.4 und Abb. 4.4 ergeben für diesen Molenbruch partielle molare Mischungsenthalpien $\Delta H_A = -23{,}0$ kJ/mol und $\Delta H_B = -10{,}0$ kJ/mol. Mit Gl. 4.24 wird daraus die Mischungsenthalpie

$\Delta H = n_A \cdot \Delta H_A + n_B \cdot \Delta H_B = -1{,}12 \cdot 23{,}0 - 2{,}22 \cdot 10{,}0 = -47{,}96$ kJ.

Die Molwärmen bei 25 °C sind $C_{p,m}(H_2SO_4) = 134{,}6$ J/(mol K) und $C_{p,m}(H_2O) = 75{,}3$ J/(mol K). Es wird angenommen, dass die Molwärme der Mischung sich ideal verhält: $C_{p,m}(A+B) = x_A \cdot C_{p,m}(A) + x_B \cdot C_{p,m}(B)$. Also $C_{p,m}(H_2SO_4 + H_2O,\ x_A = 0{,}335) = 0{,}335 \cdot 134{,}6 + 0{,}665 \cdot 75{,}3 = 95{,}2$ J/(mol K). Das ergibt für die Gesamtmolzahl $1{,}12 + 2{,}22 = 3{,}34$ mol eine Wärmekapazität von $C_p = n \cdot C_{p,m} = 3{,}34 \cdot 95{,}2 = 318{,}0$ J/K. Mit Gl. 2.11 erhält man

$$dH = C_p \cdot dT; \quad H_{T_2} = H_{T_1} + \int_{T_1}^{T_2} C_p \cdot dT = C_p(T_2 - T_1).$$

Die experimentelle Bestimmung und Berechnung der Mischungsenthalpie $\Delta H$ erfolgt nach Gl. 4.21 und 4.24 in einem isothermen Prozess; die beim Mischen von $H_2SO_4$ und $H_2O$ entwickelte Wärme wird bei konstanter

**Tab. 4.4** Mittlere molare Mischungsenthalpie $\Delta\overline{H}$ und partielle molare Mischungsenthalpien $\Delta H_A$ und $\Delta H_B$ des Systems $H_2SO_4/H_2O$ als Funktion des $H_2SO_4$-Molenbruchs $x_A$

| $x_A$ | 0 | 0,1 | 0,2 | 0,3 | 0,4 | 0,5 | 0,6 | 0,7 | 0,8 | 0,9 | 1,0 |
|---|---|---|---|---|---|---|---|---|---|---|---|
| $\Delta\overline{H}$ [kJ] | 0 | −6,31 | −10,49 | −13,21 | −14,30 | −13,71 | −11,95 | −9,36 | −6,31 | −3,39 | 0 |
| $d\Delta\overline{H}/dx_A$ | −63,1 | −52,45 | −34,5 | −19,05 | −2,5 | 11,75 | 21,75 | 28,2 | 29,85 | 31,55 | 33,9 |
| $\Delta H_A$ [kJ/mol] | −63,1 | −53,5 | −38,09 | −26,5 | −15,8 | −7,8 | −3,3 | −0,9 | −0,3 | −0,2 | 0 |
| $\Delta H_B$ [kJ/mol] | 0 | −1,1 | −3,6 | −7,5 | −13,3 | −19,6 | −25,0 | −29,1 | −30,2 | −31,8 | −33,9 |

Temperatur exotherm nach außen abgegeben. Deshalb ist nach der Definition in Abschn. 2.2 die Mischungsenthalpie $\Delta H = -47{,}96$ kJ < 0. Der hier beschriebene Versuch des Vermischens von $H_2SO_4$ und $H_2O$ ist aber nicht isotherm, sondern adiabatisch. Die entwickelte Wärme wird nicht nach außen abgegeben, sondern verbleibt im System. Es ist der gleiche Effekt wie bei einer von außen zugeführten Wärmemenge. Deshalb ist $\Delta H = +47{,}96$ kJ > 0.

Für die Temperaturerhöhung $T_2 - T_1$ ergibt sich daraus $T_2 - T_1 = \left(H_{T_2} - H_{T_1}\right)/C_p = 47.960/318 = 150{,}8$ K. Bei einer Ausgangstemperatur von 298 K = 25 °C heizt sich diese Mischung auf etwa 449 K = 176 °C auf, falls keine Wärme abgeführt wird. Beim Vermischen von $H_2SO_4$ und $H_2O$ ist daher große Vorsicht geboten („Erst das Wasser, dann die Säure, sonst geschieht das Ungeheure"). ◀

## 4.4.2 Mischungs- und Lösungsenthalpie

Wie schon erwähnt, besteht eine Mischung aus mindestens zwei gasförmigen, flüssigen oder festen Komponenten. Deren Mischungsvolumina sind in Gl. 4.13, 4.16 und 4.17 dargestellt; die Mischungsenthalpien sind in Gl. 4.24, 4.25 und dem anschließenden Beispiel dargestellt.

Eine Lösung besteht aus mindestens einer flüssigen und mindestens einer festen Komponente. Das Lösemittel wird mit der Zahl 1 oder dem Buchstaben A als Index gekennzeichnet; das Gelöste mit der Zahl 2 oder dem Buchstaben B. Bei mehr als einem Lösemittel und/oder Gelöstem werden diese mit weiteren Zahlen oder Buchstaben gekennzeichnet und spezifiziert. Die IUPAC empfiehlt die Verwendung von Buchstaben (International Union of Pure and Applied Chemistry 1996).

Beim Auflösen einer festen Komponente in einem Lösemittel geht diese in den flüssigen Zustand über; bei der Mischungsenthalpie, Gl. 4.24, und bei der mittleren Mischungsenthalpie, Gl. 4.25, muss deshalb ein zusätzlicher Term eingeführt werden, der die Schmelzwärme der festen Komponente darstellt. Wenn $n_B$ Mol der festen Komponente B in $n_A$ Mol Lösemittel A gelöst werden. ergibt sich mit der molaren Schmelzenthalpie der Komponente B, $\Delta H_{fus,B}$

$$\Delta H = n_A \cdot \Delta H_A + n_B \cdot \Delta H_B + n_B \cdot \Delta H_{fus,B} \quad \text{und} \tag{4.27}$$

$$\Delta\overline{H} = \Delta H/(n_A + n_B) = x_A \cdot \Delta H_A + x_B \cdot \Delta H_B + x_B \cdot H_{fus,B} \tag{4.28}$$

Die mittlere Mischungsenthalpie $\Delta\overline{H}$ wird auch integrale Mischungsenthalpie genannt. Weiter ergibt sich aus Gl. 4.27

$$\left(\partial\Delta H/\partial n_A\right)_{n_B} = \Delta H_A \tag{4.29}$$

$\Delta H_A$ ist die differentielle Verdünnungsenthalpie, das ist die Enthalpieänderung bei Zugabe von 1 Mol Lösemittel zu einer Lösung mit konstanter Molzahl $n_B$. Nach $n_B$ abgeleitet wird aus Gl. 4.27

$$\left(\partial\Delta H/\partial n_B\right)_{n_A} = \Delta H_B + \Delta H_{fus,B} \tag{4.30}$$

$\Delta H_B + \Delta H_{fus,B}$ ist die differentielle Lösungsenthalpie, das ist die Enthalpieänderung bei Zugabe von einem Mol zu Lösendes (Komponente B) zu einer Lösung mit konstanter Molzahl $n_A$.

Statt auf $n_A + n_B$ zu beziehen, ist es oft besser, auf die Stoffmenge des Gelösten $n_B$ zu beziehen. Es ergibt sich dann aus Gl. 4.27 $\Delta H^I$, die integrale Lösungsenthalpie, das ist die Mischungsenthalpie bezogen auf 1 Mol der gelösten Komponente B

$$\Delta H^I = \Delta H / n_B = (n_A/n_B)\Delta H_A + (\Delta H_B + \Delta H_{fus,B}). \quad (4.31)$$

Gl. 4.31 gestattet die Bestimmung von $\Delta H_A$ und $\Delta H_B + \Delta H_{fus,B}$ durch Auftragung von $\Delta H^I$ gegen $n_A/n_B$, $\Delta H^I = f(n_A/n_B)$. Außerdem können aus dem Diagramm die folgenden weiteren Größen bestimmt werden

$$\Delta H_B^\infty = \lim_{n_A/n_B \to \infty} \Delta H^I \quad (4.32)$$

erste Lösungsenthalpie. Auflösen von Komponente B in eine äußerst verdünnte Lösung; $n_A/n_B \to \infty$.

$$\Delta H_B^{sat} = \lim_{n_A/n_B \to 0} \Delta H^I \quad (4.33)$$

letzte Lösungsenthalpie. Auflösen von Komponente B in die gesättigte Lösung; $n_A/n_B \to 0$.

**Bestimmung von differentiellen Verdünnungs- und Lösungsenthalpien und ersten und letzten Lösungsenthalpien aus der integralen Lösungsenthalpie für das System KF/$H_2O$**

Tab. 4.5 zeigt als Beispiel die integralen Lösungsenthalpien als Funktion der Molenbrüche $\Delta H^I = f(n_A/n_B)$ für das System KF/$H_2O$ bei 25 °C.

Die Werte sind in Abb. 4.5 aufgetragen; hieraus erhält man mit Gl. 4.31 bis 4.33

Differentielle Verdünnungsenthalpie bei $n_A/n_B = 7{,}14$: $\Delta H_A = -0{,}46$ kJ/mol.

Differentielle Lösungsenthalpie bei $n_A/n_B = 7{,}14$: $\Delta H_B + \Delta H_{fus,B} = -12{,}1$ kJ/mol.

Die Schmelztemperatur von Kaliumfluorid ist $T_{fus} = 857$ °C; die Schmelzwärme ist $\Delta H_{fus} = 27{,}2$ kJ/mol. Hiermit könnte $\Delta H_B$ berechnet werden; das ist jedoch eine ganz grobe Näherung, weil die Überführung von KF vom festen in den flüssigen Zustand in Wasser weitaus komplexer ist, als der Schmelzvorgang ohne Beteiligung eines Lösemittels (siehe hierzu die nachfolgende Betrachtung).

Erste Lösungsenthalpie: $\Delta H_B^\infty = -17{,}76$ kJ/mol.

Letzte Lösungsenthalpie: $\Delta H_B^{sat} = -10{,}10$ kJ/mol. ◀

Zum Verständnis der molekularen Vorgänge beim Lösen eines festen Salzes in Wasser muss berücksichtigt werden, dass die Wassermoleküle durch Wasserstoff-

**Tab. 4.5** Experimentell bestimmte und extrapolierte integrale Lösungsenthalpien $\Delta H^{\mathrm{I}}$ als Funktion der Molenbrüche $n_A/n_B$ für das System $KF/H_2O$ bei 25 °C

| $n_A/n_B$ | 3,29 | 3,56 | 4,18 | 5,01 | 6,25 | 7,14 | 10,01 | 16,7 | 50,1 | 199,8 | 992,1 | $\infty$ |
|---|---|---|---|---|---|---|---|---|---|---|---|---|
| $\Delta H^{\mathrm{I}}$ [kJ/mol] | −10,10 | −10,89 | −12,23 | −13,61 | −14,87 | −15,41 | −16,23 | −16,72 | −16,97 | −17,14 | −17,38 | −17,76 |

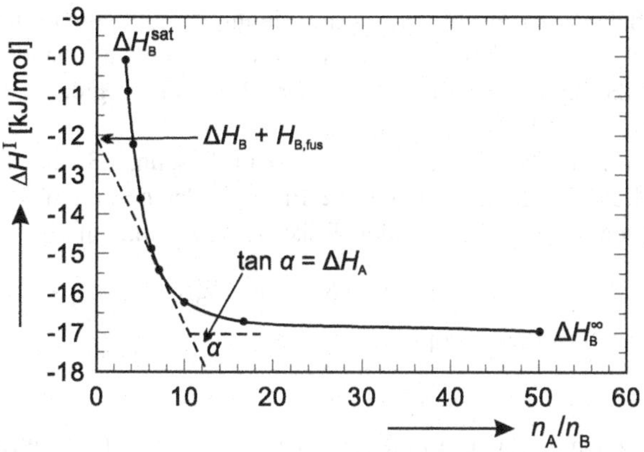


**Abb. 4.5** Integrale Lösungsenthalpien als Funktion der Molenbrüche $\Delta H^{\mathrm{I}} = f\left(n_{\mathrm{A}}/n_{\mathrm{B}}\right)$ für das System $KF/H_2O$ bei 25 °C

brückenbindungen miteinander verknüpft sind und die Kationen und Anionen des Salzes sich auf Gitterplätzen befinden. Im gelösten Zustand sind die Ionen des Salzes von einer Solvathülle aus Wassermolekülen umgeben. Der Übergang erfolgt in drei Teilschritten.

1. Aufbrechen der Wasserstoffbrücken-Bindungen; weil dazu Energie benötigt wird, ist das ein endothermer Vorgang.
2. Überführung der Ionen des Salzes vom festen in einen quasi flüssigen oder gasförmigen Zustand unter Zuführung der endothermen Schmelz- oder Gitterenergie.
3. Anlagerung der Wassermoleküle an die Ionen des Salzes. Hierdurch wird exotherme Solvatationsenergie gewonnen.

Weil Energie 1 klein gegenüber Energie 2 und 3 ist, kann der Lösevorgang endotherm oder exotherm sein, je nachdem ob die Energie von Teilschritt 2 oder Teilschritt 3 überwiegt.

## 4.5 Mischungsentropie

Bei der Herstellung einer idealen Mischung setzen sich Volumen, innere Energie und Enthalpie der Mischung additiv aus den Werten der reinen Komponenten zusammen (Abschn. 4.3 und 4.4). Für die Entropie gilt dies nicht, weil der Mischungsprozess ein spontaner Prozess ist, bei dem unabhängig von der Additivität im abgeschlossenen System die Entropie zunehmen muss (Abschn. 3.3).

Zwei ideale Gase A und B mit den Molzahlen $n_A$ und $n_B$, den Volumina $V_A$ und $V_B$, dem gemeinsamen Druck $p$ und der gemeinsamen Temperatur $T$ werden aus getrennten Behältern vermischt. Die Vermischung erfolgt spontan und Druck und Temperatur ändern sich dabei nicht, da es sich um ideale Gase handelt. Nach dem Mischvorgang hat jedes Gas den gleichen Druck $p$ und die gleiche Temperatur $T$, aber das Volumen $V_A + V_B$.

Zunächst wird der Mischungsvorgang wie in Abschn. 4.3 und 4.4 behandelt. Vor dem Mischungsvorgang setzt sich die Entropie des gesamten Systems additiv aus den Entropien $S_A^0$ und $S_B^0$ der beiden Teilsysteme zusammen

$$S_{\text{vor}} = n_A \cdot S_A^0 + n_B \cdot S_B^0.$$

Nach dem Mischen ist die Entropie

$$S_{\text{nach}} = n_A \cdot S_A + n_B \cdot S_B$$

mit der partiellen molaren Entropie $S_i = \left(\partial S / \partial n_i\right)_{p,T,n_{j \neq i}}$. Die Entropieänderung nach dem Mischen ist

$$S_{\text{nach}} - S_{\text{vor}} = n_A \left(S_A - S_A^0\right) + n_B \left(S_B - S_B^0\right).$$

Daraus ergibt sich die mittlere Mischungsentropie

$$\Delta\overline{S}^{\text{id}} = (S_{\text{nach}} - S_{\text{vor}}) / (n_A + n_B) = x_A \left(S_A - S_A^0\right) + x_B \left(S_B - S_B^0\right) \quad (4.34)$$

Für $k$ Komponenten ergibt sich

$$\Delta\overline{S}^{\text{id}} = \sum_{i=A}^{k} x_i \left(S_i - S_i^0\right) \quad (4.35)$$

Nach Abschn. 3.3.1 ist die bei dem Mischungsvorgang eingetretene Entropieänderung

$$\text{Gas A:} \quad S_{A,\text{nach}} - S_{A,\text{vor}} = n_A \cdot R \cdot \ln\left[(V_A + V_B) / V_A\right]$$

$$\text{Gas B:} \quad S_{B,\text{nach}} - S_{B,\text{vor}} = n_B \cdot R \cdot \ln\left[(V_A + V_B) / V_B\right]$$

Für ideale Gase ist $V \sim n$ ($p \cdot V = n \cdot R \cdot T$) und daher $V_A/(V_A + V_B) = n_A/(n_A + n_B) = x_A$ und $V_B/(V_A + V_B) = x_B$. Die mittlere Mischungsentropie für ideale Gase

$$\Delta\overline{S}^{\text{id}} = \left[\left(S_{A,\text{nach}} - S_{A,\text{vor}}\right) - \left(S_{B,\text{nach}} - S_{B,\text{vor}}\right)\right] / (n_A + n_B)$$

ergibt sich damit zu

$$\Delta\overline{S}^{\text{id}} = x_A \cdot R \cdot \ln\left(1/x_A\right) + x_B \cdot R \cdot \ln\left(1/x_B\right)$$

$$\Delta\overline{S}^{\text{id}} = -x_A \cdot R \cdot \ln x_A - x_B \cdot R \cdot \ln x_B \quad (4.36)$$

Für eine aus $k$ Komponenten zusammengesetzte Mischung ergibt sich

$$\Delta\overline{S}^{\text{id}} = -R \cdot \sum_{i=A}^{k} x_i \cdot \ln x_i \quad (4.37)$$

Vergleich von Gl. 4.34 bis 4.37 ergibt $S_A - S_A^0 = -R \cdot \ln x_A$, $S_B - S_B^0 = -R \cdot \ln x_B$ und

$$S_i - S_i^0 = -R \cdot \ln x_i \; (i = \mathrm{A,B,C,\ldots}) \tag{4.38}$$

Für reale Mischungen tritt zusätzlich zum idealen Term, Gl. 4.37, ein weiterer Term auf, der auf kalorische Effekte und damit auf zwischenmolekulare Kräfte zurückzuführen ist (Abschn. 4.4). Dieser Term kann positiv oder negativ sein, d. h. die Mischung kann sich erwärmen oder abkühlen; die darauf beruhende mittlere Mischungsentropie kann daher positiv oder negativ sein

$$\Delta\overline{S} = \Delta\overline{S}^{\mathrm{id}} + \Delta\overline{S}^{\mathrm{E}}. \tag{4.39}$$

$\Delta\overline{S}$ ist die gesamte mittlere Mischungsentropie und $\Delta\overline{S}^{\mathrm{E}}$ die entsprechende Exzessentropie. Beim in Abschn. 4.7.1 besprochenen chemischen Potential ist die Entropie inkludiert; daher taucht dort ebenfalls ein chemisches Exzesspotenzial auf.

## 4.6 Gibbs-Duhem'sche Gleichung

Die Gibbs-Duhem'sche Gleichung verknüpft die partiellen molaren Größen der einzelnen Komponenten in einem System. Sie wird zur Bestimmung der partiellen molaren Größe einer Komponente aus Messwerten der partiellen molaren Größe der anderen Komponente verwendet. Ist $p=$const. und $T=$const., so sind die extensiven Zustandsgrößen, z. B. *V, U, H, A, G* nur von den Molzahlen der beteiligten Komponenten $n_i$ abhängig. Bezogen auf das Volumen und ein Zweikomponentensystem lässt sich dieses mit dem partiellen molaren Volumen ausdrücken (Gl. 4.13)

$$V = V_A \cdot n_A + V_B \cdot n_B$$

mit $V_i = \left(\partial V / \partial n_i\right)_{p,T,n_{j \neq i}}$. Andererseits lässt sich die Zustandsgröße $V$ stets als vollständiges Differential der Funktion $V = f(n_A, n_B)$ nach Abschn. 9.1, Gl. 9.10 und 4.12 schreiben

$$\mathrm{d}V = V_A \cdot \mathrm{d}n_A + V_B \cdot \mathrm{d}n_B \tag{4.40}$$

Nach den Regeln der Differentialrechnung folgt aus Gl. 4.13

$$\mathrm{d}V = V_A \cdot \mathrm{d}n_A + n_A \cdot \mathrm{d}V_A + V_B \cdot \mathrm{d}n_B + n_B \cdot \mathrm{d}V_B \tag{4.41}$$

Gl. 4.40 und 4.41 sind getrennt behandelbare Differentiale; sie widersprechen sich zunächst. Sie lassen sich nur in Einklang bringen, wenn gilt

$$n_A \cdot \mathrm{d}V_A + n_B \cdot \mathrm{d}V_B = 0 \quad \text{und} \quad x_A \cdot \mathrm{d}V_A + x_B \cdot \mathrm{d}V_B = 0. \tag{4.42}$$

Aus Gl. 4.42 folgt $\mathrm{d}V_B = -\left(n_A / n_B\right)\mathrm{d}V_A$; für $n_A = n_B$, d. h. für gleiche molare Anteile der Komponenten A und B ist $\mathrm{d}V_B = \mathrm{d}V_A$.

Gl. 4.42 ist die Gibbs-Duhem'sche Gleichung. Sie gilt auch für alle anderen partiellen molaren Größen und beliebig viele Komponenten bei $p$=const. und $T$=const., z. B.

$$\sum_i n_i \cdot \mathrm{d}V_i = 0 \;;\; \sum_i n_i \cdot \mathrm{d}H_i = 0 \;;\; \sum_i n_i \cdot \mathrm{d}\mu_i = 0 \tag{4.43}$$

Die partiellen molaren Größen der Bestandteile einer Mischung können sich nicht unabhängig voneinander ändern. Wenn in einem binären Gemisch die partielle molare Größe eines Bestandteils steigt, muss nach Gl. 4.42 und 4.43 die partielle molare Größe der anderen Komponente abnehmen, wobei die beiden Änderungen gemäß Gl. 4.42 und 4.43 miteinander verknüpft sind.

## Berechnung von partiellen Molvolumina nach der Gibbs-Duhem'schen Gleichung

Als Beispiel wird die Gibbs–Duhem'sche Gleichung zur Berechnung des partiellen Molvolumens einer Komponente aus Messwerten des partiellen Molvolumens der anderen Komponente verwendet., d. h. man kann für ein Zwei-Komponentensystem aus der Änderung von $V_B$ die Änderung von $V_A$ berechnen.

Für das System $H_2O$ (A) und $K_2SO_4$ (B) wurde aus experimentellen Messungen das partielle Molvolumen von $K_2SO_4$ $V_B$ für verschiedene Konzentrationen bestimmt und mit der empirischen Gleichung

$$V_B = 32,280 + 135,70 (n_B/n_A)^{1/2} \tag{4.44}$$

beschrieben (Atkins und de Paula 2006). Abb. 4.6a zeigt die graphische Darstellung. Das partielle Molvolumen von Wasser $V_A$ erhält man daraus über die Gibbs-Duhem'sche Gl. 4.42

$$\int_{V_A^0}^{V_A} \mathrm{d}V'_A = -\int_0^{(n_B/n_A)} (n'_B/n'_A)\,\mathrm{d}V'_B \quad \text{und} \quad V_A = V_A^0 - \int_0^{(n_B/n_A)} (n'_B/n'_A)\,\mathrm{d}V'_B.$$

$\mathrm{d}V'_B$ wird mit Gl. 4.44 substituiert (siehe Abschn. 9.2).

$$\mathrm{d}V'_B/\mathrm{d}(n'_B/n'_A) = (1/2)135,7 (n'_B/n'_A)^{-1/2} = 67,85 (n'_B/n'_A)^{-1/2}.$$

Das ergibt

$$V_A = V_A^0 - 67,85 \int_0^{(n_B/n_A)} (n'_B/n'_A)(n'_B/n'_A)^{-1/2}\,\mathrm{d}(n'_B/n'_A)$$

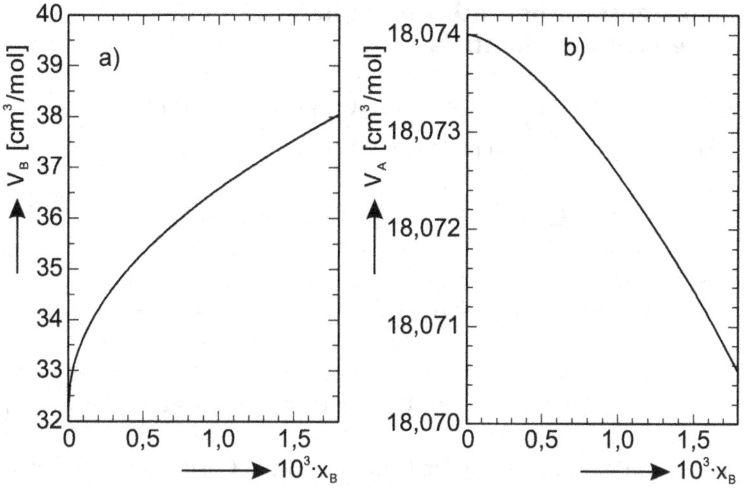


**Abb. 4.6** Partielle Molvolumina von $H_2O/K_2SO_4$. **a)** von $K_2SO_4$ (B), **b)** von $H_2O$ (A)

$$V_A = V_A^0 - 67{,}85 \int_0^{(n_B/n_A)} \left(n'_B/n'_A\right)^{1/2} d\left(n'_B/n'_A\right)$$

Durch Integration wird

$$V_A = V_A^0 - (2/3)67{,}85 \left(n'_B/n'_A\right)^{3/2}\Big|_0^{(n_B/n_a)}$$

$V_A^0$ ist das Molvolumen des Wassers und beträgt bei 25 °C $V_A^0 = M/\rho = 18{,}02/0{,}997 = 18{,}074$ cm³/mol; damit wird

$$V_A = 18{,}074 - 45{,}23\left(n_B/n_A\right)^{3/2} \tag{4.45}$$

Üblich ist die Auftragung partielles Molvolumen gegen den Molenbruch $x_A$ oder $x_B$ statt des Molverhältnisses $n_B/n_A$. Der Zusammenhang dieser Größen ist $n_B/n_A = x_B/(1 - x_B) = (1 - x_A)/x_A$. Abb. 4.6b zeigt das nach der Gibbs–Duhem'schen Gleichung berechnete partielle Molvolumen als Funktion des Molenbruchs $x_B$. ◀

## 4.7 Chemisches Potential

Das chemische Potenzial ist eine zentrale Größe der chemischen Thermodynamik. Z. B. werden Überlegungen zum thermischen und chemischen Gleichgewicht mit Hilfe des chemischen Potenzials durchgeführt.

### 4.7.1 Konzentrations- und Druckabhängigkeit des chemischen Potentials

Kombination von Gl. 4.5, $(\partial G/\partial p)_{T,n_i} = V$, mit Gl. 4.8, $(\partial G/\partial n_\mathrm{B})_{p,T,n_{j\neq \mathrm{B}}} = \mu_\mathrm{B}$, einschließlich der Definitionen und Gl. 9.9 liefert für $T=\mathrm{const.}$

$$\left[\partial^2 G/(\partial n_\mathrm{B} \cdot \partial p)\right]_{T,n_{j\neq \mathrm{B}}} = \left[\partial^2 G/(\partial p \cdot \partial n_\mathrm{B})\right]_{T,n_{j\neq \mathrm{B}}},$$

$$\left[\partial^2 G/(\partial n_\mathrm{B} \cdot \partial p)\right]_{T,n_{j\neq \mathrm{B}}} = \left(\partial V/\partial n_\mathrm{B}\right)_{p,T,n_{j\neq \mathrm{B}}},$$

$$\left(\partial \mu_\mathrm{B}/\partial p\right)_{T,n_{j\neq \mathrm{B}}} = V_\mathrm{B} \quad \text{und} \quad \mathrm{d}\mu_\mathrm{B} = V_\mathrm{B} \cdot \mathrm{d}p \qquad (4.46)$$

Gl. 4.46 kann auf ein ideales Gas und auf eine ideale Gasmischung mit $p = \sum p_i$ angewendet werden. Integration von

$$\mathrm{d}\mu_\mathrm{B} = V_\mathrm{B} \cdot \mathrm{d}p\ ;\ \int_{\mu_\mathrm{B}^\circ}^{\mu_\mathrm{B}} \mathrm{d}\mu'_\mathrm{B} = \int_{p^\circ}^{p_\mathrm{B}} (R \cdot T/p'_\mathrm{B})\, \mathrm{d}p'_\mathrm{B} \ \text{liefert}$$

$$\mu_\mathrm{B}(T,p) = \mu_\mathrm{B}^\circ(T) + R \cdot T \cdot \ln\left(p_\mathrm{B}/p^\circ\right) \qquad (4.47)$$

$\mu_\mathrm{B}^\circ(T)$ ist das chemische Standardpotenzial der Komponente B; das ist der Wert des chemischen Potenzials unter Standardbedingungen. Für die Gasphase ist der Standarddruck $p^\circ = 1 \cdot 10^5$ Pa.

Für reale Gase soll Gl. 4.47 der Form nach erhalten bleiben; dann muss für reale Gase der Druck so korrigiert werden, dass ein korrektes chemisches Potenzial herauskommt.

$$\mu_\mathrm{B}(T,p) = \mu_\mathrm{B}^\circ(T) + R \cdot T \cdot \ln f_\mathrm{B}/p^\circ\ ;\ f_\mathrm{B} = \varphi_\mathrm{B} \cdot p_\mathrm{B}$$

$$\mu_\mathrm{B}(T,p) = \mu_\mathrm{B}^\circ(T) + R \cdot T \cdot \ln\left(\varphi_\mathrm{B} \cdot p_\mathrm{B}/p^\circ\right) \qquad (4.48)$$

$f_\mathrm{B}$ ist die Fugazität und $\varphi_\mathrm{B}$ der Fugazitätskoeffizient der Komponente B; $\varphi_\mathrm{B}$ gibt die Abweichung vom idealen Verhalten an; für ideale Gase ist $\varphi_\mathrm{B}=1$. Mit der Virialentwicklung für reale Gase (siehe Abschn. 3.5.2) $p_\mathrm{B} \cdot V_\mathrm{B} = R \cdot T + B \cdot p_\mathrm{B}$ ergibt sich aus Gl. 4.46 $\mathrm{d}\mu_\mathrm{B} = (R \cdot T/p_\mathrm{B})\mathrm{d}p_\mathrm{B} + B \cdot \mathrm{d}p_\mathrm{B}$ und damit durch Integration

$$\mu_\mathrm{B}(T,p) = \mu_\mathrm{B}^\circ(T) + R \cdot T \cdot \ln\left(p_\mathrm{B}/p^\circ\right) + B \cdot \left(p_\mathrm{B} - p^\circ\right). \qquad (4.49)$$

Ein Vergleich mit Gl. 4.48 liefert

$$R \cdot T \cdot \ln \varphi_B = B \cdot \left(p_B - p^\circ\right) \text{ und } \ln \varphi_B = B \cdot \left(p_B - p^\circ\right) / \left(R \cdot T\right) \tag{4.50}$$

Für flüssige und feste Mischungen wird statt des Partialdrucks $p_i$ besser der Molenbruch $x_i$ verwendet. Weil $p_i \sim n_i$ und $p \sim \Sigma n_i$ ($p \cdot V = n \cdot R \cdot T$) ist für ideale Gase $p_i/p = x_i$ und $p_i = p \cdot x_i$. Daraus folgt mit Gl. 4.47

$$\mu_i(T, p) = \mu_i'^\circ(T) + R \cdot T \cdot \ln p + R \cdot T \cdot \ln x_i \text{ und}$$

$$\mu_i(T, p) = \mu_i^\circ(T) + R \cdot T \cdot \ln x_i \tag{4.51}$$

mit $\mu_i^\circ = \mu_i'^\circ + R \cdot T \cdot \ln p$. Gl. 4.51 gilt für ideale Mischungen und Lösungen. Für reale Mischungen wird der Molenbruch $x_i$ durch die Aktivität $a_{x,i} = \gamma_{x,i} \cdot x_i$ mit dem Aktivitätskoeffizienten $\gamma_{x,i}$ ersetzt

$$\mu_i = \mu_i^\circ + R \cdot T \cdot \ln a_{x,i} = \mu_i^\circ + R \cdot T \cdot \ln\left(\gamma_{x,i} \cdot x_i\right) \tag{4.52}$$

Für Lösungen, d. h. für einen gelösten Stoff B in einem flüssigen oder festen Lösemittel A wird die molare Konzentration $C_B$ oder die molale Konzentration $b_B$ des Gelösten B verwendet, die beide für $x_B \ll x_A$ proportional zum Molenbruch $x_B$ sind. Mit $V$ = Volumen der Lösung, $M_A$ = Molmasse und $\rho_A$ = Dichte des Lösemittels A ist

$$C_B = n_B / V \approx x_B \cdot \rho_A / M_A \quad \text{und} \quad b_B = n_B / m_A \approx x_B / M_A$$

Damit ergibt sich aus Gl. 4.51 für eine ideale verdünnte Lösung

$$\mu_B = \mu_B'^\circ + R \cdot T \cdot \ln\left(M_A / \rho_A\right) + R \cdot T \cdot \ln C_B \text{ und}$$

$$\mu_B(T, C_B) = \mu_B^\circ(T) + R \cdot T \cdot \ln\left(C_B / C^\circ\right) \tag{4.53}$$

mit $\mu_B^\circ = \mu_B'^\circ + R \cdot T \cdot \ln\left(M_A / \rho_A\right)$. Für reale Lösungen wird $C_B$ durch die Aktivität $a_{C,B} = \gamma_{C,B} \cdot C_B$ mit dem Aktivitätskoeffizienten $\gamma_{C,B}$ ersetzt

$$\mu_B(T, C_B) = \mu_B^\circ(T) + R \cdot T \cdot \ln a_{C,B} = \mu_B^\circ + R \cdot T \cdot \ln\left(\gamma_{C,B} \cdot C_B / C^\circ\right). \tag{4.54}$$

Mit der molalen Konzentration $b_B$ ergibt sich für eine ideale verdünnte Lösung

$$\mu_B = \mu_B'^\circ + R \cdot T \cdot \ln M_A + R \cdot T \cdot \ln b_B \text{ und}$$

$$\mu_B(T, b_B) = \mu_B^\circ(T) + R \cdot T \cdot \ln\left(b_B / b^\circ\right) \tag{4.55}$$

mit $\mu_B^\ominus = \mu_B'^\ominus + R \cdot T \cdot \ln M_A$. Für reale Lösungen wird auch hier $b_B$ durch die Aktivität $a_{b,B} = \gamma_{b,B} \cdot b_B$ mit dem Aktivitätskoeffizienten $\gamma_{b,B}$ ersetzt.

$$\mu_B(T,b_B) = \mu_B^\ominus(T) + R \cdot T \cdot \ln a_{b,B} = \mu_B^\ominus + R \cdot T \cdot \ln\left(\gamma_{b,B} \cdot b_B / b^\ominus\right) . \qquad (4.56)$$

Ähnlich wie bei der Entropie, Gl. 4.39, wird das chemische Potenzial in einen idealen Anteil und einen Exzessanteil aufgespalten, z. B. für die molare Konzentration, Gl. 4.54

$$\mu_B(T,C_B) - \mu_B^\ominus(T) = R \cdot T \cdot \ln\left(C_B / C^\ominus\right) + R \cdot T \cdot \ln \gamma_{C,B} \ ; \ \Delta\mu_B = \Delta\mu_B^{id} + \Delta\mu_B^E \qquad (4.57)$$

Besondere Aufmerksamkeit muss bei den chemischen Standardpotenzialen $\mu_i^\ominus$ und $\mu_B^\ominus$ auf die Standardzustände gelegt werden. Bei Gl. 4.51 und 4.52 ist der Standardmolenbruch $x_i^\ominus = 1$. Bei Gl. 4.53 bis 4.56 ist die molare Standardkonzentration $C_B^\ominus$ = 1 mol/dm³ und die molale Standardkonzentration $b_B^\ominus$ = 1 mol/kg.

**Berechnung des Chemischen Potenzials von realen Gasen**

Der 2. Virialkoeffizient von Wasserstoff bei 323 K beträgt $B = 2{,}65 \cdot 10^{-5}$ m³/mol (Virialentwicklung für reale Gase, $p \cdot V_m = R \cdot T + B \cdot p$, siehe Abschn. 3.5.2). Die Änderung des chemischen Potenzials $\Delta\mu_B$ von $H_2$ bei der Kompression von $1 \cdot 10^5$ auf $100 \cdot 10^5$ Pa beträgt nach Gl. 4.49

$$\Delta\mu_B = \mu_B(T,p) - \mu_B^\ominus(T) = R \cdot T \cdot \ln\left(p_B / p^\ominus\right) + B \cdot \left(p_B - p^\ominus\right)$$

$$\Delta\mu_B = 8{,}314 \cdot 323 \cdot \ln\left(100 \cdot 10^5 / 1 \cdot 10^5\right) + 2{,}65 \cdot 10^{-5} \cdot \left[(100-1) \cdot 10^5)\right]$$
$$= 12.632 \text{ J/mol} = 12{,}6 \text{ kJ/mol}.$$ ◀

### 4.7.2 Chemisches Potential bei Phasenübergängen

In Abschn. 3.2.5 und 3.3 wurde gezeigt, dass die mit dem chemischen Potenzial eng zusammenhängende freie Enthalpie Aussagen zum Gleichgewicht und zur Spontaneität von Prozessen machen kann. So tritt z. B. bei $p$ = const. und $T$ = const. bei $dG = 0$ ein Gleichgewicht ein. Gleichgewicht herrscht dann, wenn in allen Teilen des Systems das chemische Potential den gleichen Wert hat.

Betrachtet wird ein System mit zwei nicht mischbaren Flüssigkeiten A und B, die in den Phasen α und β auftreten und eine weitere in beiden Phasen lösliche Komponente C bei $p$ = const. und $T$ = const. (Abb. 4.7).

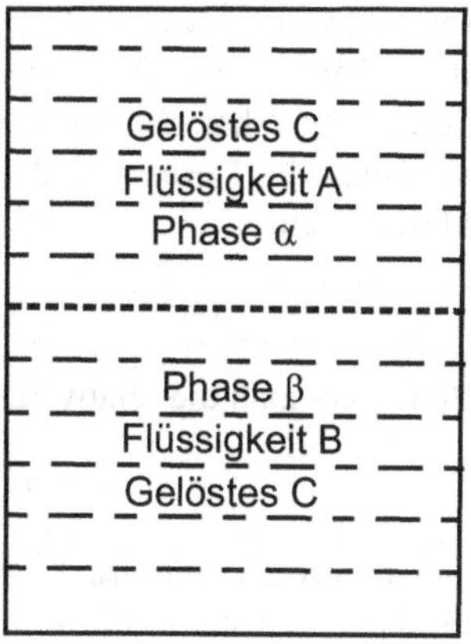


**Abb. 4.7** Übergang eines Stoffes von Phase α zu Phase β

$$\frac{\text{Phase } \alpha : \mu_C^\alpha = \left(\partial G / \partial n_C\right)_{p,T}^\alpha}{\text{Phase } \beta : \mu_C^\beta = \left(\partial G / \partial n_C\right)_{p,T}^\beta}$$

Beim Übergang von $\Delta n_C$ Molen des Stoffes C von Phase α zu Phase β (siehe Gl. 4.7) ist die Arbeit $W_{\text{nutz}} = \Delta G$

$$\Delta G = \left(\partial G / \partial n_C\right)_{p,T}^\beta \cdot \Delta n_C - \left(\partial G / \partial n_C\right)_{p,T}^\alpha \cdot \Delta n_C = \left(\mu_C^\beta - \mu_C^\alpha\right) \cdot \Delta n_C \quad (4.58)$$

Für $W_{\text{nutz}} = \Delta G < 0$ ist der Übergang freiwillig (Abschn. 3.2.5). Im Gleichgewicht ist $\Delta G = 0$; die Gleichgewichtsbedingung ist daher

$$\mu_i^\beta - \mu_i^\alpha = 0 \text{ und } \mu_i^\beta = \mu_i^\alpha. \quad (4.59)$$

## 4.8 Kolligative Eigenschaften

Die kolligativen Eigenschaften von stark verdünnten (idealen) Lösungen hängen nur von der Anzahl der gelösten Teilchen, nicht von deren Art ab. Es sind dies Dampfdruckerniedrigung, Siedepunkterhöhung, Gefrierpunkterniedrigung und osmotischer Druck. Die gelösten Teilchen haben dabei keinen oder einen gegenüber dem Lösemittel vernachlässigbaren Dampfdruck.

### 4.8.1 Dampfdruckerniedrigung

Die Komponente A sei das Lösemittel und die Komponente B die gelöste Substanz. Für den Molenbruch $x_A = 1$ ($x_B = 0$) liegt das reine Lösemittel mit dem

Dampfdruck $p_A^0$ vor. Für $x_A = 0$ ($x_B = 1$) liegt ausschließlich die gelöste Substanz vor; unter der Voraussetzung, dass diese keinen oder nur einen vernachlässigbaren Dampfdruck hat, ist für $x_A = 0$ ($x_B = 1$) der Dampfdruck $p_B^0 = 0$. Bei idealem Verhalten der Lösung ist dann der Dampfdruck der Lösung $p_A$ proportional dem Molenbruch $x_A$

$$p_A = p_A^0 \cdot x_A = p_A^0(1 - x_B).$$

Betrachtet man die relative Dampfdruckerniedrigung $\left(p_A^0 - p_A\right)/p_A^0$, so ist

$$\left(p_A^0 - p_A\right)/p_A^0 = \Delta p/p_A^0 = x_B. \tag{4.60}$$

Die relative Dampfdruckerniedrigung einer Flüssigkeit ist durch Zusatz einer löslichen Substanz mit vernachlässigbarem Eigendampfdruck proportional dem Molenbruch der gelösten Substanz. Gl. 4.60 ist das 1. Raoult'sche Gesetz.

### 4.8.2 Siedepunktserhöhung

Die Siedepunkterhöhung von Lösungen nicht flüchtiger Stoffe hängt unmittelbar mit der Dampfdruckerniedrigung zusammen. Abb. 4.8 zeigt, dass bei der Temperatur $T_{vap}$ der Dampfdruck des reinen Lösemittels $1 \cdot 10^5$ Pa ist, während der Dampfdruck der Lösung einen kleineren Wert aufweist. Um die Lösung zum Sieden zu bringen, muss die Temperatur um den Betrag $\Delta T_{vap}$ auf $T'_{vap}$ erhöht werden; dies wird als Siedepunkterhöhung bezeichnet. Aus Abb. 4.8 geht unmittelbar hervor, dass für kleine $\Delta T_{vap}$ diese proportional zu $\Delta p$ ist: $\Delta T_{vap} = \text{const.} \cdot \Delta p$. Der Zusammenhang von $\Delta T_{vap}$ und $\Delta p$ wird über das Verdampfungsgleichgewicht A(l) $\rightleftharpoons$ A(g), Gl. 3.59, erhalten

$$\mathrm{d}\ln p/\mathrm{d}T = \Delta H_{vap,m}/\left(R \cdot T^2\right) \quad \text{und} \quad \mathrm{d}p/p = \left[\Delta H_{vap,m}/\left(R \cdot T^2\right)\right]\mathrm{d}T.$$

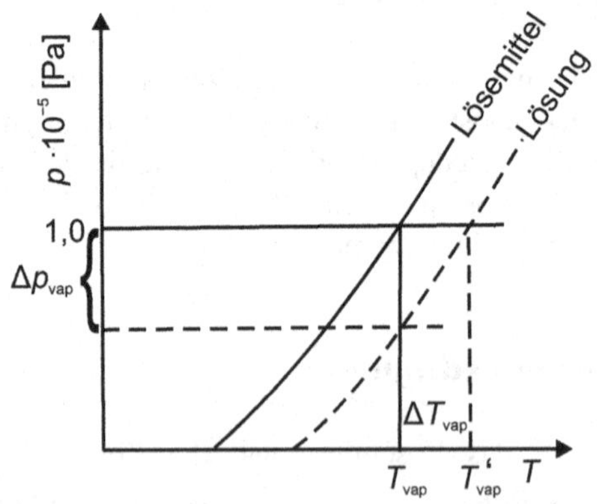


**Abb. 4.8** Dampfdruckkurven von Lösemittel und Lösung in der Nähe des Siedepunkts. $T_{vap}$ = Verdampfungstemperatur des reinen Lösemittels bei $p = 1 \cdot 10^5$ Pa (Siedetemperatur). $T'_{vap}$ = Verdampfungstemperatur der Lösung bei $p = 1 \cdot 10^5$ Pa

Der Siedevorgang ist der Übergang des Lösemittels A von der Phase l (Flüssigkeit) in die Phase g (Gas); deshalb ist $\Delta H_{\mathrm{vap,m}} = H_{\mathrm{A(g)}} - H_{\mathrm{A(l)}}$.

Mit $\mathrm{d}p \ll p$ und $\mathrm{d}T \ll T$ erhält man daraus

$$\Delta p/p = \left[\Delta H_{\mathrm{vap,m}}/\left(R \cdot T^2\right)\right] \Delta T_{\mathrm{vap}} \quad \text{und} \quad \Delta T_{\mathrm{vap}} = \left(R \cdot T^2/\Delta H_{\mathrm{vap,m}}\right) \Delta p/p.$$

Nach dem Raoult'schen Gesetz, Gl. 4.60, ist $\Delta p/p = x_{\mathrm{B}} = n_{\mathrm{B}}/(n_{\mathrm{A}} + n_{\mathrm{B}}) \approx n_{\mathrm{B}}/n_{\mathrm{A}}$ und weiter

$$\Delta T_{\mathrm{vap}} = \left(R \cdot T_{\mathrm{vap}}^2 \Big/ \Delta H_{\mathrm{vap,m}}\right) n_{\mathrm{B}}/n_{\mathrm{A}} = \left(R \cdot T_{\mathrm{vap}}^2 \Big/ \Delta H_{\mathrm{vap,m}}\right) n_{\mathrm{B}} \cdot M_{\mathrm{A}}/m_{\mathrm{A}}.$$

$\Delta h_{\mathrm{vap}} = \Delta H_{\mathrm{vap,m}}/M_{\mathrm{A}}$ ist die Verdampfungswärme pro Masseneinheit (spezifische Verdampfungswärme) der Substanz A; damit ergibt sich

$$\Delta T_{\mathrm{vap}} = \left(R \cdot T_{\mathrm{vap}}^2 \Big/ \Delta h_{\mathrm{vap}}\right) n_{\mathrm{B}}/m_{\mathrm{A}} = E_{\mathrm{vap}} \cdot b_{\mathrm{B}}; \quad E_{\mathrm{vap}} = \left(R \cdot T_{\mathrm{vap}}^2\right) \Big/ \Delta h_{\mathrm{vap}} \tag{4.61}$$

$n_{\mathrm{B}}/m_{\mathrm{A}} = b_{\mathrm{B}}$ ist die Konzentration in mol pro kg Lösemittel; diese wird auch als Molalität bezeichnet.

$E_{\mathrm{vap}}$ ist die molare Siedepunkterhöhung oder ebullioskopische Konstante. Die Gleichung für die Siedepunkterhöhung wurde experimentell bestätigt.

### 4.8.3 Gefrierpunktserniedrigung

Aus Abb. 4.9 ergibt sich für die relativen Dampfdruckerniedrigungen zusammen mit Gl. 3.59 und Abschn. 4.8.2

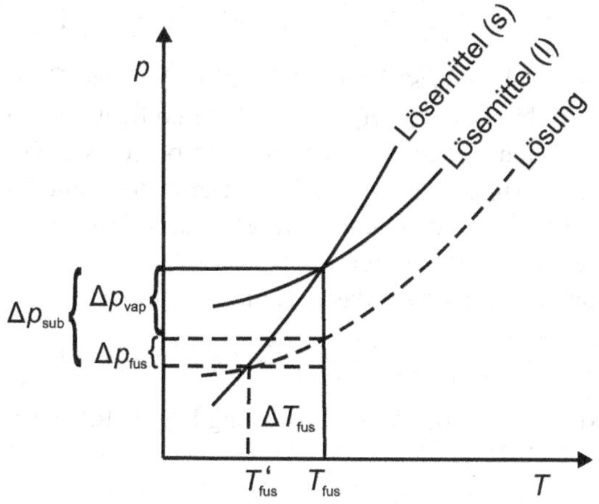


**Abb. 4.9** Dampfdruckkurven von festem und flüssigem Lösemittel und Lösemittel in der Nähe des Gefrierpunktes. $T_{\mathrm{fus}}$ = Schmelztemperatur des reinen Lösemittels. $T'_{\mathrm{fus}}$ = Schmelztemperatur des Lösemittels in der Lösung

$$\Delta p_{fus}/p_{fus} = \Delta p_{sub}/p_{sub} - \Delta p_{vap}/p_{vap} = \left[\Delta H_{fus,m}/\left(R \cdot T_{fus}^2\right)\right]\Delta T_{fus}$$

$$A(s) \rightleftharpoons A(g);\quad dp/p = \left[\Delta H_{sub,m}/\left(R \cdot T_{sub}^2\right)\right]dT \approx \Delta p_{sub}/p_{sub};\quad \text{Sublimation}$$

$$A(l) \rightleftharpoons A(g);\quad dp/p = \left[\Delta H_{vap,m}\Big/\left(R \cdot T_{vap}^2\right)\right]dT \approx \Delta p_{vap}/p_{vap};\quad \text{Verdampfung}$$

$$A(s) \rightleftharpoons A(l);\quad \Delta p_{fus}/p_{fus} = \left[\left(\Delta H_{sub,m} - \Delta H_{vap,m}\right)/\left(R \cdot T_{fus}^2\right)\right]\Delta T$$
$$= \left[\Delta H_{fus,m}/\left(R \cdot T_{fus}^2\right)\right]\Delta T;\quad \text{Schmelzen}$$

Mit dem Raoult'schen Gesetz, Gl. 4.60, $\Delta p/p = x_2 \approx n_2/n_1$ ergibt sich analog wie in Abschn. 4.8.2

$$\Delta T_{fus} = E_{fus} \cdot n_B/m_A = E_{fus} \cdot b_B;\quad E_{fus} = R \cdot T_{fus}^2/h_{fus}. \tag{4.62}$$

$E_{fus}$ ist die molare Gefrierpunkterniedrigung oder kryoskopische Konstante. Im Folgenden sind einige ebullioskopische und kryoskopische Konstanten $E_{vap}$ und $E_{fus}$ aufgeführt.

$$H_2O : E_{vap} = 0{,}52\ \text{K kg mol}^{-1};\ E_{fus} = 1{,}86\ \text{K kg mol}^{-1}.$$
$$CCl_4 : E_{vap} = 5{,}0\ \text{K kg mol}^{-1};\ E_{fus} = 30\ \text{K kg mol}^{-1}.$$
$$\text{Campher} : E_{vap} = 6{,}1\ \text{K kg mol}^{-1};\ E_{fus} = 40\ \text{K kg mol}^{-1}.$$

**Gefrierpunkterniedrigung und Siedepunkterhöhung von wässrigen NaCl-Lösungen**

Eine gesättigte NaCl-Lösung in Wasser enthält 358 g NaCl in 1,0 kg Wasser. Die Molalität ist $b_B = n_B/m_A = (m_B/M_B)/m_A = (358\ \text{g}/58{,}4\ \text{g/mol})/1{,}0\ \text{kg} = 6{,}13\ \text{mol/kg}$. Daraus berechnet sich die Gefrierpunktserniedrigung, Gl. 4.62, zu

$$\Delta T_{fus} = E_{fus} \cdot b_B = 1{,}86 \cdot 6{,}13 \cdot 2 = 22{,}8\ \text{K}.$$

Der Faktor 2 rührt daher, dass NaCl in Wasser zu $Na^+$ und $Cl^-$ dissoziiert, daher 1 Mol NaCl 2 mol $Na^+$ und $Cl^-$ ergeben und die kolligativen Eigenschaften von der Zahl der gelösten Teilchen abhängen. Der berechnete Gefrierpunkt einer gesättigten NaCl-Lösung liegt bei –22,8 °C. Der experimentell gemessene Wert ist $\Delta T_{fus} = -21{,}1$ K. Die Abweichung rührt daher, dass Gl. 4.62 nur für verdünnte Lösungen hergeleitet wurde.

Die Siedepunktserhöhung für das genannte System ist

$$\Delta T_{vap} = E_{vap} \cdot b_B = 0{,}52 \cdot 6{,}13 \cdot 2 = 6{,}4\ \text{K}$$

Der Siedepunkt einer gesättigten NaCl-Lösung liegt daher bei 106,4 °C. ◄

### 4.8.4 Osmotischer Druck

Abb. 4.10 zeigt schematisch eine Osmose-Zelle, bestehend aus zwei Kammern I und II; Kammer I ist mit dem reinen Lösemittel und Kammer II mit der Lösung gefüllt. In Kammer II sind die Molenbrüche des Lösemittels und des Gelösten im Lösemittel $x_A = n_A/(n_A + n_B)$ und $x_B = 1 - x_A$ mit A = Lösemittel und B = gelöster Stoff. Die beiden Kammern sind durch eine semipermeable Membran getrennt; diese ist für das Lösemittel durchlässig und für die gelösten Moleküle undurchlässig.

Im Zustand des Gleichgewichts ist das chemische Potential des Lösemittels, Gl. 4.8, $\mu_A = (\partial G/\partial n_A)_{T,p,n_{j \neq A}}$, auf beiden Seiten der Membran gleich groß; daher wird als Gleichgewichtsbedingung für die Osmose-Zelle (siehe Gl. 4.59)

$$\mu_A^I(p) = \mu_A^{II}(p + \pi, x_A) \tag{4.63}$$

erhalten. $\mu_A(p)$ ist das chemische Potential der reinen Komponente A ($x_A = 1$) im gleichen Aggregatzustand und bei gleicher Temperatur in der reinen Lösemittelphase I (Kammer I) und in der Lösungsphase II (Kammer II) beim Druck $p$; daher ist $\mu_A^I(p) = \mu_A^{II}(p)$. Gl. 4.63 ergibt mit Gl. 4.51

$$\mu_A^I(p) = \mu_A^{II}(p + \pi) + R \cdot T \cdot \ln x_A \tag{4.64}$$

Direkt nach dem Einfüllen von Lösemittel und Lösung in das Osmometer gilt mit $\pi = 0$ und $x_A < 1$ für eine ideale Lösung

$$\mu_A^I(p) > \mu_A^{II}(p) + R \cdot T \cdot \ln x_A$$

Aufgrund der Gleichgewichtsbedingung, Gl. 4.64, ist die Lösung in Kammer II bestrebt, sein chemisches Potential $\mu_A^{II}(p + \pi)$ zu erhöhen mit der Folge, dass Lösemittelmoleküle solange von Kammer I nach Kammer II diffundieren, bis Gl. 4.64 erfüllt ist. Dadurch steigt der Druck $p + \pi$, der auf der Kammer II lastet. Sobald das Gleichgewicht Gl. 4.64 erreicht ist, versiegt der Diffusionsstrom. Für die Kammer II gilt dann $\mu_A^{II}(p + \pi,\ x_A) = \mu_A^{II}(p + \pi) + R \cdot T \cdot \ln x_A$.

Neben der Konzentrationsabhängigkeit des chemischen Potentials in Kammer II (rechte Seite von Gl. 4.64) muss noch dessen Druckabhängigkeit berechnet werden. Mit Gl. 4.46, $(\partial \mu_A/\partial p)_{T,n_{j \neq A}} = V_A$, folgt

$$\mu_A^I(p) = \mu_A^{II}(p) + \int_p^{p+\pi} V_A \cdot \mathrm{d}p + R \cdot T \cdot \ln x_A. \tag{4.65}$$

Für $V_A = \text{const.}$ im Bereich $p$ und $p + \pi$ folgt mit $\mu_A^I(p) = \mu_A^{II}(p)$ aus Gl. 4.65:

$$0 = V_A \cdot \pi + R \cdot T \cdot \ln x_A.$$

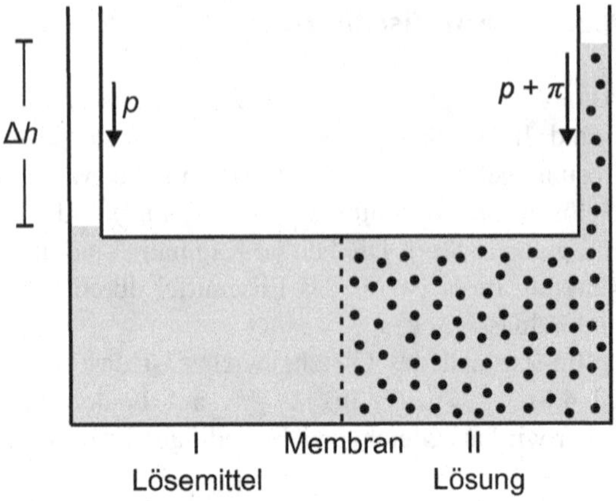


**Abb. 4.10** Schematische Darstellung einer Osmose-Zelle

Für verdünnte Lösungen mit $x_A = n_A/(n_A + n_B) \rightarrow 1$ gilt $\ln x_A = \ln(1 - x_B) \approx -x_B$ und daher

$$\pi \cdot V_A = R \cdot T \cdot x_B.$$

Weiterhin kann mit $n_B \ll n_A$ für verdünnte Lösungen $x_B = n_B/(n_A + n_B) \approx n_B/n_A$ gesetzt werden; das ergibt

$$\pi \cdot V_A = R \cdot T \cdot n_B/n_A \quad \text{und} \quad \pi \cdot V_A \cdot n_A = R \cdot T \cdot n_B$$

und weiter mit $n_A \cdot V_A + n_B \cdot V_B \approx n_A \cdot V_A \approx V$ und der molaren Konzentration des gelösten Stoffes $C_B = n_B/V$

$$\pi \cdot V = n_B \cdot R \cdot T \quad \text{und} \quad \pi = C_B \cdot R \cdot T. \tag{4.66}$$

Bemerkenswert ist die starke Ähnlichkeit von Gl. 4.66 mit der Zustandsgleichung für ideale Gase $p \cdot V = n \cdot R \cdot T$. Die entscheidende Größe beim osmotischen Druck ist nach Gl. 4.66 die Molarität $C_B$, während bei der Siedepunkterhöhung und der Gefrierpunkterniedrigung nach Gl. 4.61 und 4.62 die entscheidende Größe die Molalität $b_B$ ist.

Gl. 4.66 gilt für ideale verdünnte Lösungen. Die Abweichungen vom idealen Verhalten werden durch zusätzliche Glieder, den osmotischen Virialkoeffizienten $A_2$, $A_3$, …, beschrieben. Wird $C_B = n_B/V = m_B/(M_B \cdot V) = c_B/M_B$ mit $m_B$ = Masse, $M_B$ = Molmasse durch $c_B = m_B/V = C_B \cdot M_B$ = Massenkonzentration des gelösten Stoffs B ersetzt, so ergibt sich mit Berücksichtigung der Abweichung vom idealen Verhalten

$$\pi = R \cdot T \cdot c_B\left(1/M_B + A_2 \cdot c_B + A_3 \cdot c_B^2 + \ldots\right) \tag{4.67}$$

**Tab. 4.6** Osmotischer Druck $\pi$ von Polystyrol in Methylisopropylketon als Funktion der Konzentration $c_B$

| $c_B$ [kg/m³] | 5,0 | 9,9 | 19,8 |
|---|---|---|---|
| $\pi$ [Pa] | 73 | 156 | 329 |

Gl. 4.67 ist die Virialgleichung des osmotischen Drucks und ermöglicht die osmometrische Bestimmung der Molmasse des gelösten Stoffs in Lösungen durch Messung des osmotischen Drucks $\pi$ in Abhängigkeit von der Massenkonzentration $c_B$.

**Berechnung der Molmasse und der Virialkoeffizienten**

Der osmotische Druck $\pi$ von Polystyrol in Methylisopropylketon als Funktion der Massenkonzentration $c_B$ wurde bei 300 K mit einem Osmometer gemessen (Tab. 4.6).

Die grafische Auftragung $\pi = f(c_B)$ nach Gl. 4.67 und Berechnung der Regressionsfunktion $\pi = a \cdot c_B + b \cdot c_B^2$ nach Abschn. 9.4 ergibt als Anfangssteigung $a = R \cdot T/M_B = 14{,}53$ und als Krümmung $b = R \cdot T \cdot A_2 = 0{,}1060$ (Abb. 4.11). Daraus ergibt sich.

$$\boldsymbol{M_B} = R \cdot T/a = 8{,}314 \cdot 300/14{,}53 = \mathbf{172\ kg/mol} \text{ und}$$

$$\boldsymbol{A_2} = b/(R \cdot T) = 0{,}106/(8{,}314 \cdot 300) = \mathbf{0{,}425 \cdot 10^{-4}\ mol\ m^3/kg^2}.$$

Die Ergebnisse sind mäßig genau, weil auch nur drei Werte gemessen wurden, die auch nicht all zu genau sind. Sie zeigen aber das Prinzip, dass große Moleküle mit Molmassen von 20 bis etwa 500 kg/mol gut osmometrisch vermessen werden können und zwar sowohl die Molmasse als auch die Virialkoeffizienten, die ein Maß für die Güte des Lösemittels sind. ◀

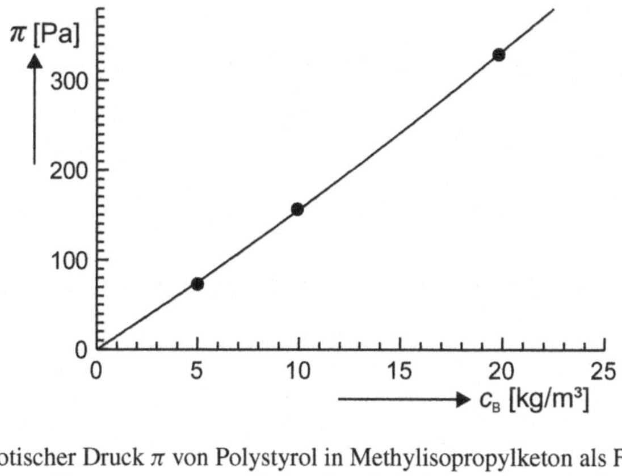


**Abb. 4.11** Osmotischer Druck $\pi$ von Polystyrol in Methylisopropylketon als Funktion der Konzentration $c_B$. ● = Messwerte; —— = Regressionsfunktion $\pi = a \cdot c_B + b \cdot c_B^2$ mit $a = 14{,}53$ und $b = 0{,}1060$ (Abschn. 9.4)

# Teil II
# Statistische Thermodynamik

Die bisher in Kap. 2, 3 und 4 behandelte chemische Thermodynamik hat sich mit den makroskopischen Eigenschaften der Materie und Ihren Beziehungen untereinander befasst, insbesondere mit denjenigen Eigenschaften, die mit einer Energieübertragung verbunden sind. In der statistischen Thermodynamik werden die thermodynamischen Eigenschaften auf die Eigenschaften von Atomen und Molekülen zurückgeführt. Eine wichtige Größe in der statistischen Thermodynamik ist die Zustandssumme; sie enthält alle thermodynamischen Informationen eines Systems: innere Energie, Entropie, freie Energie, Enthalpie, freie Enthalpie, Wärmekapazität u. a. Sobald die Zustandssumme berechnet werden kann, können diese Größen bestimmt werden. Begründer und Wegbereiter der statistischen Thermodynamik ist Ludwig Boltzmann, einer der größten Physiker – nach Einstein (wikipedia.org/Ludwig_Boltzmann).

# Energieverteilung und Entropie in der statistischen Thermodynamik

# 5

## 5.1 Boltzmann-Statistik

Die Boltzmann-Statistik geht von folgenden Voraussetzungen aus:

1. Das System besteht aus $N$ Teilchen; $N$ ist die Gesamtzahl der Teilchen über die die Gesamtenergie $E$ verteilt wird.
2. Die Teilchen sind unterscheidbar, d. h. sie können nummeriert werden.
3. Die Teilchen sind unabhängig, d. h. sie beeinflussen sich nicht gegenseitig.
4. Jedes Teilchen liegt in einem Energiezustand $\varepsilon_0$, $\varepsilon_1$, …, $\varepsilon_{r-1}$ vor. Die Anzahl der Teilchen im Energiezustand $\varepsilon_0$ ist $N_0$, usw. Allgemein wird die Anzahl der Teilchen, die den $i$-ten Energiezustand $\varepsilon_i$ besetzen mit $N_i$ ($i = 0$ bis $r - 1$) bezeichnet; gelegentlich spricht man auch von der Besetzungszahl $N_i$. Einem Energiezustand $\varepsilon_i$ wird ein Quantenzustand zugeschrieben.
5. Insgesamt existieren $r$ verschiedene Energiezustände.

Zur Berechnung der Verteilungsfunktion müssen zwei Randbedingungen berücksichtigt werden:

- Die Gesamtzahl $N$ der Teilchen im System ist

$$N = \sum_{i=0}^{r-1} N_i \tag{5.1}$$

- Die Gesamtenergie des Systems ist

$$E = \sum_{i=0}^{r-1} N_i \cdot \varepsilon_i \tag{5.2}$$


M. Dieter Lechner, *Einführung in die Thermodynamik*,
https://doi.org/10.1007/978-3-662-63996-2_5

### 5.1.1 Boltzmann-Verteilung

**Kombinatorik: Permutationen (Zachmann und Jüngel 2007)**
Betrachtet werden $N$ Elemente („Elemente“ ist hier ein mathematischer und kein chemischer Begriff) zur Verteilung auf $N$ Plätze. Als Permutation $P_N$ wird eine Umstellung der Elemente, die zu einer neuen Anordnung führt, bezeichnet. Die Zahl $P_N$ der Permutationen von $N$ ungleichen Elementen ist

$$P_N = N! \tag{5.3}$$

Sind Elemente gleich, so ist die Anzahl der Permutationen kleiner als bei ausschließlich ungleichen Elementen. Sind von $N$ Elementen $N_0, N_1, \ldots, N_{r-1}$ Elemente gleich, so fallen diejenigen Permutationen zusammen, die sich durch Vertauschung der $N_i$ ($i=0$ bis $r-1$) gleichen Elemente ergeben; das sind $N_0! \cdot N_1! \cdots N_{r-1}! = \prod_{i=0}^{r-1} N_i!$ Permutationen. Die Anzahl der Permutationen von $N$ Elementen, von denen jeweils $N_0, N_1, \ldots, N_{r-1}$ gleich sind, ergibt sich daher zu

$$P_{N,\, N_0\, N_1, \ldots, N_{r-1}} = N!/(N_0! \cdot N_1! \cdots N_{r-1}!) = N! \Big/ \prod_{i=0}^{r-1} N_i! \tag{5.4}$$

Bei einem System mit insgesamt $N$ Teilchen (Atome oder Moleküle) ist $N_i$ ($i=0$ bis $r-1$) die Zahl der Teilchen, die eine bestimmte Energie $\varepsilon_i$ ($i=0$ bis $r-1$) haben; diese kann Translations-, Rotations-, Schwingungs- und Elektronenanregungsenergie sein. Die einzelnen Energiezustände werden mit $\varepsilon_0, \varepsilon_1, \ldots, \varepsilon_{r-1}$ bezeichnet und die zugehörige Anzahl der Teilchen mit $N_0, N_1, \ldots, N_{r-1}$. Insgesamt liegen daher $r$ Energiezustände $\varepsilon_i$ und $r$ Teilchenzahlen $N_i$ mit den zugehörigen Energiezuständen $\varepsilon_i$ vor. Die Teilchen sind unterscheidbar, d. h. sie können durchnummeriert werden und sind unabhängig voneinander, d. h. sie beeinflussen sich nicht gegenseitig.

In der statistischen Thermodynamik wird statt des Wortes Permutation das Wort statistisches Gewicht verwendet. Für den Fall, dass alle $N$ Teilchen ungleich sind, d. h. alle $N_i=1$ für $i=0$ bis $r-1$, ist die Zahl der Permutationen $\Omega=N!$ mit $\Omega=P_N$ (Gl. 5.3). Normalerweise haben mehrere Teilchen den gleichen Energiezustand; $N_0$ Teilchen die Energie $\varepsilon_0$, $N_1$ Teilchen die Energie $\varepsilon_1$ usw. Allgemein haben $N_i$ Teilchen die Energie $\varepsilon_i$ ($i=0$ bis $r-1$). In diesem Fall verringert sich, wie oben gesagt, das statistische Gewicht um den Faktor $1/(N_0! \cdot N_1! \cdots N_{r-1}!) = 1/\prod_{i=0}^{r-1} N_i!$, weil die Vertauschungsmöglichkeiten der Teilchen mit dem gleichen Energiezustand sich nicht auf das statistische Gewicht auswirken (Gl. 5.4 mit $\Omega = P_{N,\, N_0\, N_1, \ldots, N_{r-1}}$)

$$\Omega = N!/(N_0! \cdot N_1! \cdots N_{r-1}!) = N! \Big/ \prod_{i=0}^{r-1} N_i!. \tag{5.5}$$

Eine Verteilungsfunktion gibt an, wie sich die Teilchen des Gesamtsystems auf die verschiedenen möglichen energetischen Zustände verteilen; die Größe $N_i$ wird auch Besetzungszahl genannt. Gesucht wird nach den wahrscheinlichsten Besetzungszahlen $N_i$ eines Quantenzustands $i$ was gleichbedeutend mit der wahrscheinlichsten Verteilungsfunktion ist; das ist diejenige mit dem größten statistischen Gewicht und dieses liegt vor, wenn das statistische Gewicht $\Omega = N!/\sum_{i=0}^{r-1} N_i!$ ein Maximum aufweist.

### Verteilung von Teilchen auf verschiedene Energieniveaus $\varepsilon_i$

Die Gesamtteilchenzahl $N = \Sigma N_i$ und die Gesamtenergie $E = \Sigma N_i \cdot \varepsilon_i$ sind nach Gln. 5.1 und 5.2 vorgegeben. Betrachtet werden $N = 4$ unterscheidbare Teilchen zur Verteilung auf 4 äquidistante Energieniveaus mit dimensionslosen, relativen Energien $\varepsilon_0 = 0$, $\varepsilon_1 = 1$, $\varepsilon_2 = 2$, $\varepsilon_3 = 3$. Die dimensionslose Gesamtenergie sei $E = \Sigma N_i \cdot \varepsilon_i = 3$. Abb. 5.1 demonstriert die Realisierungsmöglichkeiten des beschriebenen Systems. Es bedeuten

**Makrozustand:** dieser beschreibt die Zahl der Teilchen in einem bestimmten Energieniveau, ohne die Teilchen selbst zu benennen. In Abb. 5.1, erste Zeile, Teilabbildung rechts, befinden sich drei Teilchen im Energiezustand $\varepsilon_0 = 0$ und 1 Teilchen im Energiezustand $\varepsilon_3 = 3$; mithin ist $N = \Sigma N_i = 4$ und $E = \Sigma N_i \cdot \varepsilon_i = 3$. Die Randbedingungen nach Gln. 5.1 und 5.2 sind erfüllt.

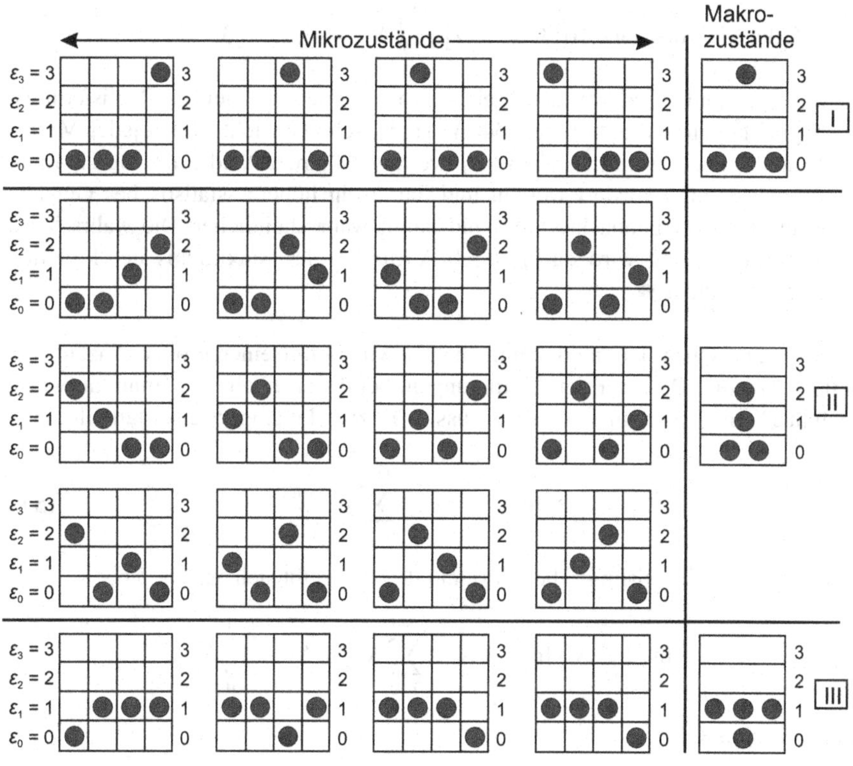


**Abb. 5.1** Verteilung von vier Teilchen auf vier Energieniveaus

**Mikrozustand:** dieser beschreibt die Lage der individualisierbaren Teilchen im betreffenden Energieniveau. Individualisierbare Teilchen sind z. B. nummerierte Teilchen. In Abb. 5.1 sind in der ersten Zeile vier Mikrozustände zum Makrozustand ganz rechts in der Zeile dargestellt.

**Verteilungsfunktion:** diese beschreibt die Anzahl der Realisierungsmöglichkeiten oder Mikrozustände für einen gegebenen Makrozustand und liefert die Anzahl der Mikrozustände als Funktion des Makrozustandes oder eines Parameters des Makrozustandes.

In Abb. 5.1 sind alle Mikrozustände, die den drei unterschiedlichen Makrozuständen unter den obigen Bedingungen zugeordnet sind, aufgetragen. Nach Gl. 5.5 ergibt sich für das statistische Gewicht $\Omega$ für die drei Makrozustände in Abb. 5.1 unter der Berücksichtigung, dass Teilchen mit dem gleichen Energiezustand sich nicht auf das statistische Gewicht auswirken (Gl. 5.5)

1. Zeile, Makrozustand I: $\Omega = N!/\prod_{i=0}^{r-1} N_i! = 4!/(3! \cdot 0! \cdot 0! \cdot 1!) = 4.$

2. bis 4. Zeile, Makrozustand II: $\Omega = N!/\prod_{i=0}^{r-1} N_i! = 4!/(2! \cdot 1! \cdot 1! \cdot 0!) = 12.$

5. Zeile, Makrozustand III: $\Omega = N!/\prod_{i=0}^{r-1} N_i! = 4!/(1! \cdot 3! \cdot 0! \cdot 0!) = 4.$

Makrozustand II hat von den drei Makrozuständen die meisten Realisierungsmöglichkeiten und damit das höchste statistische Gewicht $\Omega$. Da jeder Mikrozustand gleich wahrscheinlich ist, werden Makrozustände, die durch mehr Mikrozustände realisiert werden und damit ein höheres statistisches Gewicht haben, häufiger beobachtet und sind damit wahrscheinlicher. Die wahrscheinlichste Verteilung wird daher durch Auffinden des Maximums der Funktion Gl. 5.5 erhalten. ◀

In der statistischen Thermodynamik haben wir es mit einer großen Anzahl von Teilchen zu tun. Da unter den Bedingungen, bei denen $\Omega$ ein Maximum aufweist, auch $\ln \Omega$ ein Maximum aufweisen muss, wird zweckmäßigerweise statt Gl. 5.5

$$\ln \Omega = \ln N! - \sum_{i=0}^{r-1} \ln N_i! \tag{5.6}$$

betrachtet. Mit der Stirling'schen Formel Gl. 9.26 ergibt sich aus Gl. 5.6

$$\ln \Omega = N \cdot \ln N - N - \sum_{i=0}^{r-1} N_i \cdot \ln N_i + \sum_{i=0}^{r-1} N_i$$

und weiter mit Gl. 5.1

$$\ln \Omega = N \cdot \ln N - \sum_{i=0}^{r-1} N_i \cdot \ln N_i \tag{5.7}$$

Zur Bestimmung des Maximums von ln $\Omega$ wird die Methode zur Bestimmung von Extremwerten von Funktionen mehrerer Variablen unter Nebenbedingungen angewendet (Abschn. 9.1). Gl. 5.7 ist eine Funktion mit mehreren Variablen $N$, $N_0$, $N_1$, …, $N_{r-1}$; die beiden Nebenbedingungen sind Gln. 5.1 und 5.2. Zur Bestimmung des Maximums wird die folgende Funktion definiert

$$F(N_0, N_1, \ldots, N_{r-1}, \alpha, \beta) = N \cdot \ln N - \sum_{i=0}^{r-1} N_i \cdot \ln N_i - \alpha\left(N - \sum_{i=0}^{r-1} N_i\right) - \beta\left(E - \sum_{i=0}^{r-1} N_i \cdot \varepsilon_i\right) \tag{5.8}$$

mit den Lagrange-Multiplikatoren $\alpha$ und $\beta$ (Abschn. 9.1). Nullsetzen der partiellen Ableitungen von Gl. 5.8 liefert

$$\partial F/\partial N_i = -\ln N_i - 1 - \alpha - \beta \cdot \varepsilon_i = 0; \; i = 0, 1, 2, \ldots, r-1 \tag{5.9}$$

$$\partial F/\partial \alpha = -\left(N - \sum_{i=0}^{r-1} N_i\right) = 0 \rightarrow N = \sum_{i=0}^{r-1} N_i \tag{5.10}$$

$$\partial F/\partial \beta = -\left(E - \sum_{i=0}^{r-1} N_i \cdot \varepsilon_i\right) = 0 \rightarrow E = \sum_{i=0}^{r-1} N_i \cdot \varepsilon_i. \tag{5.11}$$

Gln. 5.10 und 5.11 entsprechen exakt den Nebenbedingungen Gln. 5.1 und 5.2. Gl. 5.9 liefert

$$N_i = \exp(-(1+\alpha) - \beta \cdot \varepsilon_i) = \exp[-(1+\alpha)] \cdot \exp(-\beta \cdot \varepsilon_i). \tag{5.12}$$

Einsetzen von Gl. 5.12 in die Nebenbedingungen Gln. 5.1 und 5.2 führt zu

$$\sum_{i=0}^{r-1} \exp[-(1+\alpha) - \beta \cdot \varepsilon_i] = N \text{ und } \sum_{j=0}^{r-1} \left\{\exp\left[-(1+\alpha) - \beta \cdot \varepsilon_j\right]\right\} \cdot \varepsilon_j = E. \tag{5.13}$$

Auflösen der ersten Gleichung von Gl. 5.13 ergibt

$$\exp[-(1+\alpha)] = N \cdot \sum_{i=0}^{r-1} \left[\exp(-\beta \cdot \varepsilon_i)\right]^{-1}. \tag{5.14}$$

Gln. 5.12 und 5.14 liefern die Boltzmann-Verteilung

$$N_i/N = \left[\exp(-\beta \cdot \varepsilon_i)\right] \Big/ \sum_{j=0}^{r-1} \exp\left(-\beta \cdot \varepsilon_j\right). \tag{5.15}$$

Die Bedeutung von $\beta$ ergibt sich aus der Überlegung, dass sich die Eigenwerte der Translationsenergie eines Teilchens in einem eindimensionalen Potentialtopf der Länge $a$ aus der Quantenmechanik (Lechner 2017) zu

$$\varepsilon_n = \left[h^2/\left(8 \cdot m \cdot a^2\right)\right]n^2 \text{ mit } n = 1, 2, 3, \ldots, \infty \tag{5.16}$$

mit $n$ = Translationsquantenzahl, ergeben. Vorausgesetzt wird noch, dass die Energieniveaus nicht entartet sind. Das führt mit Gl. 5.15 zu

$$N_i/N = \left[\exp\left(-\beta \cdot \varepsilon_i\right)\right] \Big/ \sum_{n=1}^{r} \exp\left(-\beta \cdot \varepsilon_n\right).$$

Die mittlere Translationsenergie eines Ensembles aus $N$ Teilchen ist

$$\overline{\varepsilon} = E/N = (1/N) \sum_{n=1}^{r} N_n \cdot \varepsilon_n = \left[\sum_{n=1}^{r} \varepsilon_n \cdot \exp\left(-\beta \cdot \varepsilon_n\right)\right] \Big/ \sum_{n=1}^{r} \exp\left(-\beta \cdot \varepsilon_n\right).$$

Die Translationsenergien $\varepsilon_n$ sind klein; deshalb können die Summen durch Integrale ersetzt werden

$$\overline{\varepsilon} = \left[\int_{n=0}^{\infty} \varepsilon_n \cdot \exp\left(-\beta \cdot \varepsilon_n\right) \mathrm{d}n\right] \Big/ \int_{n=0}^{\infty} \exp\left(-\beta \cdot \varepsilon_n\right) \mathrm{d}n.$$

Mit der Eigenwertbedingung, Gl. 5.16, und $p = h^2/\left(8 \cdot m \cdot a^2\right)$ ergibt sich

$$\overline{\varepsilon} = p\left[\int_{n=0}^{\infty} n^2 \cdot \exp\left(-\beta \cdot n^2 \cdot p\right) \mathrm{d}n\right] \Big/ \int_{n=0}^{\infty} \exp\left(-\beta \cdot n^2 \cdot p\right) \mathrm{d}n.$$

Substitution von $z = \sqrt{\beta \cdot n^2 \cdot p} \;\Rightarrow\; \mathrm{d}n = \sqrt{1/(\beta \cdot p)} \cdot \mathrm{d}z$ führt zu

$$\overline{\varepsilon} = (1/\beta)\left[\int_{z=0}^{\infty} z^2 \cdot \exp\left(-z^2\right) \mathrm{d}z\right] \Big/ \int_{z=0}^{\infty} \exp\left(-z^2\right) \mathrm{d}z.$$

Mit Gln. 9.29 und 9.31 ergibt sich

$$\overline{\varepsilon} = (1/\beta)\left(\sqrt{\pi}/4\right)/\left(\sqrt{\pi}/2\right) = 1/(2 \cdot \beta) \text{ und } E = U = N \cdot \overline{\varepsilon} = N/(2 \cdot \beta). \tag{5.17}$$

Die innere Energie $U$ ist identisch mit der Energie $E$; in der Thermodynamik wird überwiegend die Größe $U$ verwendet. Diese Überlegungen gelten nicht nur für die Translationsenergie, sondern auch für die anderen Energiearten Rotationsenergie, Schwingungsenergie und Elektronenübertragung.

Im Kap. 8, „Kinetische Theorie von Gasen“, wird unabhängig von den statistisch-mechanischen Überlegungen in Abschn. 5.1 für ideale einatomige Gase für die molare innere Translationsenergie pro Bewegungsrichtung $U_m = (1/2)R \cdot T$ berechnet (Gl. 8.3). Ein Vergleich mit Gl. 5.17, $U_m = N_A/(2 \cdot \beta)$ führt zu

$$(1/2)R \cdot T = (1/2)N_A/\beta \;\Rightarrow\; 1/\beta = (R/N_A)T \;\Rightarrow\; 1/\beta = k_B \cdot T. \quad (5.18)$$

Die Boltzmann-Verteilung, Gl. 5.15, führt daher mit Gl. 5.18 zu

$$N_i/N = \{\exp[-\varepsilon_i/(k_B \cdot T)]\} \Big/ \sum_{j=0}^{r-1} \exp[-\varepsilon_j/(k_B \cdot T)] \quad (i = 0 \text{ bis } r-1). \quad (5.19)$$

Gl. 5.19 impliziert, dass für ein gegebenes Energieniveau $\varepsilon_i$ nur ein einziger Zustand existiert. Es gibt Situationen, bei denen für ein gegebenes Energieniveau mehr als ein Zustand vorliegt. Haben mehrere Zustände die gleiche Energie, geben sie identische Beiträge zur Zustandssumme. $g_i$ Zustände besitzen dann die gleiche Energie $\varepsilon_i$; das Niveau ist $g_i$-fach entartet. Liegen Entartungen vor und beträgt der Entartungsgrad des $i$-ten Zustands $g_i$, so ist die Wahrscheinlichkeit der Besetzung der Energieniveaus $\varepsilon_i$

$$f_i = N_i/N = \{g_i \cdot \exp[-\varepsilon_i/(k_B \cdot T)]\} \Big/ \sum_{j=0}^{r-1} g_j \cdot \exp[-\varepsilon_j/(k_B \cdot T)] (i = 1 \text{ bis } r-1) \quad (5.20)$$

Gl. 5.20 ist die allgemeinste Form der Boltzmann-Verteilung und beschreibt die Verteilung von $N$ Teilchen auf $r$ Energieniveaus. Die Energieniveaus können entartet sein, d. h. $g_i$ unabhängige Zustände besitzen dieselbe Energie; der Energie $\varepsilon_i$ werden $g_i$ entartete Zustände zugeschrieben. Gl. 5.20 ist die wahrscheinlichste Verteilung für die Werte $N_i$ mit den Energiewerten $\varepsilon_i$. Wenn die Energiewerte $\varepsilon_i$, die die Teilchen $N_i$ annehmen, bekannt sind, kann nach Gl. 5.20 der Bruchteil $N_i/N$, die diesen Energieanteil besitzen, angegeben werden. Der Nenner von Gl. 5.20 $z = \sum_{j=0}^{r-1} g_j \cdot \exp[-\varepsilon_j/(k_B \cdot T)]$ wird als Teilchenzustandssumme bezeichnet. Die Boltzmann-Verteilung mit der Zustandssumme $z$ ist die Grundlage für die weiteren Überlegungen und Ableitungen in der statistischen Thermodynamik.

### 5.1.2 Verhältnis der Besetzungszahlen $N_{\varepsilon_2}/N_{\varepsilon_1}$ eines Systems mit zwei Energiezuständen

$N_\varepsilon$ ist die Zahl der Teilchen, die sich in ein- und demselben Energiezustand befinden, d. h., die Energie $\varepsilon$ besitzen und wird auch als Besetzungswahrscheinlichkeit oder wahrscheinlichste Besetzunggszahl bezeichnet. Betrachtet wird ein System mit $N_{\varepsilon_1}$ Teilchen im Energiezustand $\varepsilon_1$ und $N_{\varepsilon_2}$ Teilchen im Energiezustand

$\varepsilon_2$. Das Verhältnis $N_{\varepsilon_2}/N_{\varepsilon_1}$ ergibt sich durch Einsetzen von $\varepsilon_1$ und $\varepsilon_2$ in Gl. 5.19 mit anschließender Quotientenbildung

$$\begin{aligned} N_{\varepsilon_2}/N_{\varepsilon_1} &= (N/z)\exp\left[-\varepsilon_2/(k_B \cdot T)\right]/(N/z)\exp\left[-\varepsilon_1/(k_B \cdot T)\right] \\ &= \exp\left[-\varepsilon_2/(k_B \cdot T)\right]/\exp\left[-\varepsilon_1/(k_B \cdot T)\right] = \exp\left[-(\varepsilon_2 - \varepsilon_1)/(k_B \cdot T)\right] \\ &= \exp\left[-\Delta\varepsilon/(k_B \cdot T)\right] \end{aligned} \tag{5.21}$$

mit $\varepsilon_2 - \varepsilon_1 = \Delta\varepsilon$.

## Barometrische Höhenformel

Aus Gl. 5.21 folgt direkt die barometrische Höhenformel. Im Gravitationsfeld unterscheiden sich die Gasmoleküle in Abhängigkeit von der Höhe $\Delta h = h_1 - h_0$ durch ihre potentielle Energie $\Delta\varepsilon_{pot} = m \cdot g \cdot \Delta h$. Damit nimmt Gl. 5.21 die Form

$$N(h_1) = N(h_0) \cdot \exp\left[-m \cdot g \cdot \Delta h/(k_B \cdot T)\right]$$

an. Mit $M = N_A \cdot m$, $R = N_A \cdot k_B$ und $N \sim p$ $[p \cdot V = n \cdot R \cdot T = (N/N_A) R \cdot T]$ ergibt sich hieraus

$$p(h_1) = p(h_0) \cdot \exp\left[-M \cdot g \cdot \Delta h/(R \cdot T)\right]. \tag{5.22}$$

$p(h_0)$ ist der Luftdruck in einer Referenzhöhe, üblicherweise der Luftdruck auf der Höhe des Meeresspiegels bei einem mittleren Luftdruck der dortigen Atmosphäre (Normaldruck oder internationale Standardatmosphäre), $p(h_0) = 1 \cdot 10^5$ Pa. Der Luftdruck nimmt daher – bei konstanter Temperatur – exponentiell mit der Höhe ab. Abb. 5.2 zeigt die barometrische Höhenformel, Gl. 5.22, für drei Temperaturen, wobei für die Molmasse $M$ die mittlere Molmasse der Luft, $M_{Luft} = 29 \cdot 10^{-3}$ kg/mol eingesetzt wurde.

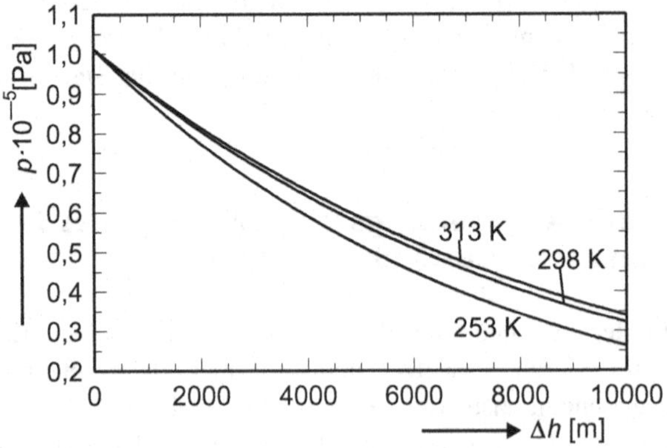


**Abb. 5.2** Barometrische Höhenformel für drei Temperaturen

In welcher Höhe nimmt der Luftdruck bei 298 K um die Hälfte ab? Aus Gl. 5.22 folgt mit $p(h_0)/p(h_1) = 1/(1/2) = 2$ und $M_{Luft} = 29 \cdot 10^{-3}$ kg/mol

$$\ln\left[p(h_0)/p(h_1)\right] = M \cdot g \cdot \Delta h/(R \cdot T);$$

$$\Delta h = \ln\left[p(h_0)/p(h_1)\right] \cdot R \cdot T/(M \cdot g) \quad \text{und}$$

Halbwertshöhe $\boldsymbol{\Delta h_{1/2}} = \ln 2 \cdot 8{,}314 \cdot 298/(29 \cdot 10^{-3} \cdot 9{,}807) = 6{,}037 \cdot 10^3$ m = **6037 m.**

Der Mount Everest ist 8848 m hoch; der Luftdruck in 8848 m Höhe ist nach Gl. 5.22

$\boldsymbol{p(8848)} = 1{,}013 \cdot 10^5 \cdot \exp[-29 \cdot 10^{-3} \cdot 9{,}807 \cdot 8848/(8{,}314 \cdot 298)] = \mathbf{0{,}367 \cdot 10^5}$ **Pa.**

Bei den Rechnungen handelt es sich um Näherungen, weil die Temperatur $T$ und die Gravitationsbeschleunigung $g$ bei Höhenunterschieden bis ca. 9000 m nicht konstant sind. Genauere Werte bei Berücksichtigung der Nichtkonstanz von $T$ und $g$ sind

Halbwertshöhe $\Delta h_{1/2} = 5500$ m

Luftdruck in 8848 m Höhe $p(8848) = 0{,}31 \cdot 10^5$ Pa.

Auf 5500 m Höhe muss man doppelt und auf 9000 m Höhe dreimal so viel atmen, um die gleiche Menge Sauerstoff zu inhalieren, abgesehen von den anderen Unannehmlichkeiten. ◀

### 5.1.3 Boltzmann-Faktor

Der Boltzmann-Faktor gibt den Bruchteil der Teilchen eines Systems an, die eine größere Energie $\varepsilon$ als eine vorgegebene Energie $\varepsilon_{min}$ haben. Aus der Quantenmechanik folgt, dass die Teilchen die Energie nicht kontinuierlich, sondern in ganzzahligen Vielfachen einer Energie $\varepsilon_1$ aufnehmen (Lechner 2017). Die Zahl der Moleküle mit Energie gleich oder größer als $\varepsilon_{min}$ ist nach Gl. 5.19 mit $z = \sum_{i=0}^{r-1} \exp\left[-\varepsilon_i/(k_B \cdot T)\right]$

$$\begin{aligned} N_{\varepsilon \geq \varepsilon_{min}} &= (N/z) \cdot \exp\left[-\varepsilon_{min}/(k_B \cdot T)\right] + (N/z) \cdot \exp\left[-(\varepsilon_{min} + \varepsilon_1)/(k_B \cdot T)\right] + \ldots \\ &= (N/z) \cdot \exp\left[-\varepsilon_{min}/(k_B \cdot T)\right]\left\{1 + \exp\left[-\varepsilon_1/(k_B \cdot T)\right] + \exp\left[-2 \cdot \varepsilon_1/(k_B \cdot T)\right] + \ldots\right\} \\ &= \left\{(N/z) \cdot \exp\left[-\varepsilon_{min}/(k_B \cdot T)\right]\right\} \cdot z. \end{aligned}$$

Das ergibt

$$N_{\varepsilon \geq \varepsilon_{min}}/N = \exp\left[-\varepsilon_{min}/(k_B \cdot T)\right]. \tag{5.23}$$

$N_{\varepsilon \geq \varepsilon_{min}}/N = N_{E \geq E_{min}}/N$ ist der Bruchteil der Moleküle mit $\varepsilon \geq \varepsilon_{min}$ pro Molekül oder $E \geq E_{min}$ pro Mol.

Abb. 5.3 zeigt den Boltzmann-Faktor, Gl. 5.23, bei zwei Temperaturen. Abb. 5.3 und Tab. 5.1 demonstrieren den starken exponentiellen Abfall des Faktors $\exp[-\varepsilon_{min}/(k_B \cdot T)]$ mit steigenden Werten von $\varepsilon_{min}$ und $\varepsilon_{min}/(k_B \cdot T)$. Gl. 5.23 und Abb. 5.3 demonstrieren auch, dass mit steigender Temperatur $N_{\varepsilon \geq \varepsilon_{min}}/N$ größer wird.

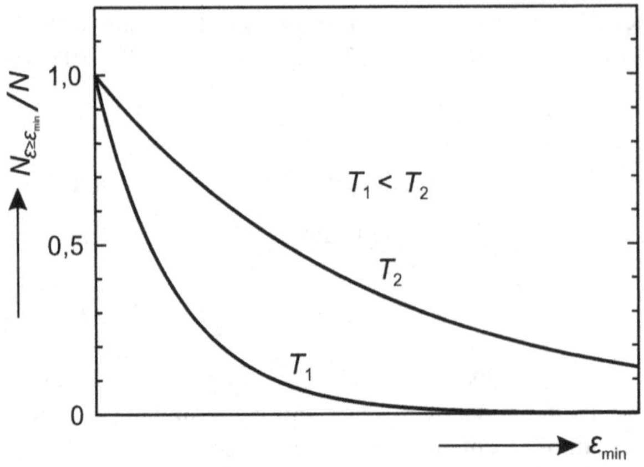


**Abb. 5.3** Boltzmann-Faktor, Gl. 5.23, bei zwei Temperaturen

**Tab. 5.1** $\exp[-\varepsilon_{min}/(k_B \cdot T)]$ in Abhängigkeit von $\varepsilon_{min}/(k_B \cdot T)$.

| $\varepsilon_{min}/(k_B \cdot T) = E_{min}/(R \cdot T)$ | 0 | 1 | 2 | 5 | 10 | 15 |
|---|---|---|---|---|---|---|
| $N_{\varepsilon \geq \varepsilon_{min}}/N = N_{E \geq E_{min}}/N = \exp\left[-\varepsilon_{min}/(k_B \cdot T)\right]$ | 1 | 0,368 | 0,135 | 0,0067 | $4{,}5 \cdot 10^{-5}$ | $3 \cdot 10^{-7}$ |

Der Boltzmann-Faktor wird in der chemischen Kinetik und der Temperaturabhängigkeit von Transportprozessen verwendet (Lechner 2018). Dort wird nach dem Bruchteil der Moleküle mit einer Mindestenergie (Aktivierungsenergie) gefragt.

## 5.2 Statistisch-thermodynamische Behandlung der Entropie *S*

Nach Gln. 5.2 und 5.17 ist die statistische Definition der inneren Energie

$$U = \sum_{i=0}^{r-1} N_i \cdot \varepsilon_i \tag{5.24}$$

Eine Änderung der inneren Energie kann durch Variation der Energieniveaus $\varepsilon_i + d\varepsilon_i$ oder durch Variation der Besetzungszahlen $N_i + dN_i$ erreicht werden

$$dU = \sum_{i=0}^{r-1} N_i \cdot d\varepsilon_i + \sum_{i=0}^{r-1} \varepsilon_i \cdot dN_i$$

Bei Erwärmung des Systems bei konstantem Volumen ändern sich die Energieniveaus nicht. Daher ist

$$dU = \sum_{i=0}^{r-1} \varepsilon_i \cdot dN_i, \tag{5.25}$$

solange die Energie ausschließlich in Form von Wärme zu- oder abgeführt wird. Unter diesen Bedingungen gilt mit Gl. 2.2, $dU = dQ$ (mit $dW = 0$) und Gl. 3.19, $dS = dQ_{rev}/T$

$$dU = dQ_{rev} = T \cdot dS \tag{5.26}$$

Daher ist mit Gln. 5.25, 5.26 und 5.18

$$dS = dU/T = k_B \cdot \beta \cdot \sum_{i=0}^{r-1} \varepsilon_i \cdot dN_i \tag{5.27}$$

Differentiation von Gl. 5.7 und Anwendung von Gl. 5.9 liefern

$$d\ln \Omega / dN_i = -\ln N_i - 1; \quad -\ln N_i - 1 = \alpha + \beta \cdot \varepsilon_i \Rightarrow d\ln \Omega / dN_i = \alpha + \beta \cdot \varepsilon_i.$$

Damit wird aus Gl. 5.27 mit $\beta \cdot \varepsilon_i = \left(d\ln \Omega / dN_i\right) - \alpha$

$$dS = k_B \cdot \sum_{i=0}^{r-1} \left(d\ln \Omega / dN_i\right) dN_i - k_B \cdot \alpha \sum_{i=0}^{r-1} dN_i.$$

Bei konstanter Teilchenzahl ist $\sum dN_i = 0$ und daher

$$dS = k_B \cdot \sum_{i=0}^{r-1} \left(d\ln \Omega / dN_i\right) dN_i = k_B \cdot d\ln \Omega.$$

Integration dieser Gleichung liefert

$$S = k_B \cdot \ln \Omega. \tag{5.28}$$

Gl. 5.28 ist die Boltzmann-Gleichung; sie liefert einen Zugang der Entropie zur statistischen Thermodyanmik und besagt, dass die Entropie eines Systems proportional zum Logarithmus des statistischen Gewichts $\Omega$ ist.

# 6 Zustandssumme und thermodynamische Größen

## 6.1 Innere Energie $U$ und Wärmekapazität $C_V$

Die Zustandssumme verknüpft die chemische Thermodynamik mit der Quantenmechanik und liefert einen alternativen Zugang zu thermodynamischen Größen. Die Quantenmechanik postuliert, dass Teilchen nur in definierten Quantenzuständen mit diskreten Energien $\varepsilon_i$ vorliegen. Die Energiezustände können $g_i$-fach entartet sein. Die innere Energie $U$ besteht aus der gesamten in dem System gespeicherten Energie. Jedes Teilchen kann nur in einem diskreten Energieniveau vorliegen; daher setzt sich die innere Energie $U$ aus der Summe der Energiebeiträge der einzelnen Teilchen nach Gl. 5.17, $E = U$ und Gl. 5.2, $E = \sum_{i=0}^{r-1} N_i \cdot \varepsilon_i$, zusammen.

$$E = U = \sum_{i=0}^{r-1} N_i \cdot \varepsilon_i \tag{6.1}$$

Die Zahl der Teilchen $N_i$ ist durch die Boltzmann-Verteilung, Gl. 5.20, festgelegt

$$N_i = N \cdot g_i \cdot \exp\left[-\varepsilon_i/(k_\mathrm{B} \cdot T)\right] \Big/ \sum_i g_i \cdot \exp\left[-\varepsilon_i/(k_\mathrm{B} \cdot T)\right]. \tag{6.2}$$

Gln. 6.1 und 6.2 ergeben für die innere Energie $U$

$$U = N \cdot \sum_i g_i \cdot \exp\left[-\varepsilon_i/(k_\mathrm{B} \cdot T)\right] \cdot \varepsilon_i \Big/ \sum_i g_i \cdot \exp\left[-\varepsilon_i/(k_\mathrm{B} \cdot T)\right] \tag{6.3}$$

Der Nenner in Gln. 6.2 und 6.3 ist die Teilchenzustandssumme $z$

$$z = \sum_i g_i \cdot \exp\left[-\varepsilon_i/(k_\mathrm{B} \cdot T)\right] \tag{6.4}$$



M. Dieter Lechner, *Einführung in die Thermodynamik*,
https://doi.org/10.1007/978-3-662-63996-2_6

Die Teilchenzustandssumme $z$ gibt an, welche Zustände thermisch zugänglich sind und zum Systemverhalten beitragen. Ist $k_B \cdot T \approx \varepsilon_i$, so ist der Zustand stark besetzt; ist $k_B \cdot T \ll \varepsilon_i$, so ist der Zustand kaum besetzt. Die Teilchenzustandssumme gibt also an, welche Zustände zum Systemverhalten beitragen. Differentiation von Gl. 6.4 nach $T$ ergibt

$$\partial z/\partial T = \left[1/\left(k_B \cdot T^2\right)\right] \cdot \sum_i \varepsilon_i \cdot g_i \cdot \exp\left[-\varepsilon_i/(k_B \cdot T)\right] \tag{6.5}$$

Mit Gln. 6.3, 6.4 und 6.5 ergibt sich für die innere Energie $U$

$$U = N \cdot k_B \cdot T^2\left(\partial z/\partial T\right)/z = k_B \cdot T^2\left(\partial \ln z^N/\partial T\right) \tag{6.6}$$

Die innere Energie $U$ bezieht sich auf $N$ Moleküle oder $n$ Mole. $U$ ist die innere Energie des Systems und $z$ die Teilchenzustandssumme. Die innere Energie $U$ besteht aus der gesamten in dem System gespeicherten Energie bestehend aus Translations-, Rotations-, Schwingungs- und Elektronenanregungsenergie. Jedes Teilchen kann nur in einem diskreten Energieniveau vorliegen; daher setzt sich die innere Energie $U$ nach Gl. 6.1 aus der Summe der Energiebeiträge der einzelnen Teilchen zusammen.

**Teilchenzustandssumme *z* und Systemzustandssumme *Z***

Bei einem idealen Kristall sind die einzelnen Teilchen unterscheidbar, d. h. sie können durchnummeriert werden. Die Systemzustandssumme $Z$ für einen Festkörper (idealer Kristall) mit $N$ Teilchen und $3 \cdot N$-unabhängigen Oszillatoren ist

$$Z = z^N. \tag{6.7}$$

Für (ideale) Gase sind die $N$ Teilchen als Konsequenz der Unschärferelation für Stoßprozesse (Lechner 2017) nicht unterscheidbar. Eine Vertauschung zweier Teilchen liefert keinen neuen Zustand des Systems. Die Berücksichtigung dieses Verhaltens ergibt für die Systemzustandssumme $Z$ eines Gases mit $N$ Teilchen

$$Z = z^N/N! \tag{6.8}$$

Gl. 6.6 gilt für ein System, bei dem die einzelnen Teilchen unterscheidbar sind; das ist z.B. bei Festkörpern der Fall. Bei Systemen, bei denen die einzelnen Teilchen nicht unterscheidbar sind, muss $z^N$ um den Faktor $1/N!$ verkleinert werden (siehe Definition). Gl. 6.6 führt in diesem Fall zu

$$U = k_B \cdot T^2\left[\partial \ln\left(z^N/N!\right)/\partial T\right] \tag{6.9}$$

Aus Gln. 6.9 und 6.8 ergibt sich schließlich für die Zustandsfunktion innere Energie $U$

$$U = k_B \cdot T^2\left(\partial \ln Z/\partial T\right)_V \tag{6.10}$$

Gl. 6.10 impliziert, dass sich die Teilchen nicht gegenseitig beeinflussen, d. h. die Energiewerte $\varepsilon_i$ der einzelnen Teilchen werden durch die Präsenz der anderen Teilchen nicht beeinflusst.

Mit Gl. 2.3, $C_V = (\partial U/\partial T)_V$ kann die Wärmekapazität $C_V$ mit Gl. 6.10 berechnet werden.

## 6.2 Entropie *S*, Freie Energie *A*, Zustandsgleichung *p* = *f*(*V*,*T*), Enthalpie *H*, Wärmekapazität $C_p$ und Freie Enthalpie *G*

Die Bestimmung der Entropie erfolgt über Gl. 3.26, $\mathrm{d}S = (C_V/T)\mathrm{d}T$, mit Gl. 2.3, $C_V = (\partial U/\partial T)_V$ und Gl. 6.10

$$\int_{S_0}^{S} \mathrm{d}S = \int_0^T (C_V/T)\mathrm{d}T = \int_0^T (1/T)(\partial U/\partial T)_V\,\mathrm{d}T$$

$$= \int_0^T (1/T)(\partial/\partial T)(k_\mathrm{B}\cdot T^2 \cdot \partial \ln Z/\partial T)_V\,\mathrm{d}T$$

Das ergibt mit der Produktregel Gl. 9.4, $(u\cdot v)' = v\cdot u' + u\cdot v'$

$$S - S_0 = \int_0^T (1/T)\left[k_\mathrm{B}\cdot T^2(\partial^2 \ln Z/\partial T^2)_V + 2\cdot k_\mathrm{B}\cdot T(\partial \ln Z/\partial T)_V\right]\mathrm{d}T \text{ und}$$

$$S - S_0 = \int_0^T k_\mathrm{B}\cdot T(\partial^2 \ln Z/\partial T^2)_V \mathrm{d}T + \int_0^T 2\cdot k_\mathrm{B}(\partial \ln Z/\partial T)_V\,\mathrm{d}T \tag{6.11}$$

Durch partielle Integration, Gl. 9.22, des ersten Summanden von Gl. 6.11 ergibt sich

$$S - S_0 = k_\mathrm{B}\cdot T(\partial \ln Z/\partial T)_V - k_\mathrm{B}\int_0^T (\partial \ln Z/\partial T)_V\,\mathrm{d}T + 2\cdot k_\mathrm{B}\int_0^T (\partial \ln Z/\partial T)_V\,\mathrm{d}T$$

$$\text{und } S - S_0 = k_\mathrm{B}\cdot T(\partial \ln Z/\partial T)_V + k_\mathrm{B}\cdot \ln Z|_0^T$$

Das führt mit Gl. 6.10 zu

$$S - S_0 = (U/T) + k_\mathrm{B}\cdot \ln Z - (k_\mathrm{B}\cdot \ln Z)_{T=0} \tag{6.12}$$

Das temperaturunabhängige Glied in Gl. 6.12, $(k_\mathrm{B}\cdot \ln Z)_{T=0}$, kann nur mit dem Ausdruck $S_0$ identisch sein

$$S_0 = (k_\mathrm{B}\cdot \ln Z)_{T=0} \tag{6.13}$$

Nach dem Nernst'schen Wärmetheorem, Gl. 3.28, ist die Entropie bei $T = 0$ K $S_0 = 0$; daher ist

$$S = (U/T) + k_\mathrm{B}\cdot \ln Z \tag{6.14}$$

oder mit Gl. 6.10

$$S = k_\mathrm{B}\left[T(\partial \ln Z/\partial T)_V + \ln Z\right] \tag{6.15}$$

**Tab. 6.1** Thermodynamische Größen und Zustandsfunktionen

| Thermodynamische Größe | Zustandsfunktion | Gleichung |
|---|---|---|
| $U$ | $U = k_B \cdot T^2 (\partial \ln Z/\partial T)_V$ | Gl. 6.10 |
| $C_V$ | $C_V = (\partial U/\partial T)_V$ | Gl. 2.3 |
| $S$ | $S = k_B [T(\partial \ln Z/\partial T)_V + \ln Z]$ | Gl. 6.15 |
| $A$ | $A = -k_B \cdot T \cdot \ln Z$ | Gl. 6.16 |
| $p$ | $p = k_B \cdot T(\partial \ln Z/\partial V)_T$ | Gl. 6.17 |
| $H = U + p \cdot V$, Gl. 2.7 | $H = k_B \cdot T[T(\partial \ln Z/\partial T)_V + V(\partial \ln Z/\partial V)_T]$ | Gl. 6.19 |
| $C_p$ | $C_p = (\partial H/\partial T)_p$ | Gl. 2.9 |
| $G = A + p \cdot V$, Gl. 3.23 | $G = -k_B \cdot T[\ln Z - V(\partial \ln Z/\partial V)_T]$ | Gl. 6.20 |

Die Bestimmung der freien Energie $A(V,T)$ erfolgt über Gl. 3.21, $A = U - T \cdot S$ und Gl. 6.14

$$A = U - T[(U/T) + k_B \cdot \ln Z] = -k_B \cdot T \cdot \ln Z \tag{6.16}$$

Die thermische Zustandsgleichung $p = f(V,T)$ ergibt sich aus Gl. 3.42, $p = -(\partial A/\partial V)_T$, mit Gl. 6.16, $A = -k_B \cdot T \cdot \ln Z$, zu

$$p = k_B \cdot T(\partial \ln Z/\partial V)_T \tag{6.17}$$

Das Produkt $p \cdot V$ ist dann

$$p \cdot V = k_B \cdot T \cdot V(\partial \ln Z/\partial V)_T \tag{6.18}$$

Die Enthalpie $H$ ist mit Gl. 2.7, $H = U + p \cdot V$, Gln. 6.10 und 6.18

$$H = U + p \cdot V = k_B \cdot T[T(\partial \ln Z/\partial T)_V + V(\partial \ln Z/\partial V)_T] \tag{6.19}$$

Die freie Enthalpie $G$ ist mit Gl. 3.23 $G = A + p \cdot V$, Gln. 6.16 und 6.18

$$G = -k_B \cdot T[\ln Z - V(\partial \ln Z/\partial V)_T] \tag{6.20}$$

Tab. 6.1 fasst die in Kap. 6 behandelten thermodynamischen Größen und Systemzustandsfunktionen zusammen. Damit können alle wichtigen thermodynamischen Größen aus den Systemzustandsfunktionen berechnet werden.

Die Berechnung der Teilchenzustandsfunktionen $z$, der Systemzustandsfunktionen $Z$ und der damit verbundenen thermodynamischen Eigenschaften für Translation, Rotation, Schwingung und Elektronenanregung erfolgt im nächsten Kap. 7.

# 7 Thermodynamische Eigenschaften

Atome und Moleküle können Energie in Form von Translations-, Rotations-, Schwingungs- und Elektronenanregungsenergie aufnehmen

$$\varepsilon = \varepsilon_{\text{trans}} + \varepsilon_{\text{rot}} + \varepsilon_{\text{vib}} + \varepsilon_{\text{el}}. \tag{7.1}$$

Unter der Voraussetzung, dass zwischen den verschiedenen Anregungsarten keine Wechselwirkungen auftreten – z. B. dass die Schwingungsanregung die Rotation nicht beeinflusst – ist die Teilchenzustandssumme unter Berücksichtigung der Entartung

$$\begin{aligned} z &= \sum_i g_i \cdot \exp\left[-\varepsilon_i/(k_{\text{B}} \cdot T)\right] \\ &= \sum g_{\text{trans}} \cdot g_{\text{rot}} \cdot g_{\text{vib}} \cdot g_{\text{el}} \cdot \exp\left[-(\varepsilon_{\text{trans}} + \varepsilon_{\text{rot}} + \varepsilon_{\text{vib}} + \varepsilon_{\text{el}})/(k_{\text{B}} \cdot T)\right]. \end{aligned} \tag{7.2}$$

$\varepsilon_i$ ist die im definierten Quantenzustand aufgenommene diskrete Energie. Diese kann $g_i$-fach entartet sein; $g_i$ ist der Entartungsgrad (Lechner 2017).

Für die einzelnen Anregungsarten stehen jeweils eine große Anzahl von Energieeigenwerten zur Verfügung. Umformung von Gl. 7.2 ergibt wegen $\exp(a+b+c+d) = (\exp a) \cdot (\exp b) \cdot (\exp c) \cdot (\exp d)$

$$\begin{aligned} z = &\sum g_{\text{trans}} \cdot \exp\left[(-\varepsilon_{\text{trans}})/(k_{\text{B}} \cdot T)\right] \cdot \sum g_{\text{rot}} \cdot \exp\left[(-\varepsilon_{\text{rot}})/(k_{\text{B}} \cdot T)\right] \\ &\cdot \sum g_{\text{vib}} \cdot \exp\left[(-\varepsilon_{\text{vib}})/(k_{\text{B}} \cdot T)\right] \cdot \sum g_{\text{el}} \cdot \exp\left[(-\varepsilon_{\text{el}})/(k_{\text{B}} \cdot T)\right]. \end{aligned} \tag{7.3}$$

Die Teilchenzustandssumme ist somit das Produkt aus den Teilchenzustandssummen Translation, Rotation, Schwingung und Elektronenanregung

---

**Ergänzende Information** Die elektronische Version dieses Kapitels enthält Zusatzmaterial, auf das über folgenden Link zugegriffen werden kann (https://doi.org/10.1007/978-3-662-63996-2_7).



M. Lechner, *Einführung in die Thermodynamik*,
https://doi.org/10.1007/978-3-662-63996-2_7

$$z = z_{\text{trans}} \cdot z_{\text{rot}} \cdot z_{\text{vib}} \cdot z_{\text{el}}. \tag{7.4}$$

Zur Berechnung der thermodynamischen Eigenschaften werden zunächst die Energieeigenwerte $\varepsilon_i$ mit den zugehörigen Entartungsgraden $g_i$ aus der Quantenchemie bestimmt (Lechner 2017). Anschließend wird die Teilchenzustandssumme $z$ für jede Bewegungsart nach Gl. 6.4 berechnet. Daraus erhält man die Systemzustandssumme $Z$ für einen Festkörper mit $N$ Atomen und $3 \cdot N$-unabhängigen Oszillatoren mit Gl. 6.7. Für Gase mit $N$ Teilchen ergibt sich $Z$ mit Gl. 6.8. Allerdings kann die Nichtunterscheidbarkeit bei Gasteilchen nur für eine Bewegungsform berücksichtigt werden, üblicherweise bei der Translation; für die anderen Bewegungsformen gilt auch für Gase Gl. 6.7.

Daraus ergeben sich dann die entsprechenden thermodynamischen Größen und die thermische Zustandsgleichung $p=f(V,T)$ laut Tab. 6.1.

## 7.1 Berechnung thermodynamischer Größen aus der Zustandssumme für Translations-, Rotations-, Schwingungs- und Elektronenanregungsfreiheitsgrade

### 7.1.1 Translationsbewegung

Aus Abb. 7.1 ergibt sich, dass die Translationsbewegung drei unabhängige Bewegungsmöglichkeiten in $x$- $y$- und $z$-Richtung und damit drei Freiheitsgrade hat.

**Freiheitsgrad**
Ein Freiheitsgrad ist eine Bewegungsmöglichkeit, die unabhängig von anderen Bewegungsmöglichkeiten festgelegt werden kann. Bei Atomen und Molekülen gibt es die folgenden Bewegungsmöglichkeiten: Translationsbewegung, Rotationsbewegung, Schwingungsbewegung und Elektronenanregung.

Die Eigenwerte der Translationsenergie eines Teilchens in einem würfelförmigen Kasten mit der Seitenlänge $a$ ergeben sich aus der Quantenmechanik (Lechner 2017)

$$\varepsilon_{n_x,n_y,n_z} = \left[h^2/\left(8 \cdot m \cdot a^2\right)\right]\left(n_x^2 + n_y^2 + n_z^2\right) \text{ mit } n_x,\ n_y,\ n_z = 1,\ 2,\ 3, \ldots \text{ und} \tag{7.5}$$

**Abb. 7.1** Freiheitsgrade der Translationsbewegung

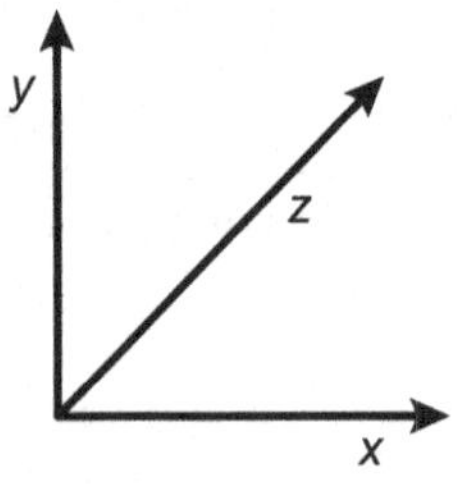

$$\varepsilon_{n_x,n_y,n_z} = \varepsilon_{n_x} + \varepsilon_{n_y} + \varepsilon_{n_z}. \tag{7.6}$$

Die Teilchenzustandssumme in $x$-Richtung $z_x$ ist für den Fall, dass keine Entartung vorliegt und damit die Entartungsgrade $g_i$ aller Zustände gleich eins sind, nach Gl. 7.2

$$z_x = \sum_{n_x=1}^{\infty} \exp\left[-\varepsilon_{n_x}/(k_\mathrm{B} \cdot T)\right]. \tag{7.7}$$

Für die Zustandssummen $z_y$ und $z_z$ ergeben sich entsprechende Gleichungen, sodass die Gesamtzustandssumme der Translation wegen $\exp(a+b+c) = (\exp a) \cdot (\exp b) \cdot (\exp c)$

$$z = z_x \cdot z_y \cdot z_z \tag{7.8}$$

ist. Aus Gl. 7.5 bis Gl. 7.7 geht hervor, dass die Berechnungen von $z_x$, $z_y$ und $z_z$ zum gleichen Ergebnis für die drei Raumrichtungen mit den Quantenzahlen $n_x$, $n_y$ und $n_z$ führen. Es reicht daher, zunächst den eindimensionalen Fall, Gl. 7.7 zu betrachten und anschließend das Ergebnis nach Gl. 7.8 in die dritte Potenz zu erheben.

Die Eigenwerte der Translationsenergie liegen so dicht beieinander, dass die Summe in Gl. 7.7 durch ein Integral ersetzt werden kann; das ergibt zusammen mit Gl. 7.5 und 7.6 für eine Dimension

$$z_x = \sum_{n_z=1}^{\infty} \exp\left[-\varepsilon_{n_x}/(k_\mathrm{B} \cdot T)\right] = \int_{n_x=0}^{\infty} \left\{\exp\left[-\left(h^2/\left(8 \cdot m \cdot a^2\right)\right) \cdot n_x^2/(k_\mathrm{B} \cdot T)\right]\right\} \mathrm{d}n_x \tag{7.9}$$

Substitution von $\left[h^2/\left(8 \cdot m \cdot a^2\right)\right] \cdot n_x^2/(k_\mathrm{B} \cdot T) = y^2$ mit $\left[h^2/\left(8 \cdot m \cdot a^2\right)\right]^{1/2} \cdot n_x/(k_\mathrm{B} \cdot T)^{1/2} = y$ und $\mathrm{d}n_x = a\left(8 \cdot m \cdot k_\mathrm{B} \cdot T/h^2\right)^{1/2} \mathrm{d}y$ ergibt

$$z_x = a\left(8 \cdot m \cdot k_\mathrm{B} \cdot T/h^2\right)^{1/2} \int_0^{\infty} \left[\exp\left(-y^2\right) \mathrm{d}y\right] \tag{7.10}$$

Mit Gl. 9.29 ergibt sich für das Integral $\int_0^\infty \left[\exp\left(-x^2\right)\mathrm{d}x\right] = \sqrt{\pi}/2$ und daher

$$z_x = a\left(2 \cdot \pi \cdot m \cdot k_\mathrm{B} \cdot T/h^2\right)^{1/2}. \tag{7.11}$$

Gl. 7.11 gilt für eine Dimension. Für drei Dimensionen und einen würfelförmigen Kasten ergibt sich mit $a^3 = V$ und $z_x = z_y = z_z$ sowie Gl. 7.8

$$z_\mathrm{trans} = z_x^3 = V\left(2 \cdot \pi \cdot m \cdot k_\mathrm{B} \cdot T/h^2\right)^{3/2} \tag{7.12}$$

oder mit Einführung der Größe $\Lambda$

$$z_\mathrm{trans} = V/\Lambda^3 \text{ mit } \Lambda = \left[h^2/(2 \cdot \pi \cdot m \cdot k_\mathrm{B} \cdot T)\right]^{1/2} \tag{7.13}$$

$\Lambda$ hat die Dimension einer Wellenlänge und heißt thermische (de Broglie-) Wellenlänge des Teilchens und nimmt mit steigender Masse des Teilchens und steigender Temperatur ab.

Die Systemzustandssumme $Z_{\text{trans}}$ ergibt sich aus der Teilchenzustandssumme $z$ mit Gl. 6.8, $Z = z^N/N!$, für Gase zu

$$Z_{\text{trans}} = z_{\text{trans}}^N/N! = (1/N!)V^N\left(2 \cdot \pi \cdot m \cdot k_{\text{B}} \cdot T/h^2\right)^{3 \cdot N/2} = (1/N!)V^N/\Lambda^{3 \cdot N}. \tag{7.14}$$

Gl. 7.14 ergibt mit $\ln(a \cdot b) = \ln a + \ln b$ für $Z_{\text{trans}}$

$$\ln Z = \ln\left(z^N/N!\right) = \ln T^{3 \cdot N/2} + \ln\left[(1/N!)V^N\left(2 \cdot \pi \cdot m \cdot k_{\text{B}}/h^2\right)^{3 \cdot N/2}\right]. \tag{7.15}$$

Mit den bisherigen Überlegungen zur Statistischen Thermodynamik ist es möglich, aus der Zustandssumme Gl. 7.14 und Gl. 7.15 die Beiträge der Translation zu allen thermodynamischen Größen zu berechnen siehe Tab. 6.1).

#### 7.1.1.1 Innere Tranlationsenergie und Wärmekapazität

Für $N$ Teilchen ergibt sich mit Gl. 6.10 und 7.15

$$\begin{aligned} U_{\text{trans}} &= k_{\text{B}} \cdot T^2(\partial \ln Z/\partial T)_{N,V} = k_{\text{B}} \cdot T^2(\partial/\partial T)\left[\ln\left(T^{3 \cdot N/2}\right)\right]_{N,V} \\ &= (3/2)N \cdot k_{\text{B}} \cdot T^2 \cdot (1/T) = (3/2)N \cdot k_{\text{B}} \cdot T \end{aligned} \tag{7.16}$$

Das zweite Glied in Gl. 7.15 fällt bei der Differentiation komplett weg, da es für diesen Fall ($N = V = \text{const.}$) eine Konstante ist. Ersatz von $N$ durch $n \cdot N_{\text{A}}$ und Division durch $n$ liefert mit $R = N_{\text{A}} \cdot k_{\text{B}}$ den Translationsanteil der molaren inneren Energie (molare innere Translationsenergie)

$$U_{\text{m, trans}} = (3/2)R \cdot T \tag{7.17}$$

Die molare Translationswärmekapazität $C_{V,\text{m,trans}}$ erhält man aus Gl. 7.17 mit Hilfe der Definitionsgleichung Gl. 2.3

$$C_{V,\text{m,trans}} = \left(\partial U_{\text{m, tans}}/\partial T\right)_V = (\partial/\partial T)[(3/2)R \cdot T] = (3/2)R \tag{7.18}$$

Für die drei Freiheitsgrade ist $C_{V,\text{m}} = (3/2)R$; pro Translationsfreiheitsgrad erhält man daher

$$U_{\text{m,trans}} = (1/2)R \cdot T \text{ und } C_{V,\text{m,trans}} = (1/2)R = 4{,}16\ \text{J/(mol K)} \tag{7.19}$$

#### 7.1.1.2 Translationsentropie, Sackur-Tetrode-Gleichung

Nach Gl. 6.14 beträgt der Translationsanteil der molaren Entropie (molare Translationsentropie)

$$S_{\text{m,trans}} = U_{\text{m,trans}}/T + k_{\text{B}} \cdot \ln Z_{\text{m,trans}}$$

Nach Gl. 7.17 ist $U_{\mathrm{m,trans}} = (3/2)R \cdot T$ und daher $U_{\mathrm{m,trans}}/T = (3/2)R$. Die Zustandssumme für $N_{\mathrm{A}}$ Teilchen oder 1 mol ist nach Gl. 7.14

$$Z_{\mathrm{m,trans}} = [1/N_{\mathrm{A}}!]\left(V_{\mathrm{m}}/\Lambda^3\right)^{N_{\mathrm{A}}} \text{ mit } \Lambda = h/(2 \cdot \pi \cdot m \cdot k_{\mathrm{B}} \cdot T)^{1/2} \text{ und } V_{\mathrm{m}} = R \cdot T/p.$$

Damit wird

$$S_{\mathrm{m,trans}} = (3/2)R + k_{\mathrm{B}} \cdot \ln(1/N_{\mathrm{A}}!) + k_{\mathrm{B}} \cdot N_{\mathrm{A}} \cdot \ln\left(V_{\mathrm{m}}/\Lambda^3\right).$$

Mit der Stirling-Formel, Gl. 9.26, kann die lästige $N_{\mathrm{A}}!$ ersetzt werden; mit $\ln(1/N_{\mathrm{A}}!) = -\ln(N_{\mathrm{A}}!)$ wird

$$S_{\mathrm{m,trans}} = (3/2)R - k_{\mathrm{B}}(N_{\mathrm{A}} \cdot \ln N_{\mathrm{A}} - N_{\mathrm{A}}) + k_{\mathrm{B}} \cdot N_{\mathrm{A}} \cdot \ln\left(V_{\mathrm{m}}/\Lambda^3\right).$$

Mit $k_{\mathrm{B}} \cdot N_{\mathrm{A}} = R$ ergibt sich

$$S_{\mathrm{m,trans}} = (5/2)R - R \cdot \ln N_{\mathrm{A}} + R \cdot \ln\left(V_{\mathrm{m}}/\Lambda^3\right)$$

und mit $\ln[\exp(a)] = a$ wird daraus

$$S_{\mathrm{m,trans}} = R\left\{\ln[\exp(5/2)] - \ln N_{\mathrm{A}} + \ln\left(V_{\mathrm{m}}/\Lambda^3\right)\right\}$$

oder kompakter

$$S_{\mathrm{m,trans}} = R \cdot \ln\left[\exp(5/2)V_{\mathrm{m}}/\left(\Lambda^3 \cdot N_{\mathrm{A}}\right)\right] \text{ mit } \Lambda = h/(2 \cdot \pi \cdot m \cdot k_{\mathrm{B}} \cdot T)^{1/2} \quad (7.20)$$

Gl. 7.20 ist die Sackur-Tetrode Gleichung.

**Gleichverteilungssatz der Energie**

Im thermischen Gleichgewicht entfällt auf jeden Freiheitsgrad, der quadratisch in die Energie eines Moleküls eingeht, die gleiche Energie; ein quadratischer Freiheitsgrad ist

1) der *x*-. *y*- oder *z*-Term der Translationsenergie:

$$\varepsilon_{\mathrm{trans}} = (1/2)m \cdot v_x^2 + (1/2)m \cdot v_y^2 + (1/2)m \cdot v_z^2$$

2) der *x*-. *y*- oder *z*-Term der Rotationsenergie bei zwei- und mehratomigen Molekülen:

$$\varepsilon_{\mathrm{rot}} = (1/2)I_x \cdot \omega_x^2 + (1/2)I_y \cdot \omega_y^2 + (1/2)I_z \cdot \omega_z^2$$

mit den Trägheitsmomenten $I_x$, $I_y$ und $I_z$ um die *x*-. *y*- oder *z*-Achse und den Winkelgeschwindigkeiten $\omega_x$, $\omega_y$ und $\omega_z$.

3) bei jeder Schwingung die Schwingungsenergie bei zwei- und mehratomigen Molekülen. Dabei muss berücksichtigt werden, dass sich bei Schwingungen kinetische und potentielle Energie überlagern und Ihnen daher zwei quadratische Freiheitsgrade zukommen:

$$\varepsilon_{\mathrm{vib}} = \varepsilon_{\mathrm{vib,kin}} + \varepsilon_{\mathrm{vib,pot}} = (1/2)\mu \cdot v^2 + (1/2)D \cdot x^2$$

mit der reduzierten Masse $\mu = m_1 \cdot m_2/(m_1 + m_2)$, der Geschwindigkeit $\upsilon$, der Kraftkonstante $D$ und der Auslenkung aus der Ruhelage $x$. $\varepsilon_{\text{vib,pot}}$ folgt aus dem Hooke'schen Gesetz, $F = -D \cdot x$, und

$$\varepsilon_{\text{vib,pot}} = \int -F \cdot \mathrm{d}x = \int D \cdot x \cdot \mathrm{d}x = (1/2)D \cdot x^2.$$

Der Gleichverteilungssatz besagt, dass alle Freiheitsgrade gleichberechtigt sind, d. h. für jeden Freiheitsgrad ist die gleiche Energie notwendig, um den Stoff auf eine bestimmte Temperatur zu bringen. Das gilt für die Freiheitsgrade der Translation, Rotation, Schwingung und Elektronenanregung.

Bei niedrigen und mittleren Temperaturen treten im Gegensatz zum Gleichverteilungssatz – abhängig von der chemischen Natur der Gase – die Translations-, Rotations- und Schwingungsbewegungen nicht gleichberechtigt nebeneinander auf. Wasserstoff kann bei tiefen Temperaturen nur Translationsbewegungen ausführen und Schwingungsbewegungen spielen bei Gasen erst oberhalb von $T = 1000$ K eine Rolle (Abb. 7.7). Diese Abweichungen vom Gleichverteilungssatz müssen bei den folgenden Überlegungen berücksichtigt werden.

## Molare Entropie von Edelgasen

Zur Bestimmung der molaren Entropie des einatomigen Edelgases Argon bei $T = 298$ K und $p = 1 \cdot 10^5$ Pa nach Gl. 7.20 wird das Molvolumen $V_m$, die Masse $m$ und die thermische Wellenlänge $\Lambda$ benötigt. Diese sind bei $T = 298$ K und $p = 1 \cdot 10^5$ Pa

$$\begin{aligned} V_{\text{m}} &= R \cdot T/p = 8{,}3145 \cdot 298/1 \cdot 10^5 = 0{,}0248\,\text{m}^3/\text{mol} \\ m &= M/N_{\text{A}} = 0{,}039948/6{,}022 \cdot 10^{23} = 0{,}6634 \cdot 10^{-25}\,\text{kg} \\ \Lambda &= h/(2 \cdot \pi \cdot m \cdot k_{\text{B}} \cdot T)^{1/2} \\ &= 6{,}626 \cdot 10^{-34}/\left(2 \cdot \pi \cdot 0{,}6634 \cdot 10^{-25} \cdot 1{,}381 \cdot 10^{-23} \cdot 298\right)^{1/2} \\ &= 0{,}1600 \cdot 10^{-10}\text{m} \end{aligned}$$

Einsetzen der Werte in Gl. 7.20 ergibt

$$\begin{aligned} S_{\text{m,trans}} &= S_{\text{m}} = R \cdot \ln\left[\exp(5/2)V_{\text{m}}/\left(\Lambda^3 \cdot N_{\text{A}}\right)\right] \\ \boldsymbol{S_{\text{m,trans}}} &= 8{,}3145 \cdot \ln\{12{,}182 \cdot 0{,}0248/[(0{,}1600 \cdot 10^{-10})^3 \cdot (6{,}022 \cdot 10^{23})]\} \\ &= \mathbf{154{,}8\,J/(mol\,K)}. \end{aligned}$$

Für einatomige Gase gibt es bei dieser Temperatur als Bewegungsmöglichkeit nur die Translation, deshalb ist $S_{\text{m,trans}} = S_{\text{m}}$.

Für die benachbarten Edelgase Ne und Kr ergibt die Rechnung mit $M_{Ne} = 0{,}020.180$ kg/mol und $M_{Kr} = 0{,}083.798$ kg/mol für die Entropie für Neon $S_m = 146$ J/(mol K) und für Krypton $S_m = 164$ J/(mol K). Die Werte aus experimentellen Messungen sind für Neon $S_m = 146$ J/(mol K), für Argon $S_m = 155$ J/(mol K) und für Krypton $S_m = 164$ J/(mol K). Das zeigt zum Einen die exzellente Übereinstimmung zwischen Experiment und statistischer Thermodynamik und die Abhängigkeit der Entropie von der Masse des Moleküls; mit steigender Masse wird nach Gl. 7.20 die thermische Wellenlänge kleiner und die Entropie größer. Außerdem entnimmt man den Gleichungen, dass mit steigender Temperatur ebenfalls die thermische Wellenlänge kleiner und die Entropie größer wird. ◀

## 7.1.2 Rotationsbewegung

Die Energieeigenwerte eines zweiatomigen starren Rotators (Abb. 7.2) mit raumfreier Achse ergeben sich aus der Quantenmechanik zu (Lechner 2017)

$$\varepsilon_{rot} = (\hbar/2 \cdot I)l(l+1) \text{ mit } l = 0, 1, 2, 3, ... \tag{7.21}$$

$I = \sum_i m_i \cdot r_i^2$ ist das Trägheitsmoment des Moleküls. Die Rotationsniveaus sind $(2 \cdot l + 1)$fach entartet, weil sich für diesen Rotator eine weitere Quantenzahl $m$ ergibt, die Werte von $+l$ bis $-l$ annehmen kann (Lechner 2017). Die Molekülzustandssumme $z_{rot}$ ergibt sich mit Gl. 7.3 zu

$$z_{rot} = \sum_{i=1}^{\infty} g_i \cdot \exp\left[-\varepsilon_i/(k_B \cdot T)\right] = \sum_{l=0}^{\infty} (2 \cdot l + 1) \exp\{-[\hbar^2/(2 \cdot I \cdot k_B \cdot T)]l(l+1)\}. \tag{7.22}$$

Für den Fall, dass das Trägheitsmoment groß genug ist und damit die Rotationsniveaus genügend dicht beieinander liegen, kann die Summation in Gl. 7.22 durch eine Integration ersetzt werden.

$$z_{rot} = \int_{l=0}^{\infty} (2 \cdot l + 1) \exp\left\{-\left[\hbar^2/(2 \cdot I \cdot k_B \cdot T)\right] l(l+1)\right\} dl \tag{7.23}$$

Substitution von $y = \left[\hbar^2/(2 \cdot I \cdot k_B \cdot T)\right] l(l+1)$ mit
$dy = [\hbar/(2 \cdot I \cdot k_B \cdot T)](2 \cdot l + 1)dl$ ergibt

$$z_{rot} = \left(2 \cdot I \cdot k_B \cdot T/\hbar^2\right) \int_{y=0}^{\infty} \exp(-y)dy. \tag{7.24}$$

**Abb. 7.2** Rotation eines zweiatomigen Moleküls

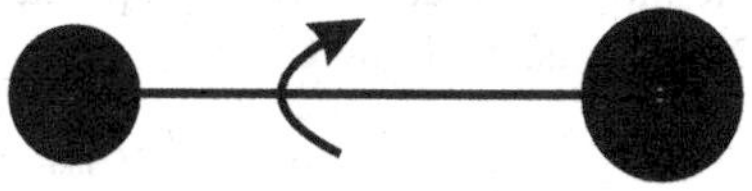

Daraus wird mit $\int_{y=0}^{\infty} \exp(-y)\mathrm{d}y = -\exp(-y)|_0^\infty = -(1/\exp(\infty) - 1/\exp(0)) = 1$ und $\hbar = h/(2 \cdot \pi)$

$$z_{\mathrm{rot}} = 8 \cdot \pi^2 \cdot I \cdot k_\mathrm{B} \cdot T/h^2 \tag{7.25}$$

Für die Moleküle $H_2$ HD und $D_2$ ist das Trägheitsmoment $I$ so klein, dass Gl. 7.23 bis Gl. 7.25 nicht mehr angewendet werden können. In diesen Fällen muss die Zustandssumme $z_{\mathrm{rot}}$ über Gl. 7.22 berechnet werden. Zu berücksichtigen ist noch, dass Gl. 7.25 nur für zweiatomige, heteronukleare Moleküle korrekt ist. Für zweiatomige, homonukleare Moleküle muss wegen der Symmetrieeigenschaften noch ein Symmetriefaktor $\sigma$ eingeführt werden

$$z_{\mathrm{rot}} = 8 \cdot \pi^2 \cdot I \cdot k_\mathrm{B} \cdot T/\left(\sigma \cdot h^2\right) \tag{7.26}$$

mit $\sigma = 1$ für heteronukleare und $\sigma = 2$ für homonukleare Moleküle. Einführung der charakteristischen Rotationstemperatur $\theta_{\mathrm{rot}}$ und der Rotationskonstante $B$ ($c_0$ = Lichtgeschwindigkeit)

$$\theta_{\mathrm{rot}} = h^2/\left(8 \cdot \pi^2 \cdot I \cdot k_\mathrm{B}\right) \text{ und } B = h/\left(8 \cdot \pi^2 \cdot c_0 \cdot I\right) \text{ führt zu} \tag{7.27}$$

$$z_{\mathrm{rot}} = T/(\sigma \cdot \theta_{\mathrm{rot}}) = k_\mathrm{B} \cdot T/(\sigma \cdot h \cdot c_0 \cdot B) \tag{7.28}$$

mit $c_0$ = Lichtgeschwindigkeit, $I = \mu \cdot r^2$, $I$ = Trägheitsmoment und $\mu$ = reduzierte Masse (Wedler und Freund 2018).

Daraus ergibt sich die Systemzustandssumme $Z_{\mathrm{rot}}$ mit Gl. 6.7, $Z = z^N$, zu

$$Z_{\mathrm{rot}} = z_{\mathrm{rot}}^N = [T/(\sigma \cdot \theta_{\mathrm{rot}})]^N = [k_\mathrm{B} \cdot T/(\sigma \cdot h \cdot c_0 \cdot B)]^N. \tag{7.29}$$

Da die Nichtunterscheidbarkeit bereits bei der Translation berücksichtigt wurde, taucht der Faktor $N!$ in Gl. 7.29 nicht mehr auf. Mit $\ln(a \cdot b) = \ln a + \ln b$ ergibt sich

$$\ln Z_{\mathrm{rot}} = \ln T^N - \ln(\sigma \cdot \theta_{\mathrm{rot}})^N. \tag{7.30}$$

#### 7.1.2.1 Innere Rotationsenergie und Wärmekapazität

Für $N$ Teilchen ergibt sich mit Gl. 6.10 und 7.30

$$U_{\mathrm{rot}} = k_\mathrm{B} \cdot T^2(\partial \ln Z/\partial T)_V = k_\mathrm{B} \cdot T^2(\partial/\partial T)\left[\ln\left(T^N\right)\right]_V = N \cdot k_\mathrm{B} \cdot T^2 \cdot (1/T) \tag{7.31}$$

Das zweite Glied in Gl. 7.30 fällt bei der Differentiation nach $T$ komplett weg, da es eine Konstante ist. Ersatz von $N$ durch $n \cdot N_\mathrm{A}$ und Division durch $n$ liefert mit $R = N_\mathrm{A} \cdot k_\mathrm{B}$ den Rotationsanteil der molaren inneren Energie (molare innere Rotationsenergie)

$$U_{\mathrm{m,rot}} = R \cdot T \tag{7.32}$$

Die molare Rotationswärmekapazität $C_{V,\mathrm{m,rot}}$ erhält man aus Gl. 7.32 mit Hilfe der Definitionsgleichung Gl. 2.3

$$C_{V,\mathrm{m,rot}} = \left(\partial U_{\mathrm{m,rot}}/\partial T\right)_V = (\partial/\partial T)(R \cdot T) = R \tag{7.33}$$

Gl. 7.33 wurde abgeleitet für einen zweiatomigen starren Rotator mit raumfreier Achse (Abb. 7.2). Hierbei ergibt sich aber die folgende Besonderheit: bei allen zweiatomigen und linearen dreiatomigen Molekülen ist das Trägheitsmoment.

$$I = \sum_i m_i \cdot r_i^2 \text{ oder } I = \int r^2 \cdot \mathrm{d}m = \int r^2 \cdot \rho \cdot \mathrm{d}V,$$

das bei der Rotation um die Bindungsachse auftritt, sehr klein im Vergleich zu den Trägheitsmomenten bei den beiden anderen unabhängigen Rotationsbewegungen und kann daher vernachlässigt werden (Abb. 7.2). Zweiatomige und lineare dreiatomige Moleküle haben daher nur zwei Freiheitsgrade der Rotation. Gln. 7.32 und 7.33 beziehen sich daher auf zwei Freiheitsgrade, sodass pro Rotationsfreiheitsgrad

$$U_{\mathrm{m,rot}} = (1/2)R \cdot T \text{ und } C_{V,\mathrm{m,rot}} = (1/2)R = 4{,}16 \text{ J/(mol K)} \qquad (7.34)$$

sind. Für gewinkelte dreiatomige und mehratomige Gase hat die Rotationsbewegung 3 Freiheitsgrade; nach dem Gleichverteilungssatz ist daher $U_{\mathrm{m,rot}} = (3/2)R \cdot T$ und $C_{V,\mathrm{m,rot}} = (3/2)R$. Damit ergibt sich für die Translations- und Rotationsbewegung bei voller Anregung.

Einatomige Gase:
$C_{V,\mathrm{m}} = (3/2)R = 12{,}47 \text{ J/(mol K)}$
Zweiatomige und lineare dreiatomige Gase:
$C_{V,\mathrm{m}} = (3/2)R + (2/2)R = (5/2)R = 20{,}79 \text{ J/(mol K)}$
Gewinkelte dreiatomige und mehratomige Gase:
$C_{V,\mathrm{m}} = (3/2)R + (3/2)R = 3R = 24{,}94 \text{ J/(mol K)}$

#### 7.1.2.2 Rotationsentropie

Nach Gl. 6.14 beträgt der Rotationsanteil der molaren Entropie

$$S_{\mathrm{m,rot}} = U_{\mathrm{m,rot}}/T + k_{\mathrm{B}} \cdot \ln Z_{\mathrm{m,rot}}.$$

Nach Gl. 7.32 ist für ein zweiatomiges Molekül $U_{\mathrm{m,rot}} = R \cdot T$ und daher $U_{\mathrm{m,rot}}/T = R$. Zur Berechnung der Zustandssumme $Z_{\mathrm{m,rot}}$ ergibt sich für ein zweiatomiges Molekül aus Gl. 7.29 für $N_{\mathrm{A}}$ Moleküle und damit 1 Mol die molare Systemzustandssumme

$$Z_{\mathrm{m,rot}} = [T/(\sigma \cdot \theta_{\mathrm{rot}})]^{N_{\mathrm{A}}} \text{ mit } \theta_{\mathrm{rot}} = h^2/\left(8 \cdot \pi^2 \cdot I \cdot k_{\mathrm{B}}\right)$$

mit $\sigma = 1$ für heteronukleare und $\sigma = 2$ für homonukleare Moleküle. Das ergibt für den Rotationsanteil der Entropie mit $N_{\mathrm{A}} \cdot k_{\mathrm{B}} = R$

$$S_{\mathrm{m,rot}} = R + N_{\mathrm{A}} \cdot k_{\mathrm{B}} \cdot \ln [T/(\sigma \cdot \theta_{\mathrm{rot}})] = R\{1 + \ln [T/(\sigma \cdot \theta_{\mathrm{rot}})]\} \qquad (7.35)$$

**Translations- und Rotationsanteil der molaren Entropie von $Br_2$ bei $T = 500$ K und $p = 1{,}0 \cdot 10^5$ Pa**

Die Molmasse von $Br_2$ ist $M = 0{,}15.982$ kg/mol und die charakteristische Rotationstemperatur ist $\theta_{\mathrm{rot}} = 0{,}118$ K. Die benötigten Größen zur Berechnung der molaren Translationsentropie von $Br_2$ sind

$$V_m = R \cdot T/p = 8{,}3145 \cdot 500/1 \cdot 10^5 = 0{,}04157 m^3/mol$$
$$m = M/N_A = 0{,}15982/6{,}022 \cdot 10^{23} = 2{,}655 \cdot 10^{-25} kg$$
$$\Lambda = h/(2 \cdot \pi \cdot m \cdot k_B \cdot T)^{1/2}$$
$$\Lambda = 6{,}626 \cdot 10^{-34}/\left(2 \cdot \pi \cdot 2{,}655 \cdot 10^{-25} \cdot 1{,}381 \cdot 10^{-23} \cdot 500\right)^{1/2}$$
$$= 0{,}06174 \cdot 10^{-10}\,m$$

Einsetzen der Werte in Gl. 7.20 ergibt

$$S_{m,trans} = R \cdot \ln[\exp(5/2)V_m/\left(\Lambda^3 \cdot N_A\right)]$$
$$\mathbf{S_{m,trans}} = 8{,}3145 \cdot \ln\{12{,}182 \cdot 0{,}04157/[\left(0{,}06174 \cdot 10^{-10}\right)^3 \cdot 6{,}022 \cdot 10^{23})]\}$$
$$= \mathbf{182{,}9\,J/(mol\,K)}.$$

Für die molare Rotationsentropie ergibt sich mit $\sigma = 2$ für homonukleare Moleküle und Gl. 7.35

$$S_{m,rot} = R\{1 + \ln[T/(\sigma \cdot \theta_{rot})]\}$$
$$\mathbf{S_{m,rot}} = 8{,}3145\{1 + \ln[500/(2 \cdot 0{,}118)]\} = \mathbf{72{,}0\,J/(mol\,K)}$$

Der Translations- und Rotationsanteil der molaren Entropie von $Br_2$ bei 500 K und $1{,}0 \cdot 10^5$ Pa ist

$$\mathbf{S_{m,trans,rot}} = 182{,}9 + 72{,}0 = \mathbf{254{,}9\,J/(mol\,K)}.$$

Es fehlt noch der Schwingungsanteil der Entropie; darauf wird in Abschn. 7.1.3 eingegangen. ◀

### 7.1.3 Schwingungsbewegung

Bei der Schwingungsbewegung tritt kinetische und potentielle Energie auf. Zur Beschreibung einer Schwingung braucht man daher zwei Terme

$$\varepsilon_{vib} = \varepsilon_{vib,kin} + \varepsilon_{vib,pot} = (1/2)\mu \cdot \upsilon^2 + (1/2)D \cdot x^2 \qquad (7.36)$$

mit $\mu$ = reduzierte Masse, $\upsilon$ = Geschwindigkeit, $D$ = Kraftkonstante oder Hooke'sche Konstante und $x$ = Amplitude (Auslenkung). Ein Schwingungsfreiheitsgrad muss daher bezüglich der thermodynamischen Eigenschaften doppelt gerechnet werden (Abb. 7.3).

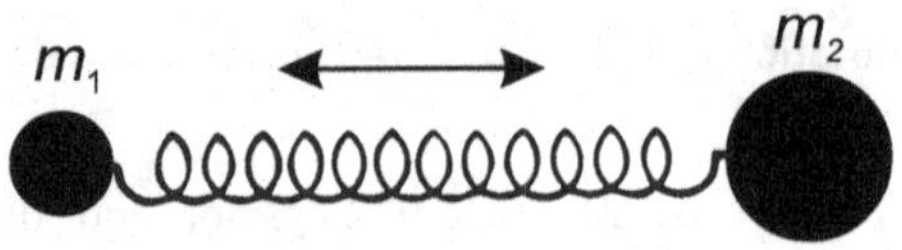


**Abb. 7.3** Schwingungsbewegung bei einem zweiatomigen Molekül

Für zwei Massen $m_1$ und $m_2$ an einer Feder wird statt der Masse $m$ die reduzierte Masse $\mu$ eingesetzt, $\mu = (m_1 \cdot m_2)/(m_1 + m_2)$ (Abb. 7.3). Damit ergibt sich für die Frequenz des Oszillators $\nu_0$ (Lechner 2017)

$$\nu_0 = [1/(2 \cdot \pi)](D/\mu)^{1/2}. \tag{7.37}$$

Bei einem harmonischen Oszillator hängt die Frequenz nicht von der Amplitude $x$ ab.

#### 7.1.3.1 Einstein-Theorie

Bei der Berechnung des Schwingungsanteils der inneren Energie und der Wärmekapazität von zwei- und mehratomigen Molekülen wird davon ausgegangen, dass die Atombindungen dem Hooke'schen Gesetz, $F = -D \cdot x$, gehorchen und der Energiequantelung unterliegen. Die quantenmechanische Behandlung dieses harmonischen Oszillators ergibt für die Energieeigenwerte $\varepsilon_{\text{vib}}$ (Lechner 2017)

$$\varepsilon_{\text{vib}} = h \cdot \nu_0(\upsilon + 1/2) \quad \text{mit} \quad \upsilon = 0, 1, 2, 3, \ldots \tag{7.38}$$

mit den Schwingungsquantenzahlen $\upsilon$. Der Oszillator besitzt im Grundzustand $\upsilon = 0$ eine Nullpunktsenergie $(1/2)h \cdot \nu_0$. Die Zustände sind nicht entartet, d. h. die Entartungsgrade $g_i$ aller Zustände sind gleich eins. Damit ergibt sich für die Molekülzustandssumme pro Schwingungsfreiheitsgrad $z_{\text{vib}}$ nach Gl. 7.3 und 7.38

$$z_{\text{vib}} = \sum_{\upsilon=0}^{\infty} \exp\left[-h \cdot \nu_0(\upsilon + 1/2)/(k_{\text{B}} \cdot T)\right] \tag{7.39}$$

Die Summation in Gl. 7.39 kann nicht durch eine Integration ersetzt werden, weil die Schwingungsniveaus im Gegensatz zur Translation und Rotation so weit voneinander entfernt liegen, dass die Summation nicht durch eine Integration ersetzt werden darf. Ersatz von $h \cdot \nu_0/k_{\text{B}} = \theta_{\text{vib}}$ liefert

$$z_{\text{vib}} = \sum_{\nu=0}^{\infty} \exp[-(\theta_{\text{vib}}/T)(\upsilon + 1/2)] \text{ mit } \theta_{\text{vib}} = h \cdot \nu_0/k_{\text{B}} \tag{7.40}$$

und wegen $a^{(p+q)} = a^p \cdot a^q$

$$z_{\text{vib}} = \exp\left[-\theta_{\text{vib}}/(2 \cdot T)\right] \cdot \sum_{\nu=0}^{\infty} \exp[-(\theta_{\text{vib}}/T)\upsilon]. \tag{7.41}$$

$\theta_{\text{vib}} = h \cdot \nu_0 / k_{\text{B}}$ hat die Dimension einer Temperatur und wird charakteristische Temperatur oder Schwingungstemperatur genannt. Die Summe in Gl. 7.41 ist eine unendliche geometrische Reihe; mit Gl. 9.37 ergibt sich

$$z_{\text{vib}} = \exp\left[-\theta_{\text{vib}}/(2 \cdot T)\right] / \left[1 - \exp\left(-\theta_{\text{vib}}/T\right)\right]. \tag{7.42}$$

Die innere Energie für einen Schwingungsfreiheitsgrad $U_{\text{vib}}$ ist nach Gl. 6.10

$$U_{\text{vib}} = k_{\text{B}} \cdot T^2(\partial \ln Z/\partial T)_V. \tag{7.43}$$

Mit der Systemzustandssumme $Z = z^N$ und $N$ = Zahl der Teilchen wird

$$Z = z^N = \left\{\exp\left[-\theta_{\mathrm{vib}}/(2\cdot T)\right]/\left[1-\exp\left(-\theta_{\mathrm{vib}}/T\right)\right]\right\}^N. \tag{7.44}$$

Mit $\ln x^n = n \cdot \ln x$ ergibt sich

$$\ln Z = N\cdot \ln z = N\cdot \ln\left\{\exp\left[-\theta_{\mathrm{vib}}/(2\cdot T)\right]/\left[1-\exp\left(-\theta_{\mathrm{vib}}/T\right)\right]\right\} \tag{7.45}$$

und weiter mit $\ln(x\cdot y) = \ln x + \ln y$ und $\ln(\exp x) = x$

$$\ln Z = N\left\{-\theta_{\mathrm{vib}}/(2\cdot T) - \ln\left[1-\exp\left(-\theta_{\mathrm{vib}}/T\right)\right]\right\}. \tag{7.46}$$

Kombination von Gl. 7.43 und Gl. 7.46 liefert

$$U_{\mathrm{vib}} = N\cdot k_{\mathrm{B}}\cdot T^2\left((\partial/\partial T)\left\{-\theta_{\mathrm{vib}}/(2\cdot T) - \ln\left[1-\exp\left(-\theta_{\mathrm{vib}}/T\right)\right]\right\}\right)_V. \tag{7.47}$$

Gl. 7.47 ergibt durch Differentiation nach $T$

$$\begin{aligned} U_{\mathrm{vib}} = N\cdot k_{\mathrm{B}}\cdot T^2 & \left\{\theta_{\mathrm{vib}}/\left(2\cdot T^2\right)\right. \\ & \left. +\exp\left(-\theta_{\mathrm{vib}}/T\right)\cdot\left(\theta_{\mathrm{vib}}/T^2\right)/\left[1-\exp\left(-\theta_{\mathrm{vib}}/T\right)\right]\right\} \text{ und} \end{aligned} \tag{7.48}$$

$$U_{\mathrm{vib}} = (1/2)N\cdot k_{\mathrm{B}}\cdot\theta_{\mathrm{vib}} + \exp\left(-\theta_{\mathrm{vib}}/T\right)\cdot N\cdot k_{\mathrm{B}}\cdot\theta_{\mathrm{vib}}/\left[1-\exp\left(-\theta_{\mathrm{vib}}/T\right)\right]. \tag{7.49}$$

Gl. 7.49 lässt sich vereinfachen zu

$$U_{\mathrm{vib}} = (1/2)N\cdot k_{\mathrm{B}}\cdot\theta_{\mathrm{vib}} + N\cdot k_{\mathrm{B}}\cdot\theta_{\mathrm{vib}}/\left[\exp\left(\theta_{\mathrm{vib}}/T\right)-1\right] \tag{7.50}$$

Die molare innere Energie für einen Schwingungsfreiheitsgrad (molare innere Schwingungsenergie) $U_{\mathrm{m,vib}} = U_{\mathrm{vib}}/n$ ist mit $N/n = N_{\mathrm{A}}$

$$U_{\mathrm{m,vib}} = (1/2)N_{\mathrm{A}}\cdot k_{\mathrm{B}}\cdot\theta_{\mathrm{vib}} + N_{\mathrm{A}}\cdot k_{\mathrm{B}}\cdot\theta_{\mathrm{vib}}/\left[\exp\left(\theta_{\mathrm{vib}}/T\right)-1\right],$$

oder besser mit $N_{\mathrm{A}}\cdot k_{\mathrm{B}} = R$

$$U_{\mathrm{m,vib}} = (1/2)R\cdot\theta_{\mathrm{vib}} + R\cdot\theta_{\mathrm{vib}}/\left[\exp\left(\theta_{\mathrm{vib}}/T\right)-1\right]. \tag{7.51}$$

Der erste Summand in Gl. 7.51 ist die Nullpunktsenergie. Aufgrund des Gleichverteilungssatzes der Energie wird für den Schwingungsanteil der inneren Energie pro Freiheitsgrad wegen Gl. 7.36 ein Wert von $R\cdot T$ erwartet. Gl. 7.51 führt zu einem anderen Wert, weil insbesondere im ersten Summanden die Nullpunktsenergie auftaucht. Aus Gl. 7.51 ergibt sich mit Gl. 2.3

$$C_{V,\mathrm{m,vib}} = \left(\partial U_{\mathrm{m,vib}}/\partial T\right)_V = R\left(\theta_{\mathrm{vib}}/T\right)^2\exp\left(\theta_{\mathrm{vib}}/T\right)\Big/\left[\exp\left(\theta_{\mathrm{vib}}/T\right)-1\right]^2 \tag{7.52}$$

Gl. 7.51 und 7.52 sind die für ein Schwingungsfreiheitsgrad gültigen Planck-Einstein-Gleichungen.

$\theta_{\mathrm{vib}} = h\cdot\nu_0/k_{\mathrm{B}}$ heißt Schwingungstemperatur oder charakteristische Temperatur (Einstein-Temperatur) und hat, wie schon erwähnt, die Dimension K. Man bringt alle $U_{\mathrm{m,vib}}$- und $C_{V,\mathrm{m,vib}}$-Kurven in eine Kurve, wenn man als Variable die charakteristische Temperatur $\theta_{\mathrm{vib}}$ nimmt.

**Hohe Temperaturen $T \to \infty$**

Für diesen Fall ist $T \gg \theta_{vib}$; damit ist $\exp(\theta_{vib}/T)$ klein und nach Gl. 9.35 $\exp(\theta_{vib}/T) \approx 1 + \theta_{vib}/T$. Damit wird aus Gl. 7.51.

$$U_{m,\,vib} = (1/2)R \cdot \theta_{vib} + R \cdot \theta_{vib}/(\theta_{vib}/T) = (1/2)R \cdot \theta_{vib} + R \cdot T \quad (7.53)$$

und aus Gl. 7.52 mit $\theta_{vib}/T \to 0$.

$$\underset{T\to\infty}{C_{V,\,m,vib}} = R(\theta_{vib}/T)^2(1 + \theta_{vib}/T)/(\theta_{vib}/T)^2 = R. \quad (7.54)$$

Es zeigt sich, dass für hohe Temperaturen der Gleichverteilungssatz der Energie (Abschn. 7.1.1) erfüllt ist, wobei die Schwingungsenergie doppelt gerechnet wird, weil bei dieser kinetische und potentielle Energie beteiligt sind (Gl. 7.36).

Abb. 7.4 zeigt als Beispiel den Schwingungsanteil der Molwärme von CO in Abhängigkeit von der Temperatur. Bei $T = 5000$ K ist die Schwingung von CO fast vollständig angeregt. Bei vollständiger Anregung der Schwingung ergibt sich daher pro Schwingungsfreiheitsgrad mit Gl. 2.3

$$U_{m,vib} = (1/2)R \cdot \theta_{vib} + R \cdot T \text{ und } C_{V,m,vib} = R = 8{,}31 \text{ J/(mol K)}. \quad (7.55)$$

**Tiefe Temperaturen $T \to 0$**

Für diesen Fall ist $T \ll \theta_{vib}$; damit ist $\exp(\theta_{vib}/T) \gg 1$, $\exp(\theta_{vib}/T) - 1 \approx \exp(\theta_{vib}/T)$ und es ergibt sich mit $\exp(\theta_{vib}/T) \to \infty$ für $T \to 0$.

$$\underset{T\to 0}{U_{m,vib}} = (1/2)R \cdot \theta_{vib} + R \cdot \theta_{vib}/\left[\exp(\theta_{vib}/T) - 1\right]$$
$$= (1/2)R \cdot \theta_{vib} + R \cdot \theta_{vib}/\exp(\theta_{vib}/\theta_{vib}T - T) = (1/2)R \cdot \theta_{vib} \text{ und}$$

$$\underset{T\to 0}{C_{V,m,vib}} = R(\theta_{vib}/T)^2 \exp(\theta_{vib}/T)/\exp(\theta_{vib}/T)\exp(2 \cdot \theta_{vib}/T) - \exp(2 \cdot \theta_{vib}/T)$$
$$= R(\theta_{vib}/T)^2 \exp(-\theta_{vib}/T).$$

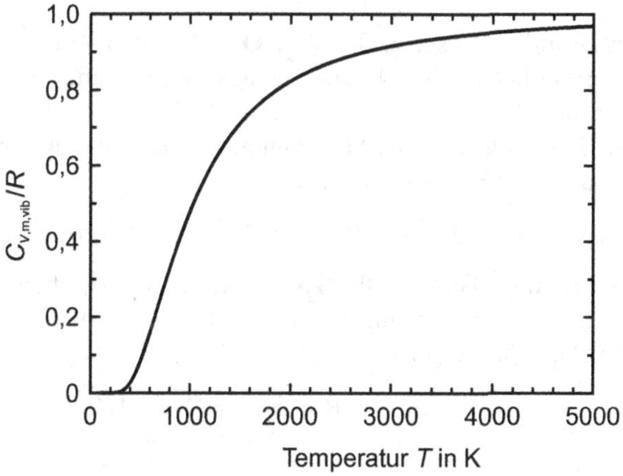


**Abb. 7.4** Schwingungsanteil von $C_{V,m}$ für CO ($\theta_{vib} = 3080$ K)

$\exp(-\theta_{vib}/T)$ strebt schneller gegen Null als $1/T^2$; daher ist für $T \to 0$ $C_{V,m,vib} = 0$.

Auch die Rotation und die Translation sind gequantelt, d. h. ihre Anregung und Energieaufnahme erfolgt in Quanten; aber diese sind sehr klein, sodass man erst bei sehr tiefen Temperaturen etwas von der Quantelung merkt (Abschn. 7.1.1 und 7.1.2).

#### 7.1.3.2 Molwärme von Gasen

Für alle Moleküle mit beliebig vielen gebundenen Atomen $n$ gilt: Die Zahl der Freiheitsgrade wird durch Eingehen einer chemischen Bindung nicht verringert. Damit lässt sich die Zahl der Schwingungsfreiheitsgrade $s$ aus der Gesamtzahl der Freiheitsgrade des Moleküls $3 \cdot n$ berechnen

$$s = 3 \cdot n - 3 - 3(2) \tag{7.56}$$

Für $n = 20$ ergibt sich mit Gl. 7.56 $s = 60 - 3 - 3 = 54$ Schwingungsfreiheitsgrade.

Für die Molwärme von Gasen ergibt sich bei Berücksichtigung aller Bewegungsarten (Translation, Rotation, Schwingung) bei voller Anregung:

**Einatomige Gase:** 3 Translationsfreiheitsgrade = 3 Freiheitsgrade insgesamt. Einatomige Gase haben keine Rotations- und Schwingungsfreiheitsgrade

$$C_{V,\mathrm{m}} = (3/2)R = 12{,}47\ \mathrm{J/(mol\ K)} \tag{7.57}$$

**Zweiatomige Gase:** 3 Translationsfreiheitsgrade, 2 Rotationsfreiheitsgrade, 1 Schwingungsfreiheitsgrad = 6 Freiheitsgrade insgesamt. Zweiatomige Gase haben neben drei Translationsfreiheitsgraden nur zwei Rotationsfreiheitsgrade und einen Schwingungsfreiheitsgrad. Schwingungen werden erst bei höheren Temperaturen angeregt.

$$C_{V,\mathrm{m}} = (3/2 + 2/2 + 1)R = (7/2)R = 29{,}10\ \mathrm{J/(mol\ K)} \tag{7.58}$$

Gl. 7.58 gilt für volle Anregung aller Freiheitsgrade. Ist für niedrigere Temperaturen die Schwingung nicht angeregt, so ist $C_{V,\mathrm{m}} = (5/2)R = 20{,}79\ \mathrm{J/(mol\ K)}$. Ist die Schwingung nur teilweise angeregt, so ist $C_{V,\mathrm{m}} = 20{,}79$ bis $29{,}10\ \mathrm{J/(mol\ K)}$ (siehe Abschn. 7.1.3.1).

**Gestreckte dreiatomige Gase, z. B. $CO_2$, O=C=O:** 3 Translationsfreiheitsgrade + 2 Rotationsfreiheitsgrade + 4 Schwingungsfreiheitsgrade = 9 Freiheitsgrade insgesamt. Die Atome liegen auf einer Achse; deshalb fällt ein Rotationsfreiheitsgrad aus; dafür tritt ein zusätzlicher Schwingungsfreiheitsgrad auf (Abb. 7.5). Bei voller Anregung auch der Schwingungen ist

$$C_{V,\mathrm{m}} = (3/2 + 2/2 + 4)R = (13/2)R = 54{,}04\ \mathrm{J/(mol\ K)} \tag{7.59}$$

**Gewinkelte dreiatomige Gase, z. B. $H_2O$:** 3 Translationsfreiheitsgrade + 3 Rotationsfreiheitsgrade + 3 Schwingungsfreiheitsgrade = 9 Freiheitsgrade insgesamt (Abb. 7.6). Bei voller Anregung ist

$$C_{V,\mathrm{m}} = (3/2 + 3/2 + 3)R = 6 \cdot R = 49{,}88\ \mathrm{J/(mol\ K)} \tag{7.60}$$

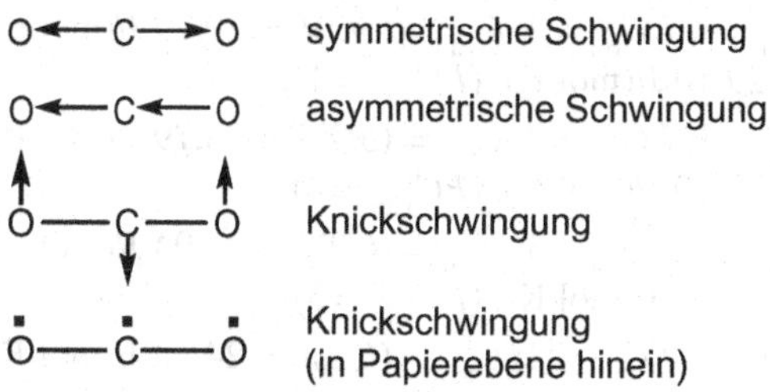


**Abb. 7.5** Schwingungsfreiheitsgrade von $CO_2$

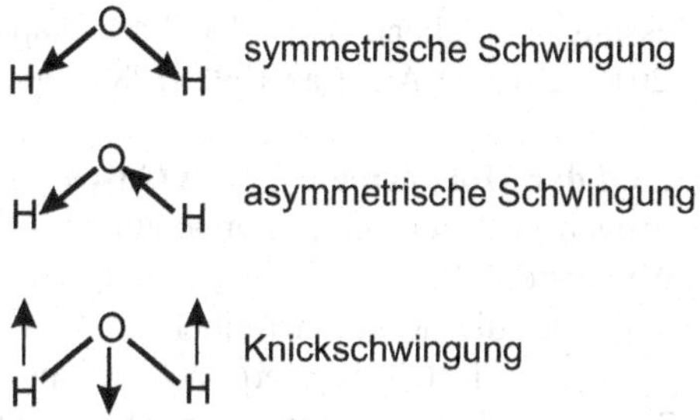


**Abb. 7.6** Schwingungsfreiheitsgrade von $H_2O$

**Mehratomige Gase mit $n$ = Zahl der Atome im Molekül ($n \geq 4$):** 3 Translationsfreiheitsgrade + 3 Rotationsfreiheitsgrade + $3 \cdot n - 6$ Schwingungsfreiheitsgrade = $3 \cdot n$ Freiheitsgrade insgesamt. Bei voller Anregung ist

$$C_{V,\mathrm{m}} = [3/2 + 3/2 + (3 \cdot n - 6)]R = (3 \cdot n - 3)R \qquad (7.61)$$

Bei Raumtemperatur sind die Schwingungsfreiheitsgrade von Gasen oft noch nicht oder nicht vollständig angeregt (Abschn. 7.1.3.1).

### Berechnung der Molwärme von Gasen

Bei Raumtemperatur ($T = 298$ K $= 25$°C) sind bei nahezu allen Gasen die Translations- und Rotationsbewegungen voll angeregt während die Schwingungsbewegungen erst bei höheren Temperaturen $T > 298$ K angeregt werden (Abschn. 7.1.3). Für ideale Gase ist nach Gl. 2.27 $C_{p,\mathrm{m}} = C_{V,\mathrm{m}} + R$. Näherungsweise können daher die Molwärmen $C_{V,\mathrm{m}}$ und $C_{p,\mathrm{m}}$ für Gase unter der Voraussetzung, dass die Translations- und Rotationsbewegungen voll angeregt sind, berechnet werden. Beispiele sind.

**He:** $FG_{\mathrm{transl}} = 3$; $C_{v,\mathrm{m}} = (3/2)R = 12{,}47$ J/(mol K); $C_{p,\mathrm{m}} = 20{,}79$ J/(mol K). ($FG_{\mathrm{vibr}} = 0$).

**$H_2$:** $FG_{\mathrm{transl}} = 3$; $FG_{\mathrm{rot}} = 2$; $C_{v,\mathrm{m}} = (5/2)R = 20{,}79$ J/(mol K); $C_{p,\mathrm{m}} = 29{,}10$ J/(mol K). ($FG_{\mathrm{vibr}} = 1$).

**$N_2$:** $FG_{transl} = 3$; $FG_{rot} = 2$; $C_{v,m} = (5/2)R = 20{,}79$ J/(mol K); $C_{p,m} = 29{,}10$ J/(mol K). ($FG_{vibr} = 1$).

**$CO_2$:** $FG_{transl} = 3$; $FG_{rot} = 2$; $C_{v,m} = (5/2)R = 20{,}79$ J/(mol K); $C_{p,m} = 29{,}10$ J/(mol K). ($FG_{vibr} = 4$).

**$H_2O$:** $FG_{transl} = 3$; $FG_{rot} = 3$; $C_{v,m} = (6/2)R = 24{,}94$ J/(mol K); $C_{p,m} = 33{,}25$ J/(mol K). ($FG_{vibr} = 3$).

**$CH_4$:** $FG_{transl} = 3$; $FG_{rot} = 3$; $C_{v,m} = (6/2)R = 24{,}94$ J/(mol K); $C_{p,m} = 33{,}25$ J/(mol K). ($FG_{vibr} = 9$).

Für genauere Rechnungen muss die Temperaturabhängigkeit des Schwingungsanteils der Wärmekapazität berücksichtigt werden (Abschn. 7.1.3.1). Aus experimentellen Messungen erhaltene Werte der Wärmekapazität finden sich in der Literatur (Lide 2018–2019; D'Ans-Lax 1992, 1988). ◀

**Temperaturabhängigkeit der Molwärme $C_{v,m}$ von Gasen**

Zweiatomige Gase bewegen sich bei tiefen Temperaturen auf den Zustand einatomiger Gase zu. Wasserstoff $H_2$, z. B. rotiert erst bei Zimmertemperatur. Bei tieferer Temperatur sind die Rotationsfreiheitsgrade von Gasen und die Schwingungsfreiheitsgrade von festen Körpern noch nicht oder nur teilweise angeregt. In Abschn. 7.1.3.1 wird auf die Temperaturabhängigkeit der Molwärme näher eingegangen. Abb. 7.7 zeigt die Temperaturabhängigkeit von $C_{V,m}$ verschiedener Gase.

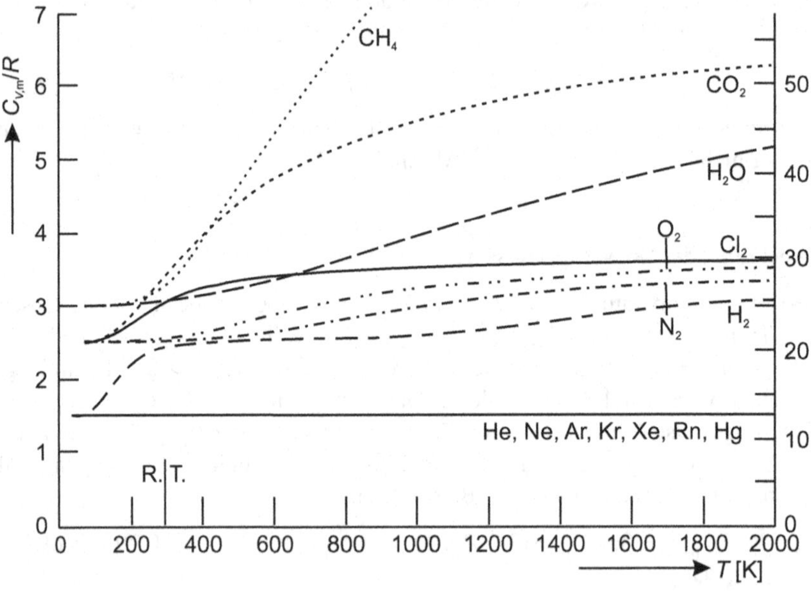


**Abb. 7.7** Temperaturabhängigkeit von $C_{V,m}$ verschiedener Gase. R.T. = Raumtemperatur, $T = 298$ K = 25°C

### Schwingungsfrequenz, innere Energie und Molwärmen von CO

Die charakteristische Schwingungstemperatur von CO ist $\theta_{vib} = 3080$ K (Abb. 7.4).

**Anteil der Moleküle, dessen Schwingungen bei 770 K angeregt sind** (Gl. 5.23)

$\varepsilon_{min} = k_B \cdot \theta_{vib}$; $N_{\varepsilon \geq \varepsilon_{min}}/N = \exp\left[-\varepsilon_{min}/(k_B \cdot T)\right]$.

$$N_{\varepsilon \geq \varepsilon_{min}}/N = \exp\left[-k_B \cdot \theta_{vib}/(k_B \cdot T)\right] = \exp\left(-\theta_{vib}/T\right) = \exp(-3080/770)$$
$$= \mathbf{0{,}0183} = \mathbf{1{,}83}\,\%$$

**1,83 %** der Moleküle sind angeregt.

**Frequenz und Wellenzahl der Grundschwingung** (Gl. 7.40)
Frequenz $\nu_0 = \theta_{vib} \cdot k_B/h = 3080 \cdot 1{,}381 \cdot 10^{-23}/6{,}626 \cdot 10^{-34} = \mathbf{64{,}19 \cdot 10^{12}\ s^{-1}}$.
Wellenzahl $\bar{\nu} = 1/\lambda = \nu_0/c_0 = 64{,}19 \cdot 10^{12}/2{,}9979 \cdot 10^8 = \mathbf{21{,}41 \cdot 10^4\ m^{-1}}$ **(= 2141 cm**$^{-1}$**)**.

**Innere Energie $U_m$**
CO hat einen Schwingungsfreiheitsgrad; nach Gl. 7.51 ist für die Temperatur $T = 770$ K

$$U_{m,vib} = (1/2)R \cdot \theta_{vib} + R \cdot \theta_{vib}/\left[\exp\left(\theta_{vib}/T\right) - 1\right]$$
$$U_{m,vib} = (1/2) \cdot 8{,}314 \cdot 3080 + 8{,}314 \cdot 3080/[\exp(3080/770) - 1]$$
$$= 12803{,}6 + 477{,}8$$
$$\boldsymbol{U}_{m,vib} = \mathbf{13281{,}4\ J/mol = 13{,}28\ kJ/mol.}$$

Bei voller Anregung der Schwingungen ist $\boldsymbol{U}_{\mathbf{m,vibr}} = (1/2)R \cdot \theta_{vib} + R \cdot T$ (Gl. 7.55)

$$U_{m,vib} = (1/2)8{,}314 \cdot 3080 + 8{,}314 \cdot 770 = 12803{,}6 + 6401{,}8$$
$$\mathbf{U_{m,vib} = 19295{,}4\ J/mol = 19{,}30\ kJ/mol.}$$

Translation und Rotation sind bei 770 K voll angeregt; die gesamte innere Energie für ein Mol CO ist daher $U_m = U_{m,trans} + U_{m,rot} + U_{m,vibr}$

$$\boldsymbol{U}_{\mathbf{m}} = (3/2)R \cdot T + (2/2)R \cdot T + 13281{,}4 = 9602{,}7 + 6401{,}8 + 13281{,}4$$
$$= 29285{,}9\ \text{J/mol} = \mathbf{29{,}29\ kJ/mol.}$$

**Molwärmen $C_{V,m}$ und $C_{p,m}$**
Nach Gl. 7.52 ist für die Temperatur $T = 770$ K und $\theta_{vib}/T = 3080/770 = 4$

$$C_{V,m,vibr} = R(\theta_{vib}/T)^2 \exp\left(\theta_{vib}/T\right)/\left[\exp\left(\theta_{vib}/T\right) - 1\right]^2$$

$\boldsymbol{C}_{\boldsymbol{V},\mathbf{m,vibr}} = 8{,}314(4)^2 \cdot \exp(4)/[\exp(4) - 1]^2 = \mathbf{2{,}48\ J/(mol\ K)}$ (Abb. 7.4).
Bei voller Anregung der Schwingungen ist $\boldsymbol{C}_{\boldsymbol{V},\mathbf{m,vibr}} = R = \mathbf{8{,}314\ J/(mol\ K)}$.
Translation und Rotation sind bei 770 K voll angeregt; die gesamte Molwärme für ein Mol CO $C_{V,m}$ ist daher $C_{V,m} = C_{V,m,trans} + C_{V,m,rot} + C_{V,m,vibr}$

$C_{V,\mathrm{m}} = (3/2)R + (2/2)R + 2{,}48 = 12{,}47 + 8{,}31 + 2{,}48 = \mathbf{23{,}26\ J/(mol\ K)}$.

$C_{p,\mathrm{m}} = C_{V,\mathrm{m}} + R = 23{,}26 + 8{,}31 = \mathbf{31{,}57\ J/(mol\ K)}$ (Gl. 2.27). ◀

## Molwärme von Stickstoff

Für die molare Wärmekapazität des Stickstoffs bei konstantem Druck wurden experimentell die in Tab. 7.1, Spalte 1 und 2 wiedergegebenen Werte gefunden (aus Landolt-Börnstein II/4 S. 480).

Der Schwingungsanteil der Molwärme des Stickstoffs wird nach der folgenden Beziehung ermittelt:
$C_{V,\mathrm{m}} = C_{p,\mathrm{m}} - R$ (Gl. 2.27); $C_{V,\mathrm{m,trans,rot}} = (5/2)R$; $C_{V,\mathrm{m,vib}} = C_{V,\mathrm{m}} - C_{V,\mathrm{m,trans,rot}} = C_{p,\mathrm{m}} - R - C_{V,\mathrm{m,trans,rot}} = C_{p,\mathrm{m}} - (7/2)R = C_{p,\mathrm{m}} - 29{,}10$. Dabei wird angenommen, dass die Translation und die Rotation von Stickstoff ab der Zimmertemperatur 298 K voll angeregt sind (siehe Abb. 7.7). Die Werte von $C_{V,\mathrm{m,vib}}$ finden sich in Spalte 3.

$C_{V,\mathrm{m,vib}}$ lässt sich darstellen als Funktion von $T/\theta_{\mathrm{vib}}$, wobei $\theta_{\mathrm{vib}} = h \cdot \nu_0/k_{\mathrm{B}}$ ist. Von dieser Darstellung ausgehend kann man prüfen, ob die experimentellen Werte der Planck-Einstein-Gleichung gehorchen, indem man für jeden einzelnen Wert zunächst $\theta_{\mathrm{vib}}$ und daraus $\nu_0$ ausrechnet; $\theta_{\mathrm{vib}}$ und $\nu_0$ müssten konstant bleiben.

Abb. 7.8 zeigt die Planck-Einstein-Gleichung für einen Schwingungsfreiheitsgrad in universeller Auftragung, gültig für alle Substanzen mit Schwingungsfreiheitsgraden. Mit den vorgegebenen Werten von $C_{V,\mathrm{m,vibr}}$ aus Tab. 7.1 kann hiermit die Größe $T/\theta_{\mathrm{vib}}$ und daraus die Größen $\theta_{\mathrm{vib}}$, $\nu_0 = \theta_{\mathrm{vib}} \cdot k_{\mathrm{B}}/h$ und $\overline{\nu} = 1/\lambda = \nu_0/c$ berechnet werden. Alle Werte finden sich in Tab. 7.1.

**Tab. 7.1** Molwärme von Stickstoff bei verschiedenen Temperaturen. $\theta_{\mathrm{vib}}$ = charakteristische Temperatur, Ø = arithmetisches Mittel

| $T$ [K] | $C_{p,\mathrm{m}}$ [J/(mol K)] | $C_{V,\mathrm{m,vib}}$ [J/(mol K)] | $T/\theta_{\mathrm{vib}}$ | $\theta_{\mathrm{vib}}$ [K] | $\nu_0 \cdot 10^{-13}$ [1/s] | $\overline{\nu} \cdot 10^{-2}$ [1/m] |
|---|---|---|---|---|---|---|
| 298,15 | 29,12 | 0,02 | | | | |
| 400 | 29,25 | 0,15 | 0,120 | 3333 | 6,945 | 2317 |
| 500 | 29,58 | 0,48 | 0,1515 | 3300 | 6,877 | 2294 |
| 600 | 30,11 | 1,01 | 0,1815 | 3306 | 6,888 | 2298 |
| 700 | 30,76 | 1,66 | 0,210 | 3333 | 6,945 | 2317 |
| 800 | 31,43 | 2,33 | 0,239 | 3347 | 6,974 | 2326 |
| 900 | 32,10 | 3,00 | 0,270 | 3333 | 6,945 | 2317 |
| 1000 | 32,70 | 3,60 | 0,302 | 3311 | 6,899 | 2301 |
| 1500 | 34,85 | 5,75 | 0,462 | 3247 | 6,765 | 2257 |
| 2000 | 35,99 | 6,89 | 0,6575 | 3042 | 6,338 | 2114 |
| 3000 | 37,07 | 7,97 | | | | |
| | | | | Ø = 3284 | | |

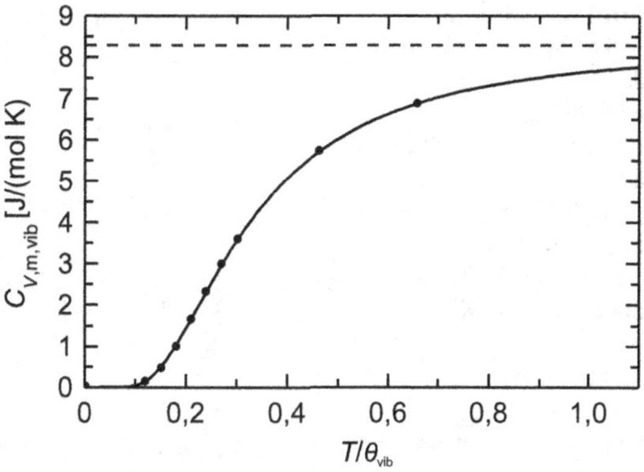


**Abb. 7.8** Planck-Einstein-Gleichung, Gl. 7.52, für einen Schwingungsfreiheitsgrad in universeller Auftragung $C_{V,m,vib} = f(T/\theta_{vib})$. • = Messwerte für Stickstoff aus Tab. 7.1; ------ = $C_{V,m,vib} = R$ bei voller Anregung

Aus spektroskopischen Messungen erhält man für die Wellenzahl der Grundschwingung des $N_2$-Moleküls $\overline{\nu} = 2359{,}61 \cdot 10^2\ m^{-1}$ und daraus mit $\overline{\nu} = 1/\lambda = \nu_0/c$ für die Frequenz $\nu_0 = 7{,}07387 \cdot 10^{13}$ Hz und für $\theta_{vib} = h \cdot \nu_0/k_B = 3395$ K.

Wie aus der obigen Tabelle ersichtlich, erhält man die Werte für $\theta_{vib}$, $\nu_0$ und $\overline{\nu}$ nur angenähert; das arithmetische Mittel von $\theta_{vib}$ ist $\theta_{vib} = 3284$ K. Dasselbe Verhalten zeigt sich im Vergleich der berechneten Kurve mit $\theta_{vib} = 3395$ K mit den Messwerten.

Die Abweichungen sind wahrscheinlich auf eine Lockerung der Bindungen zurückzuführen, womit die Voraussetzung der Harmonizität entfällt. Bei der Ableitung der Planck-Einstein-Gleichung, Gl. 7.52, wurde vorausgesetzt, dass sich die Moleküle wie harmonische Oszillatoren verhalten.

Abb. 7.9 zeigt die Molwärme $C_{pm}$ von Stickstoff als Funktion der Temperatur. Dabei wurde angenommen, dass die Translation und die Rotation von Stickstoff ab der Zimmertemperatur 298 K voll angeregt sind und der Schwingungsanteil nach der Planck-Einstein-Gleichung, Gl. 7.52 berechnet werden kann. Die gestrichelte Kurve gilt für den Mittelwert von $\theta_{vib}$ aus Tab. 7.1 und die durchgezogene Kurve für $\theta_{vib}$, das aus spektroskopischen Messungen gewonnen wurde. ◄

#### 7.1.3.3 Molwärme von Festkörpern, Dulong-Petit'sches Gesetz

Bei Festkörpern (Metallen) sind die Atome in ein festes Gitter eingebaut; sie können daher weder translatieren noch rotieren, d. h. sie können außer Schwingungen keine weiteren Bewegungen ausführen und besitzen 3 Schwingungsfreiheitsgrade. Daher wird angenommen, dass die $n$ Atome in alle drei senkrecht aufeinander stehenden Richtungen schwingen können. Der Festkörper entspricht daher einer Ansammlung von $3 \cdot n$ harmonischen Oszillatoren. Die innere Energie und die Wärmekapazität unterliegt dem Gleichverteilungssatz und ergibt sich aus Gl. 7.51 und 7.52 mit drei unabhängigen Bewegungsrichtungen und daher drei Schwingungsfreiheitsgraden jedes Atoms zu

$$U_{m,vib} = (3/2) \cdot R \cdot \theta_{vib} + 3 \cdot R \cdot \theta_{vib} / \left[\exp\left(\theta_{vib}/T\right) - 1\right] \quad (7.62)$$

$$C_{V,m,vib} = 3 \cdot R(\theta_{vib}/T)^2 \exp\left(\theta_{vib}/T\right) / \left[\exp\left(\theta_{vib}/T\right) - 1\right]^2 \quad (7.63)$$

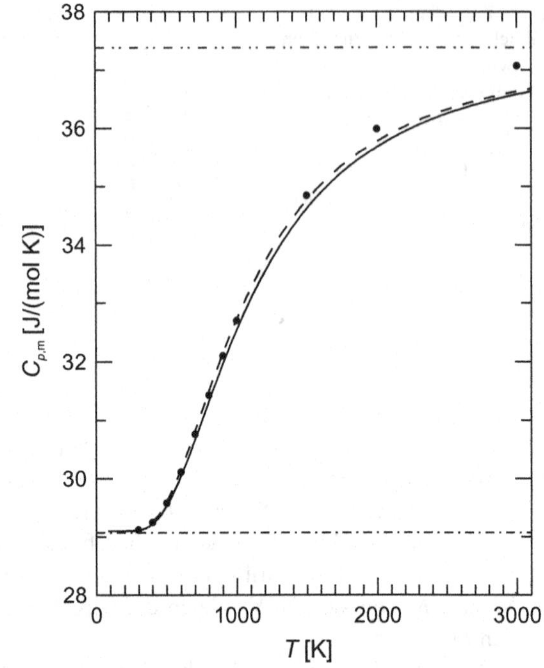


**Abb. 7.9** Molwärme $C_{p,\mathrm{m}}$ von Stickstoff als Funktion der Temperatur nach Gl. 7.52 und Gl. 2.27.
• = Messwerte für Stickstoff aus Tab. 7.1;
----- = Gl. 7.52 mit $\theta_{\mathrm{vib}} = 3284$ K;
——— = Gl. 7.52 mit $\theta_{\mathrm{vib}} = 3395$ K;
-·-·-·-·- = $C_{p,\mathrm{m}} = (7/2)R$, ohne Schwingungsanregung;
-··-··-··- = $C_{p,\mathrm{m}} = (9/2)R$, bei voller Schwingungsanregung

Gl. 7.62 und 7.63 sind die Planck-Einstein-Gleichungen für drei Schwingungsfreiheitsgrade. Weil bei einem Festkörper die Atome auf den Gitterplätzen festgenagelt sind, können diese weder translatieren noch rotieren und haben damit auch keine Freiheitsgrade der Translation und der Rotation; daher ist $U_{\mathrm{m}} = U_{\mathrm{m,vib}}$ und $C_{V,\mathrm{m}} = C_{V,\mathrm{m,vib}}$.

Für hohe Temperaturen $\theta_{\mathrm{vib}} \ll T$ oder $\theta_{\mathrm{vib}}/T \to 0$ ergibt sich aus Gl. 7.53 und 7.54

$$U_{\mathrm{m}} = (3/2)R \cdot \theta_{\mathrm{vib}} + 3 \cdot R \cdot T \text{ und } C_{V,\mathrm{m}} = 3 \cdot R \text{ für } \theta_{\mathrm{vib}} \ll T \qquad (7.64)$$

Gl. 7.64 ist das Dulong-Petit'sche Gesetz

$$C_{V,\mathrm{m}} = C_{V,\mathrm{sp}} \cdot M = 3 \cdot R = 3 \cdot 8{,}314 = 24{,}94\ \mathrm{J/(mol\ K)} \qquad (7.65)$$

Hiermit kann man die spezifische Wärme $C_{V,\mathrm{sp}}$ von festen Metallen ausrechnen, jedenfalls näherungsweise, wie Tab. 7.2 zeigt.

Abb. 7.10 zeigt als Beispiel den Schwingungsanteil der Molwärmen von Blei und Diamant in Abhängigkeit von der Temperatur nach Gl. 7.63.

Nach Gl. 7.40 und Gl. 7.37 ist $\theta_{\mathrm{vib}} \sim \nu_0$ und $\nu_0 = [1/(2 \cdot \pi)](D/m)^{1/2}$. $m$ ist die Masse des Atoms und kleine Massen $m$ führen zu großen Werten von $\theta_{\mathrm{vib}}$ und damit zu großen Schwingungsquanten. Das bedeutet

- für den harten Diamanten eine große Kraftkonstante $D$ (harte Feder)
- für das weiche Blei eine kleine Kraftkonstante $D$ (weiche Feder)

**Tab. 7.2** Molmasse, spez. Wärme und Molwärme verschiedener Metalle

| Atom | Molmasse $M$ [g/mol] | Spez. Wärme $C_{V,sp}$ [J/(g K] | Molwärme $C_{V,m}$ [J/(mol K)] |
|---|---|---|---|
| Li | 6,9 | 3,34 | 23,0 |
| Mg | 24,3 | 1,045 | 25,4 |
| Al | 27,0 | 0,888 | 24,0 |
| Fe | 55,8 | 0,460 | 25,7 |
| Ag | 117,9 | 0,230 | 27,1 |
| Pb | 207,0 | 0,1296 | 26,8 |

Nach dem Boltzmann'schen Verteilungsgesetz, Gl. 5.23, ist $N_{\varepsilon \geq \varepsilon_{\min}}/N = \exp[-\varepsilon_{\min}/(k_B \cdot T)]$ mit $\varepsilon \geq \varepsilon_{\text{min}}$ und $k_B = R/N_A$. Für 1 Mol ist $N_A = N$ und $N_{\varepsilon \geq \varepsilon_{\min}}/N$ der Bruchteil der Moleküle mit $\varepsilon \geq \varepsilon_{\text{min}}$. Abb. 7.11 zeigt die Boltzmann'sche Energie für zwei verschiedene Werte von $\varepsilon_0$ und demonstriert die Änderungen der Energieverteilung mit der Temperatur; bei tiefen Temperaturen ergeben sich große Energiequanten $\varepsilon_0$ mit entsprechend großen Treppen bei der Verteilungsfunktion.

Aus Gl. 7.37 ist ersichtlich, dass eine große Kraftkonstante $D$ und eine kleine Masse $m$ zu einer hohen Frequenz $\nu_0$ führt, z. B. ist beim Diamant $\varepsilon_0$ und damit $\nu_0$ sehr hoch; daraus folgt, dass $D$ groß und $m$ klein ist (Abb. 7.11).

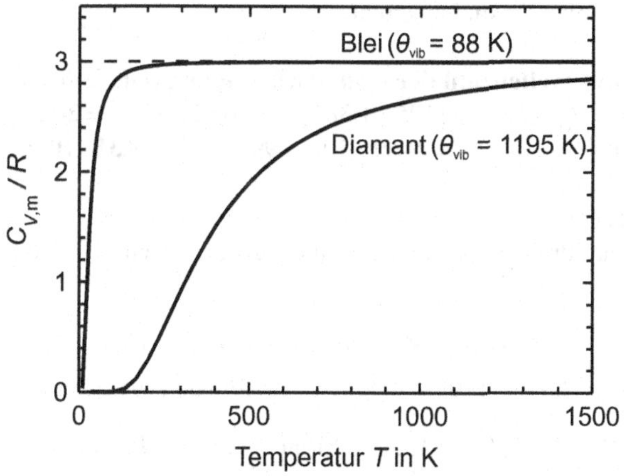


**Abb. 7.10** Molwärme $C_{V,m}/R$ für Blei und Diamant nach Gl. 7.63. ------ = $C_{V,m}/R$ bei voller Schwingungsanregung

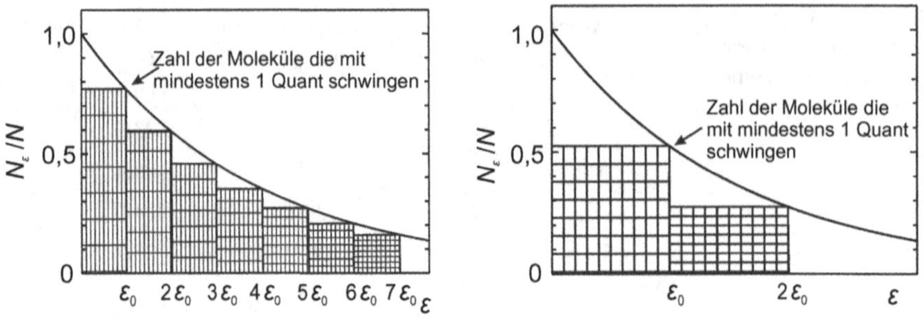


**Abb. 7.11** Boltzmann'sche Energieverteilung für zwei verschiedene Werte von $\varepsilon_0$

**Beispiel**

Die charakteristische Schwingungstemperatur von Kohlenstoff (Diamant) wurde aus experimentellen Messungen zu $\theta_{vib} = h \cdot \nu_0/k_B = 1195$ K bestimmt.

**Anteil der Moleküle, dessen Schwingungen bei 298 K angeregt sind** (Gl. 5.23).
Zu berechnen ist der Anteil der Moleküle, die eine größere Energie als $\varepsilon_{min} = h \cdot \nu_0 = k_B \cdot \theta_{vib}$ haben.

$$N_{\varepsilon \geq \varepsilon_{min}}/N = \exp\left[-\varepsilon_{min}/(k_B \cdot T)\right] = \exp\left[-k_B \cdot \theta_{vib}/(k_B \cdot T)\right] = \exp\left[(-\theta_{vib}/T)\right]$$

$$N_{\varepsilon \geq \varepsilon_{min}}/N = \exp(-1195/298) = 0{,}0181 = \mathbf{1{,}81}\ \%$$

**1,81 %** der Moleküle sind angeregt.

**Frequenz und Wellenzahl der Grundschwingung (Gl. 7.40).**
Frequenz $\nu_0 = \theta_{vib} \cdot k_B/h = 1195 \cdot 1{,}381 \cdot 10^{-23}/6{,}626 \cdot 10^{-34} = \mathbf{24{,}91 \cdot 10^{12}\ s^{-1}}$.
Wellenzahl $\bar{\nu}_0 = 1/\lambda = \nu_0/c_0 = 24{,}91 \cdot 10^{12}/2{,}9979 \cdot 10^8 = \mathbf{8{,}31 \cdot 10^4\ m^{-1} = 831\ cm^{-1}}$.

**Innere Energie**
Diamant hat drei Schwingungsfreiheitsgrade; nach Gl. 7.62 ist für die Temperatur $T = 298$ K

$$U_{m,vib} = (3/2) \cdot R \cdot \theta_{vib} + 3 \cdot R \cdot \theta_{vib}/\left[\exp(\theta_{vib}/T) - 1\right]$$

$$\boldsymbol{U_{m,vib}} = (3/2) \cdot 8{,}314 \cdot 1195 + 3 \cdot 8{,}314 \cdot 1195/[\exp(1195/298) - 1]$$

$$= 14.902{,}8 + 550{,}4 = 15.453{,}2\ \text{J/mol} = \mathbf{15{,}45\ kJ/mol.}$$

Bei voller Anregung der Schwingungen ist $U_{m,vib} = (3/2) \cdot R \cdot \theta_{vib} + 3 \cdot R \cdot T$.

$$\boldsymbol{U_{m,vib}} = (3/2) \cdot 8{,}314 \cdot 1195 + 3 \cdot 8{,}314 \cdot 298 = 14902{,}8 + 7432{,}7 = 22335{,}5\ \text{J/mol}$$

$$= \mathbf{22{,}33\ kJ/mol}$$

Für Diamant gibt es keine Freiheitsgrade der Translation und Rotation, $U_{m.vib} = U_m$. Bei Zimmertemperatur ist nur ein geringer Anteil der Moleküle angeregt (Abb. 7.10).

**Molwärmen $C_{V,\mathrm{m}}$ und $C_{p,\mathrm{m}}$**

Nach Gl. 7.63 ist für die Temperatur $T = 298$ K und $\theta/T = 1195/298 = 4{,}01$

$$C_{V,\mathrm{m}} = 3 \cdot R(\theta_{\mathrm{vib}}/T)^2 \exp(\theta_{\mathrm{vib}}/T)/\left[\exp(\theta_{\mathrm{vib}}/T) - 1\right]^2$$

$C_{V,\mathrm{m}} = 3 \cdot 8{,}314(4{,}01)^2 \cdot \exp(4{,}01)/[\exp(4{,}01) - 1]^2 = \mathbf{7{,}54\ J/(mol\ K)}$ (Abb. 7.10).
Bei voller Anregung der Schwingungen ist $C_{V,\mathrm{m}} = 3 \cdot R = \mathbf{24{,}94\ J/(mol\ K)}$.

Nach Gl. 3.46, Abschn. 3.5.1 ist $C_{p,\mathrm{m}} = C_{V,\mathrm{m}} + T \cdot \alpha^2 \cdot V_{\mathrm{m},0}^2/\left(\kappa \cdot V_{\mathrm{m},1}\right)$.

Ausdehnungskoeffizient $\alpha = 1{,}18 \cdot 10^{-6}\ \mathrm{K}^{-1}$ (298 K); Kompressibilität $\kappa = 2{,}26 \cdot 10^{-12}\ \mathrm{Pa}^{-1}$ (298 K); Dichte $\rho = 3520\ \mathrm{kg/m^3}$ (298 K); Molvolumen $V_{\mathrm{m}} = M/\rho = 12 \cdot 10^{-3}/3520 = 3{,}41 \cdot 10^{-6}\ \mathrm{m^3/mol}$. Im Temperaturbereich 273 bis 298 K ist $V_{\mathrm{m},0} \approx V_{\mathrm{m},1}$ (Abschn. 2.5.3).

Es ist (Gl. 3.46) $C_{p,\mathrm{m}} - C_{V,\mathrm{m}} = T \cdot \alpha^2 \cdot V_{\mathrm{m},0}^2/\left(\kappa \cdot V_{\mathrm{m},1}\right)$.

$$\begin{aligned} \boldsymbol{C_{p,\mathrm{m}}} &= 7{,}54 + 298 \cdot \left(1{,}18 \cdot 10^{-6}\right)^2 \cdot \left(3{,}41 \cdot 10^{-6}\right)^2/\left(2{,}26 \cdot 10^{-12} \cdot 3{,}41 \cdot 10^{-6}\right) \\ &= 7{,}54 + 3{,}20 \cdot 10^{-6} = \mathbf{7{,}54\ J/(mol\ K)} \end{aligned}$$

Experimentell gemessener Wert: $C_{p,\mathrm{m}} = 6{,}02$ J/(mol K). Die Abweichung zwischen Theorie und Experiment zeigt, dass das Planck-Einstein-Modell verbesserungswürdig ist. In Abschn. 7.1.3.4 wird ein verbessertes Modell vorgestellt.

Für Festkörper und Flüssigkeiten ist $C_{p,\mathrm{m}} \approx C_{V,\mathrm{m}}$. Das liegt daran, dass die Temperaturabhängigkeit des Volumens ($\partial V/\partial T$, siehe Gl. 3.45) von Festkörpern und Flüssigkeiten wesentlich geringer ist als diejenige von Gasen. ◀

### 7.1.3.4 Molwärme von Festkörpern, Debye-Theorie

Bei der Planck-Einstein-Theorie wurde angenommen, dass die Gitteratome im Festkörper unabhängig voneinander mit derselben Frequenz schwingen. Nach Debye setzt sich der Festkörper aus voneinander abhängig schwingenden Atomen zusammen; er wird als ein schwingendes Mehrteilchensystem mit mehreren diskreten Eigenfrequenzen betrachtet. Für die molare innere Schwingungsenergie erhält man damit statt der Planck-Einstein-Gleichung Gl. 7.51 mit $\theta_{\mathrm{vib}} = h \cdot \nu_0/k_{\mathrm{B}}$ und $N_{\mathrm{A}} \cdot k_{\mathrm{B}} = R$

$$U_{\mathrm{m,vib}} = (1/2)N_{\mathrm{A}} \cdot h \cdot \nu_0 + N_{\mathrm{A}} \cdot h \cdot \nu_0/\{\exp[h \cdot \nu_0/(k_{\mathrm{B}} \cdot T)] - 1\} \qquad (7.66)$$

die Debye-Gleichung

$$U_{\mathrm{m,vib}} = \int_0^{\nu_{\max}} \left[(1/2)N_{\mathrm{A}} \cdot h \cdot \nu + N_{\mathrm{A}} \cdot h \cdot \nu/\{\exp[h \cdot \nu/(k_{\mathrm{B}} \cdot T)] - 1\}\right] g(\nu)\mathrm{d}\nu \qquad (7.67)$$

mit der Frequenzverteilung $g(\nu)$. $\nu_{\max}$ ist durch die Normierungsbedingung $\int_0^{\nu_{\max}} g(\nu)\,\mathrm{d}\nu = 3 \cdot N_{\mathrm{A}}$ festgelegt. Für die Frequenzverteilung ergibt sich

$$g(\nu) = 9 \cdot N_{\mathrm{A}} \cdot \nu^2/\nu_{\max}^3 \qquad (7.68)$$

Damit erhält man für die molare innere Schwingungsenergie

$$U_{\mathrm{m,vib}} = (9/8)N_{\mathrm{A}} \cdot h \cdot \nu_{\max} + \left(9 \cdot N_{\mathrm{A}} \cdot h/\nu_{\max}^3\right) \int\limits_0^{\nu_{\max}} \left[\nu^3/\{\exp\left[h \cdot \nu/(k_{\mathrm{B}} \cdot T)\right] - 1\}\right] \mathrm{d}\nu \tag{7.69}$$

Substitution von $h \cdot \nu/(k_{\mathrm{B}} \cdot T) = x$ mit $\mathrm{d}x/\mathrm{d}\nu = h/(k_{\mathrm{B}} \cdot T)$ ergibt

$$\begin{aligned} U_{\mathrm{m,\,vib}} &= (9/8)N_{\mathrm{A}} \cdot h \cdot \nu_{\max} \\ &\quad + \left[9 \cdot N_{\mathrm{A}} \cdot h \cdot k_{\mathrm{B}}^4 \cdot T^4/\left(h^4 \cdot \nu_{\max}^3\right)\right] \int_0^{V_{\max}} \left[x^3/(\exp x - 1)\right] \mathrm{d}x \end{aligned} \tag{7.70}$$

Einführung der Debye-Temperatur

$$\theta_{\mathrm{D}} = h \cdot \nu_{\max}/k_{\mathrm{B}} \text{ ergibt} \tag{7.71}$$

$$U_{\mathrm{m,vib}} = (9/8)R \cdot \theta_{\mathrm{D}} + \left[9 \cdot R \cdot T(T/\theta_{\mathrm{D}})^3\right] \int\limits_0^{\theta_{\mathrm{D}}/T} \left[x^3/(\exp x - 1)\right] \mathrm{d}x \tag{7.72}$$

Daraus ergibt sich die molare Schwingungs-Wärmekapazität eines Festkörpers bei konstantem Volumen zu

$$C_{V,\,\mathrm{m.vib}} = \left(\partial U_{\mathrm{m,vib}}/\partial T\right)_V = \left[9 \cdot R(T/\theta_{\mathrm{D}})^3\right] \int\limits_0^{\theta_{\mathrm{D}}IT} \left[x^4 \cdot \exp x/(\exp x - 1)^2\right] \mathrm{d}x \tag{7.73}$$

Gl. 7.72 und Gl. 7.73 sind die Debye'schen Gleichungen; das verbleibende Integral in beiden Gleichungen kann numerisch gelöst werden.

Interessant ist das Verhalten der Debye'schen Gleichungen bei tiefen und hohen Temperaturen.

**Hohe Temperaturen $T \to \infty$**

Für diesen Fall geht $x = h \cdot \nu/(k_{\mathrm{B}} \cdot T) \to 0$ und nach Gl. 9.35 ist $\exp x \approx 1 + x$. Damit wird das Integral in Gl. 7.72.

$$\int_0^{\theta_{\mathrm{D}}/T} \left(x^3/x\right) \mathrm{d}x = \int_0^{\theta_{\mathrm{D}}/T} x^2 \cdot \mathrm{d}x = (1/3)x^3\Big|_0^{\theta_{\mathrm{D}}/T} = (1/3)(\theta_{\mathrm{D}}/T)^3$$

Einsetzen in Gl. 7.72 ergibt

$$\underset{T\to\infty}{U_{\mathrm{m,vib}}} = (9/8)R \cdot \theta_{\mathrm{D}} + 3 \cdot R \cdot T \text{ und} \tag{7.74}$$

$$\underset{T\to\infty}{C_{V,\mathrm{m,vib}}} = 3 \cdot R \tag{7.75}$$

Es zeigt sich, dass die Wärmekapazität $C_{V,\mathrm{m,vib}}$ identisch mit denjenigen aus der Planck-Einstein-Theorie und dem Dulong-Petit'schen Gesetz ist. Lediglich die Nullpunktsenergie der inneren Energien der Planck-Einstein- und der Debye-Theorie unterscheiden sich; das liegt an den unterschiedlichen Definitionen der Größen $\theta_{\mathrm{vib}}$ und $\theta_{\mathrm{D}}$.

**Tiefe Temperaturen $T \to 0$**

Für diesen Fall geht $\theta_D/T \to \infty$. Das Integral $\int_0^\infty \left[x^3/(\exp x - 1)\right] \mathrm{d}x$ ist analytisch und numerisch lösbar und ergibt $\pi^4/15 = 6{,}494$ (Wedler und Freund 2018). Das ergibt mit Gl. 7.72.

$$\begin{aligned} \underset{T\to 0}{U_{\mathrm{m,vib}}} &= (9/8)R \cdot \theta_{\mathrm{D}} + (3/5)\pi^4 \cdot R \cdot T(T/\theta_{\mathrm{D}})^3 \\ &= (9/8)R \cdot \theta_{\mathrm{D}} + 58{,}45 \cdot R \cdot T(T/\theta_{\mathrm{D}})^3 \text{ und} \end{aligned} \tag{7.76}$$

$$\underset{T\to 0}{C_{V,\mathrm{m,vib}}} = (12/5)\pi^4 \cdot R(T/\theta_{\mathrm{D}})^3 = \left(233{,}8 \cdot R/\theta_{\mathrm{D}}^3\right)T^3 = \left(1943{,}8/\theta_{\mathrm{D}}^3\right)T^3 \tag{7.77}$$

Gl. 7.77 ist das Debye'sche Grenzgesetz für tiefe Temperaturen (Debye'sches $T^3$-Gesetz). Abb. 7.12 vergleicht die berechneten Wärmekapazitäten $C_{V,\mathrm{m}}$ der Gleichungen von Planck-Einstein und Debye. Die größten Abweichungen bei beiden Theorien treten bei niedrigen Temperaturen auf; die Debye'sche Theorie liefert bei niedrigen Temperaturen eine wesentlich bessere Übereinstimmung mit den Messwerten. Abweichungen zwischen beiden Theorien und experimentellen Werten gibt es auch bei höheren Temperaturen, z. B. bei Aluminium bei $T > 250$ K (siehe Abb. 7.12). Das mag daran liegen, dass Al bei Temperaturen $T > 250$ K kein idealer Kristall mehr ist und Translations- und Rotationsfreiheitsgrade aus dem Tiefschlaf erwachen; immerhin ist die Schmelztemperatur von Al ziemlich niedrig, nämlich $T_{\mathrm{fus}} = 660{,}4\,°\mathrm{C}$.

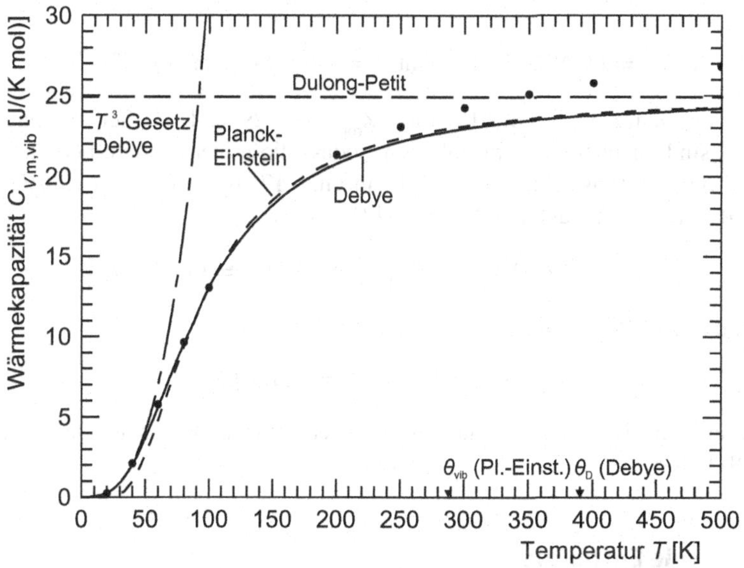


**Abb. 7.12** Wärmekapazität $C_{V,\mathrm{m}} = C_{V,\mathrm{m,vib}}$ berechnet mit der Planck-Einstein-Gleichung, Gl. 7.63 und der Debye-Gleichung, Gl. 7.73, für Aluminium. $\theta_{\mathrm{vib}} = 288$ K, $\theta_{\mathrm{D}} = 390$ K. • = Messwerte (Lide 2018–2019; D'Ans-Lax 1992, 1988); ------ = $C_{V,\mathrm{m,vib}} = 3 \cdot R$ bei voller Schwingungsanregung, Dulong-Petit'sches Gesetz

### 7.1.4 Elektronenanregung

Für die Zustandssumme bei elektronischer Anregung gilt wie für alle anderen Anregungen Gl. 7.2

$$z_{\mathrm{el}} = \sum_i g_i \cdot \exp\left[-\varepsilon_i/(k_{\mathrm{B}} \cdot T)\right]$$

Bei normalen Temperaturen sind die elektronischen Zustände oft nicht angeregt, d. h. die angeregten elektronischen Zustände liegen hoch über dem Grundzustand, sodass die Zustandssumme $z_{\mathrm{el}}=1$ ist. Allerdings kann der elektronische Grundzustand entartet sein, sodass $z_{\mathrm{el}}=g_{1,\mathrm{el}}$ ist, mit dem Entartungsgrad des Grundzustands $g_{1,\mathrm{el}}$.

Z. B. sind die Grundzustände der Alkalimetallatome zweifach entartet, weil der Elektronenspin zwei mögliche Orientierungen hat; daher ist in diesem Fall $z_{\mathrm{el}}=g_{1,\mathrm{el}}=2$.

## 7.2 Gase: Ideales Gasgesetz, Freie Enthalpie und Freie Energie

### 7.2.1 Ideales Gasgesetz

Nach Gl. 6.17 ist $p = k_{\mathrm{B}} \cdot T(\partial \ln Z/\partial V)_T$. Die Systemzustandssumme für die Translation ist nach Gl. 7.14

$$Z_{\mathrm{trans}} = (1/N!)V^N/\Lambda^{3\cdot N} \text{ mit } \Lambda = \left[h^2/(2 \cdot \pi \cdot m \cdot k_{\mathrm{B}} \cdot T)\right]^{1/2}.$$

Die Zustandssummen für die Rotation $Z_{\mathrm{rot}}$, Gl. 7.29 und die Schwingung $Z_{\mathrm{vib}}$, Gl. 7.44, sind unabhängig vom Volumen, sodass diese hierfür nicht berücksichtigt werden müssen. Einsetzen von Gl. 7.14 in Gl. 6.17, $p = k_{\mathrm{B}} \cdot T(\partial \ln Z/\partial V)_T$, mit $\ln(a \cdot b) = \ln a + \ln b$ und $\mathrm{d}\ln V/\mathrm{d}V = 1/V$ führt zu

$$p = k_{\mathrm{B}} \cdot T(\partial/\partial V)_T \cdot N \cdot \ln\left[(1/N!)V/\Lambda^3\right] = k_{\mathrm{B}} \cdot T \cdot N/V.$$

Das ergibt mit $N/N_{\mathrm{A}}=n$ und $k_{\mathrm{B}} \cdot N_{\mathrm{A}}=R$

$$p \cdot V = N \cdot k_{\mathrm{B}} \cdot T = n \cdot R \cdot T. \tag{7.78}$$

Bemerkenswert ist, dass die statistische Thermodynamik das ideale Gasgesetz (Kap. 8) liefert.

### 7.2.2 Freie Enthalpie

Für die freie Enthalpie, Gl. 3.23, $G=A+p \cdot V$, ergibt sich mit Gl. 6.16, $A = -k_{\mathrm{B}} \cdot T \cdot \ln Z$, Gl. 7.78, $p \cdot V = N \cdot k_{\mathrm{B}} \cdot T$ und Gl. 6.8, $Z = z^N/N!$,

$$\begin{aligned} G &= -k_B \cdot T \cdot \ln Z + N \cdot k_B \cdot T = -k_B \cdot T \cdot \ln\left(z^N/N!\right) + N \cdot k_B \cdot T \\ &= -k_B \cdot T \cdot \ln z^N + k_B \cdot T \cdot \ln N! \; + N \cdot k_B \cdot T \\ &= -N \cdot k_B \cdot T \cdot \ln z + k_B \cdot T \cdot (N \cdot \ln N - N) \; + N \cdot k_B \cdot T \\ &= -N \cdot k_B \cdot T \cdot \ln z + N \cdot k_B \cdot T \cdot \ln N \end{aligned}$$

$$G = -N \cdot k_B \cdot T \cdot \ln(z/N) = -n \cdot R \cdot T \cdot \ln(z/N) \tag{7.79}$$

Von den Zustandssummen $z_{trans}$, $z_{rot}$, $z_{vib}$ und $z_{el}$ ist lediglich die Translationszustandssumme $z_{trans}$, Gl. 7.13, eine Funktion des Volumens.

$$z_{trans} = V/\Lambda^3 \text{ mit } \Lambda = \left[h^2/(2 \cdot \pi \cdot m \cdot k_B \cdot T)\right]^{1/2}.$$

Unter Standardbedingungen ($p^\circ = 1 \cdot 10^5$ Pa) ergibt sich aus Gl. 7.13 durch Ersatz von $V$ durch $V_m^\circ = V^\circ/n = R \cdot T/p^\circ$ für die Standardteilchenzustandssumme

$$z_{trans}^\circ = V_m^\circ/\Lambda^3 = R \cdot T/\left(p^\circ \cdot \Lambda^3\right) \tag{7.80}$$

und für die freie Standardenthalpie $G^\circ$ aus Gl. 7.79 durch Ersatz von $N$ durch $N_A$

$$G^\circ = -N \cdot k_B \cdot T \cdot \ln\left(z^\circ/N_A\right) = -n \cdot R \cdot T \cdot \ln\left(z^\circ/N_A\right) \tag{7.81}$$

mit der Standardteilchenzustandssumme nach Gl. 7.4 und Gl. 7.80. Der Index $\circ$ bezeichnet die thermodynamischen Standardbedingungen mit $p^\circ = 1 \cdot 10^5$ Pa.

Gl. 7.79 und 7.81 sind die statistisch-thermodynamischen Gleichungen für die freie Enthalpie $G$, wobei sich die Teilchenzustandssumme $z$ aus dem Produkt der Zustandssummen der Translation, Rotation, Schwingung und Elektronenanregung nach Gl. 7.4 zusammensetzt. Die Gleichungen erlauben es, die Richtung und die Triebkraft von chemischen Reaktionen zu bestimmen (Abschn. 7.3). Gl. 7.79 und 7.81 besagen, dass die freie Enthalpie im Wesentlichen von der Zustandssumme $z$ abhängt.

### 7.2.3 Freie Energie

Für die freie Energie folgt aus Gl. 3.23, $A = G - p \cdot V$, mit Gl. 7.79 und 7.78, $p \cdot V = N \cdot k_B \cdot T = n \cdot R \cdot T$

$$\begin{aligned} A &= -N \cdot k_B \cdot T \cdot \ln(z/N) - N \cdot k_B \cdot T \text{ und weiter} \\ A &= -N \cdot k_B \cdot T\{[\ln(z/N)] + 1\} = -n \cdot R \cdot T\{[\ln(z/N)] + 1\}. \end{aligned} \tag{7.82}$$

Für die freie Standardenergie ergibt sich entsprechend zu Gl. 7.81

$$A^\circ = -N \cdot k_B \cdot T\left\{\left[\ln\left(z^\circ/N_A\right)\right] + 1\right\} = -n \cdot R \cdot T\left\{\left[\ln\left(z^\circ/N_A\right)\right] + 1\right\}. \tag{7.83}$$

### 7.2.4 Gemeinsamer Energienullpunkt bei Molekülen

Bei der Berechnung von thermodynamischen Eigenschaften mit Zustandssummen muss noch berücksichtigt werden, dass bei den niedrigsten Energiezuständen aller Freiheitsgrade bei $T=0$ K die Grundzustände der Translation und Rotation für alle Stoffe äquivalent sind, nicht aber die Grundzustände der Schwingung und der Elektronenanregung. Bei $T=0$ K findet keine Translation und Rotation der Teilchen statt während Moleküle mit der Nullpunktsenergie $(1/2)h \cdot \nu_0$ schwingen und eine Dissoziationsenergie besitzen.

Nach Gl. 7.79 und 7.82 hängen die freie Energie und die freie Enthalpie von der Teilchenzustandssumme, Gl. 6.4, $z = \sum \exp[-\varepsilon_i/(k_B \cdot T)]$, ab, wobei die Energien $\varepsilon_i$ auf den niedrigsten Quantenzustand des Teilchens – das ist die Energie $\varepsilon_0$ – bezogen sind. Bei Molekülen muss die Nullpunktsenergie der Schwingungen und die Bindungs- oder Dissoziationsenergie berücksichtigt werden.

Im Fall von Molekülen muss daher ein gemeinsamer Energienullpunkt für alle Freiheitsgrade aller beteiligten Moleküle gefunden werden. Dieser ist per Definition derjenige, bei dem alle Moleküle vollständig dissoziiert sind. Weil die Energie der Atome auf diese Weise bei $T=0$ K als Null definiert ist, liegt bei Molekülen die Energie des Schwingungszustands unter Null und ist gleich der Dissoziationsenergie $\varepsilon_d = D_{eq} = D_0 + (1/2)h \cdot \nu_0$ des Moleküls mit der Nullpunktsenergie $(1/2)h \cdot \nu_0$, der Dissoziationsenergie beim Gleichgewichtsabstand $D_{eq}$ und der chemischen Dissoziationsenergie $D_0$ (Abb. 7.13 und Lechner 2017). $\varepsilon_d$ ist molekülspezifisch, weil verschiedene Moleküle unterschiedliche Dissoziationsenergien besitzen.

Bei der Zustandssumme tritt daher bei Molekülen an die Stelle der Energie $\varepsilon_i$ die Energie $\varepsilon_i - \varepsilon_d$. Unter der Berücksichtigung, dass $\varepsilon_{trans}$ und $\varepsilon_{rot}$ bei $T=0$ K Null sind, wird die auf den dissoziierten Zustand der Moleküle bezogene Zustandssumme mit

$$z_d = \sum_i \exp[-(\varepsilon_i - \varepsilon_d)/(k_B \cdot T)] = \exp[\varepsilon_d/(k_B \cdot T)] \sum_i \exp[-\varepsilon_i/(k_B \cdot T)] \tag{7.84}$$

bezeichnet. $\varepsilon_d = D_{eq} > 0$ ist die Disoziationsenergie des Moleküls. Vergleich mit Gl. 6.4 liefert.

$$z_d = \exp[\varepsilon_d/(k_B \cdot T)] \sum_i \exp[-\varepsilon_i/(k_B \cdot T)] = z_{vib} \cdot \exp[\varepsilon_d/(k_B \cdot T)]. \tag{7.85}$$

Die Zustandssumme für die Schwingung $z_{vib}$ wird daher um einen Korrekturfaktor für den Energiebeitrag der Dissoziation $\exp[\varepsilon_d/(k_B \cdot T)]$ ergänzt. Das führt mit Gl. 7.79 und wegen $\ln(\exp a) = a$ zu

$$\begin{aligned} G &= -n \cdot R \cdot T \cdot \ln\{(z/N) \cdot \exp[\varepsilon_d/(k_B \cdot T)]\} \\ &= -n \cdot R \cdot T\{[\ln(z/N)] + \varepsilon_d/(k_B \cdot T)\}. \end{aligned} \tag{7.86}$$

Mit Gl. 7.81, Gl. 7.82 und Gl. 7.83 ergeben sich entsprechende Gleichungen.

**Der Term $\varepsilon_d/(k_B \cdot T)$ verschiebt die Dissoziationsenergie $D_{eq}$ inclusive der Nullpunktsenergie $(1/2)h \cdot \nu_0$ des Schwingungszustands auf den definierten**

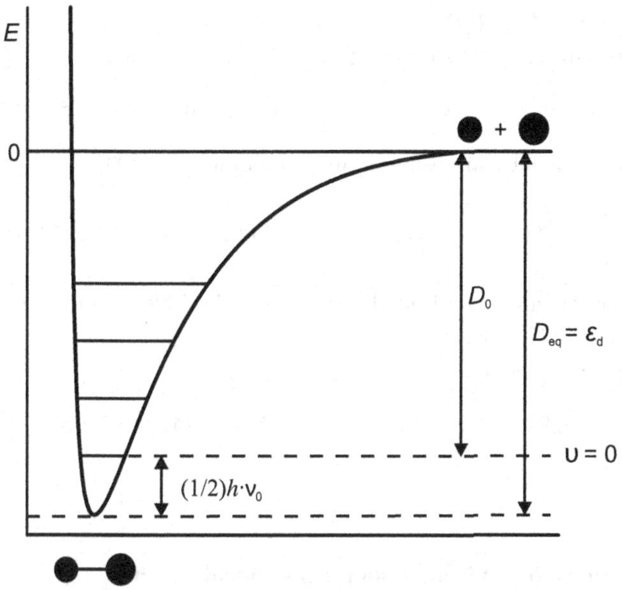


**Abb. 7.13** Schwingungen eines Moleküls, Nullpunktsenergie und Dissoziationsenergien

**Nullpunkt. Dadurch wird ein gemeinsamer Energienullpunkt bei Molekülen erhalten.**

In den Lehrbüchern der physikalischen Chemie und in den Monographien der chemischen und statistischen Thermodynamik wird bei der Berechnung der Schwingungszustandssumme nach Gl. 7.42 bei Gasen der Term für die Nullpunktsenergie $z_{\text{vib},0} = \exp\left[-\theta_{\text{vib}}/(2 \cdot T)\right]$ weggelassen und in den Korrekturterm $\exp[\varepsilon_d/(k_B \cdot T)]$ hineingenommen. Die Ergebnisse der beiden Berechnungen unterscheiden sich nicht; die unterschiedlichen Berechnungen sind darauf zurückzuführen, dass die Nullpunktsenergie der Schwingung im letzten Jahrhundert experimentell und theoretisch nachgewiesen wurde aber in den Lehrbüchern und Monographien unterschwellig angezweifelt wird. Die hier gegebene Ableitung ist jedenfalls stringenter und verzichtet auf zwei verschiedene Gleichungen für die Schwingungszustandssumme. Es wäre schön, wenn auch die halbwegs seriösen Naturwissenschaftler zur Kenntnis nehmen würden, dass Moleküle am absoluten Nullpunkt $T = 0$ K immer noch schwingen und zwar mit einem halben Quant!

### Berechnung der freien Standardenthalpie eines Edelgases

Die freie Standardenthalpie von 1 Mol Neon (Molmasse $M_{Ne} = 20{,}18 \cdot 10^{-3}$ kg/mol und Molekülmasse $m = M_{Ne}/N_A = 20{,}18 \cdot 10^{-3}/6{,}022 \cdot 10^{23} = 3{,}351 \cdot 10^{-26}$ kg) bei $T = 298$ K und $p = 1 \cdot 10^5$ Pa kann nach Gl. 7.81 berechnet werden. Als einatomiges Gas hat Neon drei Translationsfreiheitsgrade mit der Molekülzustandssumme $z = z_{\text{trans}}$. Nach Gl. 7.81 ist die freie Enthalpie $G^{\circ} = -n \cdot R \cdot T \cdot \ln\left(z^{\circ}/N_A\right)$ und die Standardmolekülzustandssumme nach Gl. 7.80

$z^{\ominus}_{trans} = V^{\ominus}_{m}/\Lambda^3 = R \cdot T/(p^{\ominus} \cdot \Lambda^3)$ mit $\Lambda = [h^2/(2 \cdot \pi \cdot m \cdot k_B \cdot T)]^{1/2}$. Zunächst wird die thermische Wellenlänge $\Lambda$ nach Gl. 7.13, berechnet

$$\Lambda = [(6{,}626 \cdot 10^{-34})^2/(2 \cdot \pi \cdot 3{,}351 \cdot 10^{-26} \cdot 1{,}381 \cdot 10^{-23} \cdot 298)]^{1/2} = 2{,}251 \cdot 10^{-11}\,\text{m}$$

Das führt zur Standardtranslationszustandssumme, Gl. 7.80

$$z^{\ominus}_{trans} = R \cdot T/(p^{\ominus} \cdot \Lambda^3) = 8{,}314 \cdot 298/[10^5 \cdot (2{,}251 \cdot 10^{-11})^3] = 2{,}172 \cdot 10^{30}$$

und schließlich zur freien Enthalpie $G^{\ominus}$ von 1 Mol Neon bei $p = 1 \cdot 10^5$ Pa und $T = 298$ K nach Gl. 7.81

$$G^{\ominus} = -n \cdot R \cdot T \cdot \ln(z^{\ominus}/N_A)$$

$$\boldsymbol{G^{\ominus}} = -1 \cdot 8{,}314 \cdot 298 \cdot \ln(2{,}172 \cdot 10^{30}/6{,}022 \cdot 10^{23}) = -3{,}741 \cdot 10^4\ \text{J/mol} = \mathbf{-37{,}4\ kJ/mol}$$

◀

**Berechnung der freien Standardenthalpie von Stickstoff $N_2$**

Die freie Standardenthalpie von 1 Mol Stickstoff (Molmasse $M_{N2} = 28{,}014 \cdot 10^{-3}$ kg/mol und Molekülmasse $m_{N2} = M_{N2}/N_A = 28{,}014 \cdot 10^{-3}/6{,}022 \cdot 10^{23} = 4{,}652 \cdot 10^{-26}$ kg) bei $T = 298$ K und $p = 1 \cdot 10^5$ Pa kann nach Gl. 7.81 berechnet werden. Als zweiatomiges Gas hat Stickstoff drei Translationsfreiheitsgrade, zwei Rotationsfreiheitsgrade und ein Schwingungsfreiheitsgrad mit der Molekülzustandssumme $z = z_{trans} \cdot z_{rot} \cdot z_{vib} \cdot z_{el}$. Die Rotationstemperatur ist $\theta_{rot} = h^2/(8 \cdot \pi \cdot k_B \cdot I) = 2{,}863$ K. Die Vibrationstemperatur ist $\theta_{vib} = h \cdot \nu_0/k_B = 3383$ K. Der Entartungsgrad des elektronischen Grundzustands $g_{1,el}$ des Stickstoff-Moleküls ist $g_{1,el} = 1$. Die Dissoziationsenergie von einem Molekül $N_2$ ist $\varepsilon_d = D_{eq} = 1{,}587 \cdot 10^{-18}$ J.

Zunächst wird die thermische Wellenlänge $\Lambda$ nach Gl. 7.13, berechnet

$$\Lambda = [h^2/(2 \cdot \pi \cdot m \cdot k_B \cdot T)]^{1/2}$$

$$\Lambda = \left[(6{,}626 \cdot 10^{-34})^2/(2 \cdot \pi \cdot 4{,}652 \cdot 10^{-26} \cdot 1{,}381 \cdot 10^{-23} \cdot 298)\right]^{1/2}$$

$$= 1{,}910 \cdot 10^{-11}\,\text{m}.$$

Das führt zur Standardtranslationszustandssumme, Gl. 7.80,

$$z^{\ominus}_{trans} = R \cdot T/(p^{\ominus} \cdot \Lambda^3) = 8{,}314 \cdot 298/[10^5 \cdot (1{,}910 \cdot 10^{-11})^3] = 3{,}556 \cdot 10^{30}$$

Die Rotationszustandssumme von $N_2$ ist nach Gl. 7.28, $\theta_{rot} = 2{,}863$ K und $\sigma = 2$ für homonukleare Moleküle

$$z_{rot} = T/(\sigma \cdot \theta_{rot}) = 298/(2 \cdot 2{,}863) = 52{,}04.$$

Die Schwingungszustandssumme von $N_2$ ist nach Gl. 7.42 mit $\theta_{vib} = 3383$ K

$$z_{\text{vib}} = \exp\left[-\theta_{\text{vib}}/(2 \cdot T)\right]/\left[1 - \exp\left(-\theta_{\text{vib}}/T\right)\right]$$

$$z_{\text{vib}} = [\exp(-3383/2 \cdot 298)]/[1 - \exp(-3383/298)] = 0{,}003427/0{,}99999 = 0{,}003427.$$

Der Korrekturfaktor für den Energiebeitrag der Dissoziation von $N_2$ ist nach Gl. 7.86 mit $\varepsilon_d = 1{,}587 \cdot 10^{-18}$ J

$$\exp\left[\varepsilon_d/(k_B \cdot T)\right] = \exp\left[1{,}587 \cdot 10^{-18}/\left(1{,}381 \cdot 10^{-23} \cdot 298\right)\right] = \exp(385{,}6)$$

Schließlich ergibt sich für die freie Enthalpie $G^{\circ}$ von 1 Mol Stickstoff bei $p = 1 \cdot 10^5$ Pa und $T = 298$ K nach Gl. 7.81, $\ln(\exp a) = a$ und

$$z^{\circ} = z^{\circ}_{\text{trans}} \cdot z_{\text{rot}} \cdot z_{\text{vib}} \cdot z_{\text{el}} \cdot \exp\left[\varepsilon_d/(k_B \cdot T)\right]$$

$$z^{\circ} = 3{,}556 \cdot 10^{30} \cdot 52{,}04 \cdot 0{,}003427 \cdot 1 \cdot \exp(385{,}6) = 6{,}342 \cdot 10^{29} \cdot \exp(385{,}6)$$

$$G^{\circ} = -n \cdot R \cdot T\left\{\left[\ln\left(z^{\circ}/N_A\right)\right] + \varepsilon_d/(k_B \cdot T)\right\}$$

$$G^{\circ} = -1 \cdot 8{,}314 \cdot 298 \cdot \{[\ln(6{,}342 \cdot 10^{29}/6{,}022 \cdot 10^{23})] + 385{,}6\}$$

$$G^{\circ} = -1 \cdot 8{,}314 \cdot 298 \cdot (13{,}867 + 385{,}6) = -9{,}897 \cdot 10^5 \text{ J/mol} = \mathbf{-989{,}7\ kJ/mol}$$

Die Dissoziationsenergie von einem Mol $N_2$ ist $D_{eq} = 1{,}587 \cdot 10^{-18} \cdot 6{,}022 \cdot 10^{23} = 9{,}557 \cdot 10^5$ J/mol. ◀

## 7.3 Das Gleichgewicht auf statistischer Grundlage

Bei der chemischen Reaktion

$$\nu_A \cdot A + \nu_B \cdot B \leftrightarrows \nu_C \cdot C + \nu_D \cdot D \tag{7.87}$$

(A, B = Edukte; C, D = Produkte; $\nu_i$ ($i$ = A, B, C, D) = stöchiometrische Faktoren) ist die Änderung der freien Enthalpie $\Delta G$

$$\Delta G = \nu_C \cdot G_C + \nu_D \cdot G_D - \nu_A \cdot G_A - \nu_B \cdot G_B = \sum_i \nu_i \cdot G_i. \tag{7.88}$$

$\Delta G$ ist ein Maß für die Richtung und die Triebkraft der chemischen Reaktion (Abschn. 3.2.5).

In der statistischen Thermodynamik ist nach Gl. 7.79 $G = -n \cdot R \cdot T \cdot \ln\left(z/N\right)$. Damit folgt für $\Delta G$ mit Gl. 7.88

$$\begin{aligned}\Delta G &= -\nu_C \cdot R \cdot T \cdot \ln(z_C/N_C) - \nu_D \cdot R \cdot T \cdot \ln(z_D/N_D) \\ &\quad + \nu_A \cdot R \cdot T \cdot \ln(z_A/N_A) + \nu_B \cdot R \cdot T \cdot \ln(z_B/N_B) \\ &= -R \cdot T\left[\ln(z_C/N_C)^{\nu_C} + \ln(z_D/N_D)^{\nu_D} - \ln(z_A/N_A)^{\nu_A} - \ln(z_B/N_B)^{\nu_B}\right]\end{aligned}$$

und weiter

$$\Delta G = -R \cdot T \cdot \ln\left\{(z_C/N_C)^{\nu_C} \cdot (z_D/N_D)^{\nu_D}/\left[(z_A/N_A)^{\nu_A} \cdot (z_B/N_B)^{\nu_B}\right]\right\} \tag{7.89}$$

Befindet sich das System im Gleichgewicht, so ist $\Delta G = 0$ und daher wegen der Faktorregel (ist ein Produkt gleich Null, so muss einer der Faktoren Null sein) und $\ln 1 = 0$

$$1 = (z_C/N_C)^{\nu_C} \cdot (z_D/N_D)^{\nu_D} / \left[(z_A/N_A)^{\nu_A} \cdot (z_B/N_B)^{\nu_B}\right] \text{ und}$$
$$K_N = N_C^{\nu_C} \cdot N_D^{\nu_D} / \left(N_A^{\nu_A} \cdot N_B^{\nu_B}\right) = z_C^{\nu_C} \cdot z_D^{\nu_D} / \left(z_A^{\nu_A} \cdot z_B^{\nu_B}\right) \quad (7.90)$$

$K_N$ ist die Gleichgewichtskonstante auf der Basis der Teilchenzahlen $N_i$ ($i$=A, B, C, D) der beteiligten Stoffe. Die Umrechnung in $K_C$, $K_p$ und $K_x$ erfolgt am Ende dieses Abschnitts.

Bei der Gleichgewichtskonstanten $K_N$, Gl. 7.90, müssen bezüglich des gemeinsamen Energienullpunkts die gleichen Überlegungen wie in Abschn. 7.2.4 angestellt werden. Auch hier tritt an die Stelle der Energie $\varepsilon_{i,j}$ für alle Komponenten $i$ die Energie $\varepsilon_{i,j} - \varepsilon_{d,i}$ mit den Komponenten $i$ ($i$=A, B, C, D) und den Energiezuständen $j$. Die auf den dissoziierten Zustand der Moleküle bezogene Zustandssumme wird entsprechend Gl. 7.84 mit

$$z_{di} = \sum_j \exp\left[-\left(\varepsilon_{i,j} - \varepsilon_{d,i}\right)/(k_B \cdot T)\right] = \exp\left[\varepsilon_{d,i}/(k_B \cdot T)\right] \sum_j \exp\left[-\varepsilon_{i,j}/(k_B \cdot T)\right]. \quad (7.91)$$

bezeichnet. $\varepsilon_{d,i}=D_{eq,i}>0$ ist die Dissoziationsenergie des Moleküls $i$. $\varepsilon_{d,i}$ ist molekülspezifisch, weil verschiedene Moleküle unterschiedliche Dissoziationsenergien besitzen. Vergleich mit Gl. 6.4 liefert entsprechend Gl. 7.85

$$z_{d,i} = \exp\left[\varepsilon_{d,i}/(k_B \cdot T)\right] \sum_j \exp\left[-\varepsilon_{i,j}/(k_B \cdot T)\right] = z_{vib,i} \cdot \exp\left[\varepsilon_{d,i}/(k_B \cdot T)\right]. \quad (7.92)$$

Die Zustandssumme für die Schwingung $z_{vib,i}$ wird daher um einen Korrekturfaktor für den Energiebeitrag der Dissoziation $\exp[\varepsilon_{d,i}/(k_B \cdot T)]$ ergänzt. Das führt mit Gl. 7.79 und wegen ln(exp $a$)=$a$ entsprechend Gl. 7.86 zu

$$G_i = -n_i \cdot R \cdot T\left\{[\ln(z_i/N_i)] + \varepsilon_{d,i}/(k_B \cdot T)\right\} \quad (7.93)$$

Für die Berechnung von Gleichgewichtskonstanten gelten die Überlegungen in Abschn. 7.2, insbesondere die Überlegungen in Abschn. 7.2.4. Gl. 7.93 gilt für alle im Gleichgewicht beteiligten Stoffe $i$. Für das Gleichgewicht, Gl. 7.87, ergibt sich mit diesen Überlegungen für die freie Reaktionsenthalpie aus Gl. 7.93

$$\begin{aligned}
\Delta G = &-\nu_C \cdot R \cdot T\left\{[\ln(z_C/N_C)] + \varepsilon_{d,C}/(k_B \cdot T)\right\} \\
&- \nu_D \cdot R \cdot T \cdot \left\{[\ln(z_D/N_D)] + \varepsilon_{d,D}/(k_B \cdot T)\right\} \\
&+ \nu_A \cdot R \cdot T\left\{[\ln(z_A/N_A)] + \varepsilon_{d,A}/(k_B \cdot T)\right\} \\
&+ \mathbf{v}_B \cdot R \cdot T \cdot \left\{[\ln(z_B/N_B)] + \varepsilon_{d,B}/(k_B \cdot T)\right\} \\
= &-R \cdot T\left[\ln(z_C/N_C)^{\nu_C} + \ln(z_D/N_D)^{\nu_D} - \ln(z_A/N_A)^{\nu_A} - \ln(z_B/N_B)^{\nu_B}\right. \\
&+ \left.\left(\nu_C \cdot \varepsilon_{d,C} + \nu_D \cdot \varepsilon_{d,D} - \nu_A \cdot \varepsilon_{d,A} - \nu_B \cdot \varepsilon_{d,B}\right)/(k_B \cdot T)\right]
\end{aligned}$$

Die Dissoziationsenergien $\varepsilon_{d,i}$ können zusammengefasst werden zu $\Delta\varepsilon_d$

$$\Delta\varepsilon_d = \nu_C \cdot \varepsilon_{d,C} + \nu_D \cdot \varepsilon_{d,D} - \nu_A \cdot \varepsilon_{d,A} - \nu_B \cdot \varepsilon_{d,B} \quad (7.94)$$

$\Delta\varepsilon_d$ ist die Dissoziationsenergiedifferenz zwischen den Schwingungsgrundzuständen der Produkte und der Edukte und das ist gleichbedeutend mit der

Differenz der Bindungsdissoziationsenergien $\varepsilon_{d,i}$ der beteiligten Moleküle. Befindet sich das System im Gleichgewicht, so ist $\Delta G = 0$ und daher

$$\Delta\varepsilon_d/(k_B \cdot T) + \ln (z_C/N_C)^{\nu_C} \cdot (z_D/N_D)^{\nu_D} / \left[(z_A/N_A)^{\nu_A} \cdot (z_B/N_B)^{\nu_B}\right] = 0$$

und weiter

$$\ln \left[N_C^{\nu_C} \cdot N_D^{\nu_D} / \left(N_A^{\nu_A} \cdot N_B^{\nu_B}\right)\right] = \left\{\ln \left[z_C^{\nu_C} \cdot z_D^{\nu_D} / \left(z_A^{\nu_A} \cdot z_B^{\nu_B}\right)\right]\right\} + \Delta\varepsilon_d/(k_B \cdot T)$$

Daraus ergibt sich schließlich mit $a = \ln(\exp a)$.

$$K_N = N_C^{\nu_C} \cdot N_D^{\nu_D} / \left(N_A^{\nu_A} \cdot N_s^{\nu_B}\right) = \left[z_C^{\nu_C} \cdot z_D^{\nu_D} / \left(z_A^{\nu_A} \cdot z_v^{\nu_B}\right)\right] \cdot \exp\left[\Delta\varepsilon_d/(k_D \cdot T)\right]. \quad (7.95)$$

Mit dem Korrekturfaktor $\exp\left[\Delta\varepsilon_d/(k_B \cdot T)\right]$ werden alle Grundzustände der an der Reaktion beteiligten Moleküle auf Null gesetzt. Die erforderlichen Dissoziationsenergien $\varepsilon_{d,i}$ können spektroskopisch bestimmt oder thermodynamisch bei $T = 0$ K mit Gl. 2.16 und Gl. 2.17 berechnet werden.

Die Gleichgewichtskonstante $K_N$ kann mit $N = \Sigma N_i$, $x_i = N_i/N$, $C_i = n_i/V = N_i/(N_{Av} \cdot V)$ und $p_i = x_i \cdot p = N_i/(N/p)$ in die Gleichgewichtskonstanten $K_x$, $K_C$ und $K_p$ umgewandelt werden

$$K_x = x_C^{\nu_C} \cdot x_D^{\nu_D} / \left(x_A^{\nu_A} \cdot x_B^{\nu_B}\right) = K_N / N^{\sum_i \nu_i} \quad (7.96)$$

$$K_C = C_C^{V_C} \cdot C_D^{V_D} / \left(C_A^{V_A} \cdot C_B^{V_B}\right) = K_N / (N_{Av} \cdot V)^{\sum_i \nu_i} \quad (7.97)$$

$$K_p = p_C^{\nu_C} \cdot p_D^{\iota_D} / \left(p_A^{\nu_A} \cdot p_B^{V_B}\right) = K_N / (N/p)_i^{\sum \nu_i} \quad (7.98)$$

Für den behandelten Fall, Gl. 7.87, ist $\Sigma\nu_i = \nu_C + \nu_D - \nu_A - \nu_B$. Um Missverständnisse mit der Teilchenzahl $N_A$ für den Stoff A zu vermeiden, wird hier abweichend, die Avogadro-Konstante mit $N_{Av}$ bezeichnet.

**Gleichgewichtskonstante für das Gleichgewicht $I_2$ (g) ⇔ 2 · I (g) bei 298 K**

Die Molmassen und Molekülmassen von Iod, I und $I_2$, sind

$$M_I = 126{,}9 \cdot 10^{-3}\text{kg/mol und } m_I = M_I/N_A = 126{,}9 \cdot 10^{-3}/6{,}022 \cdot 10^{23}$$
$$= 2{,}107 \cdot 10^{-25}\text{kg}$$
$$M_{I_2} = 253{,}8 \cdot 10^{-3}\text{kg/mol und } m_{I_2} = M_{I_2}/N_A = 253{,}8 \cdot 10^{-3}/6{,}022 \cdot 10^{23}$$
$$= 4{,}215 \cdot 10^{-25}\text{kg}.$$

Der Grundzustand des Iod-Atoms, I, ist vierfach entartet, d. h. $g_{1,I} = 4$.
Der Grundzustand des Iod-Moleküls, $I_2$, ist nicht entartet, d. h. $g_{1,I_2} = 1$.
Die Rotationskonstante des $I_2$-Moleküls ist $B = 3{,}73$ m$^{-1}$.
Die Frequenz der Grundschwingung des $I_2$-Moleküls ist $\nu_0 = c \cdot \overline{\nu} = 2{,}998 \cdot 10^8 \cdot 21.436 = 6{,}427 \cdot 10^{12}$ Hz.

Die Dissoziationsenergie von $I_2$ bei $T = 0$ K ist $D_{eq} = \varepsilon_d = 2{,}471 \cdot 10^{-19}$ J/Molekül.

Zur Berechnung der Gleichgewichtskonstanten nach Gl. 7.95 und der Zustandssummen nach Gl. 7.4, 7.12, 7.28, 7.42 und Abschn. 7.1.4 werden zunächst die thermischen Wellenlängen nach Gl. 7.13, $\Lambda = \left[h^2/(2 \cdot \pi \cdot m \cdot k_B \cdot T)\right]^{1/2}$, berechnet.

$$\Lambda_I = [(6{,}626 \cdot 10^{-34})^2/(2 \cdot \pi \cdot 2{,}107 \cdot 10^{-25} \cdot 1{,}381 \cdot 10^{-23} \cdot 298)]^{1/2}$$
$$= 8{,}977 \cdot 10^{-12}\text{m}$$
$$\Lambda_{I_2} = [(6{,}626 \cdot 10^{-34})^2/(2 \cdot \pi \cdot 4{,}215 \cdot 10^{-25} \cdot 1{,}381 \cdot 10^{-23} \cdot 298)]^{1/2}$$
$$= 6{,}347 \cdot 10^{-12}\text{m}$$

Das führt zu den Standardtranslationszustandssummen, Gl. 7.80. Der Index $\ominus$ bezeichnet die thermodynamischen Standardbedingungen für ein Mol Stoffmenge und $p^{\ominus} = 10^5$ Pa.

$$z^{\ominus}_{trans,I} = V^{\ominus}_m / \Lambda^3_I = R \cdot T / \left(p^{\ominus} \cdot \Lambda^3_I\right) = 8{,}314 \cdot 298/[10^5 \cdot (8{,}977 \cdot 10^{-12})^3] = 3{,}425 \cdot 10^{31}$$
$$z^{\ominus}_{trans,I_2} = V^{\ominus}_m / \Lambda^3_{I_2} = R \cdot T / \left(p^{\ominus} \cdot \Lambda^3_{I_2}\right) = 8{,}314 \cdot 298/[10^5 \cdot (6{,}347 \cdot 10^{-12})^3] = 9{,}690 \cdot 10^{31}$$

Die Standardrotationszustandssumme von $I_2$ ist nach Gl. 7.28 und $\sigma = 2$ für homonukleare Moleküle

$$z_{rot,I_2} = k_B \cdot T/(\sigma \cdot h \cdot c \cdot B)$$
$$= 1{,}381 \cdot 10^{-23} \cdot 298/(2 \cdot 6{,}626 \cdot 10^{-34} \cdot 2{,}998 \cdot 10^8 \cdot 3{,}73) = 2777{,}1.$$

Die Standardschwingungszustandssumme von $I_2$ ist nach Gl. 7.42 mit

$$\theta_{vib} = h \cdot \nu_0/k_B = 6{,}626 \cdot 10^{-34} \cdot 6{,}427 \cdot 10^{12}/1{,}381 \cdot 10^{-23} = 308{,}4 \text{ K}$$
$$z_{vib,I_2} = \exp[-\theta_{vib}/(2 \cdot T)]/\left[1 - \exp(-\theta_{vib}/T)\right]$$
$$z_{vib,I_2} = \exp[-308{,}4/(2 \cdot 298)]/[1 - \exp(-308{,}4/298)]$$
$$= 0{,}5960/0{,}6447 = 0{,}9245.$$

Für den Korrekturfaktor $\exp[\Delta\varepsilon_d/(k_B \cdot T)]$ muss noch $\Delta\varepsilon_d$ nach Gl. 7.94 berechnet werden; es ist

$$\Delta\varepsilon_d = \nu_C \cdot \varepsilon_{d,C} + \nu_D \cdot \varepsilon_{d,D} - \nu_A \cdot \varepsilon_{d,A} - \nu_B \cdot \varepsilon_{d,B}$$
$$= 2 \cdot 0 + 0 \cdot 0 - 1 \cdot 2{,}471 \cdot 10^{-19} - 0 \cdot 0 = -2{,}471 \cdot 10^{-19} \text{ J}$$

Damit ergibt sich für die Gleichgewichtskonstante $K_N$ nach Gl. 7.95 mit Gl. 7.4,

$$z^{\ominus} = z^{\ominus}_{trans} \cdot z_{rot} \cdot z_{vib} \cdot z_{el}$$

$$K_N = \left[\left(z^{\ominus}_{trans,I} \cdot g_{1,I}\right)^2 / \left(z^{\ominus}_{trans,I_2} \cdot z_{rot,I_2} \cdot z_{vib,I_2} \cdot g_{1,I_2}\right)\right] \cdot \exp\left[\Delta\varepsilon_d / \left(k_B \cdot T\right)\right]$$

$$K_N = [(3{,}425 \cdot 10^{31} \cdot 4)^2/(9{,}690 \cdot 10^{31} \cdot 2777 \cdot 0{,}9245 \cdot 1)] \cdot$$
$$\exp[-2{,}471 \cdot 10^{-19}/(1{,}381 \cdot 10^{-23} \cdot 298)]$$

$$K_N = 7{,}549 \cdot 10^{28} \cdot 8{,}387 \cdot 10^{-27} = \mathbf{633{,}1}.$$

Das führt zu $K_p = K_N / \left(N_{Av}/p^{\circ}\right)^{\sum_i \nu_i}$ mit $\sum \nu_i = 2 - 1 = 1$ (Gl. 7.98) und

$$K_p = 633{,}1/6{,}022 \cdot 10^{23} = \mathbf{10{,}51 \cdot 10^{-22}\,bar} = \mathbf{10{,}51 \cdot 10^{-17}\,Pa}.$$

Die freien Enthalpien des Iod-Atoms und des Iod-Moleküls im gasförmigen Zustand bei $T = 298$ K sind $G_I = 70{,}2$ kJ/mol und $G_{I_2} = 19{,}3$ kJ/mol (Lide 2018–2019). Das ergibt für das Gleichgewicht $I_2$ (g) ⇔ 2 · I (g) die freie Reaktionsenthalpie $\Delta G = 2 \cdot G_I - G_{I_2} = 2 \cdot 70{,}2 - 19{,}3 = 121{,}1$ kJ/mol $= 121.100$ J/mol. Mit Gl. 3.11 ergibt sich
$\ln\left(K/K^0\right) = -\Delta G/(R \cdot T)$ und $K/K^0 = \exp[-\Delta G/(R \cdot T)]$. Einsetzen der Zahlenwerte führt zu

$$K_p = \exp[-121{,}100/(8{,}314 \cdot 298)] = \mathbf{5{,}92 \cdot 10^{-22}\,bar} = \mathbf{5{,}92 \cdot 10^{-17}\,Pa}.$$

Die Übereinstimmung ist, na ja, einigermaßen. Zu berücksichtigen ist, dass es sich bei der Boltzmann-Statistik um ein idealisiertes Modell handelt; es wird z. B. angenommen, dass die Teilchen unabhängig sind, d. h. sie beeinflussen sich nicht gegenseitig. Das ist natürlich nicht der Fall. Außerdem bewirken kleine Änderungen der Messgrößen wegen der Exponentialfunktionen erhebliche Änderungen der Gleichgewichtskonstanten. Immerhin sind die Aussagen qualitativ richtig, d. h. das Gleichgewicht $I_2$ (g) ⇔ 2 · I (g) liegt bei 298 K ganz weit links.

Im Anhang Gleichgewichtskonstante_I2_I.pdf wird $K_p$ für dieses Gleichgewicht bei $T = 1000$ K berechnet und ein Vergleich gezogen. ◀

# Kinetische Theorie von Gasen

# 8

## 8.1 Modell des idealen Gases

Zur Berechnung von Molekülgeschwindigkeiten, inneren Energien und Wärmekapazitäten wird die folgende Modellvorstellung eines idealen Gases eingeführt.

1. Das Gas besteht aus einzelnen Teilchen, den Atomen oder Molekülen.
2. Das Volumen eines Teilchens $\upsilon_p$ ist sehr klein gegenüber ihrer gegenseitigen Entfernung, dem Molvolumen $V_m$ und den Gefäßdimensionen; $N_A \cdot \upsilon_p \ll V_m$.
3. Die Teilchen üben keine Kräfte aufeinander aus.
4. Die Teilchen befinden sich in einer ungeordneten Bewegung mit verschiedenen Geschwindigkeiten $\upsilon$; die mittlere Geschwindigkeit aller Teilchen sei $\overline{\upsilon}$ (siehe hierzu Abschn. 8.3).
5. Die Teilchen verhalten sich wie starre Kugeln; für Stöße der Teilchen untereinander und auf die Wand gelten die Gesetze der Mechanik.
6. je 1/3 aller Teilchen sollen zu jeder der 3 Raumachsen fliegen

Der Gasdruck $p$ auf eine Wand (Abb. 8.1) ergibt sich zu

$$p = F/A = m \cdot a/A = m \cdot \upsilon/(t \cdot A)$$

(Bedeutungen der physikalischen Größen, siehe Abschn. 9.5.1). Damit ist der Impuls eines Teilchens gleich $m \cdot \overline{\upsilon}$ und der Druck die Zahl der Impulse pro Fläche und Zeiteinheit $p = m \cdot \overline{\upsilon}/(t \cdot A)$ mit $\overline{\upsilon}$ = mittlere Geschwindigkeit der Teilchen.

Ein Teilchen überträgt bei einem elastischen Stoß den Impuls $2 \cdot m \cdot \overline{\upsilon}$ (Hin- und Rückstoß). Pro Sekunde stößt ein Teilchen auf eine Wand $\overline{\upsilon}/2$ mal; daher überträgt ein Teilchen auf eine Wand pro Sekunde den Impuls



M. Dieter Lechner, *Einführung in die Thermodynamik*,
https://doi.org/10.1007/978-3-662-63996-2_8

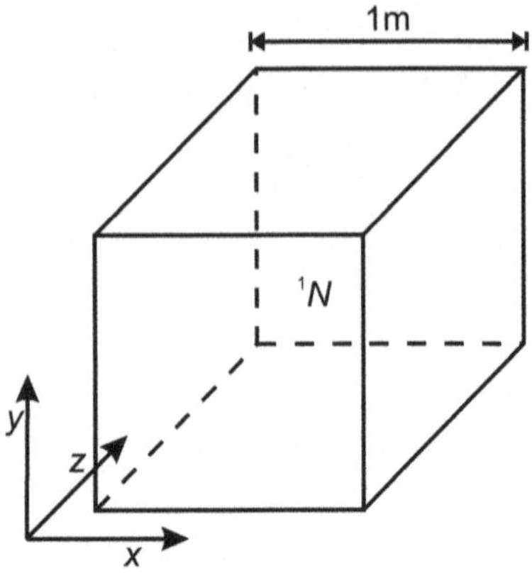


**Abb. 8.1** Modell des idealen Gases

$2 \cdot m \cdot \overline{v}(\overline{v}/2) = m \cdot \overline{v}^2$. Der Gesamtimpuls von 1/3 aller Teilchen pro $m^2$ und pro Sekunde ist $(^1N/3)m \cdot \overline{v}^2$ mit $^1N = N_A/V_m$. Damit ergibt sich für den Druck

$$p = (^1N/3)m \cdot \overline{v}^2; \quad ^1N = N_A/V_m \quad \rightarrow \quad p \cdot V_m = (N_A/3)m \cdot \overline{v}^2$$

$^1N$ ist die Zahl der Teilchen pro Volumeneinheit. Auf der anderen Seite gilt das ideale Gasgesetz: $p \cdot V_m = R \cdot T$. Damit wird mit $M = N_A \cdot m$

$$(1/3)M \cdot \overline{v}^2 = R \cdot T \tag{8.1}$$

Die mittlere Teilchengeschwindigkeit ergibt sich aus Gl. 8.1 zu

$$\overline{v} = (3 \cdot R \cdot T/M)^{1/2} \tag{8.2}$$

Gl. 8.2 bedeutet, dass die Teilchengeschwindigkeit proportional zu $T^{1/2}$ und umgekehrt proportional zu $M^{1/2}$ ist. Die Temperatur ist proportional zur kinetischen Energie der Teilchen $(1/2)M \cdot \overline{v}^2$. Die Temperatur ist daher mit der Teilchenbewegung verknüpft.

**Mittlere Geschwindigkeit von Stickstoff- und Wasserstoff-Molekülen bei 25 °C**

**Stickstoff $N_2$:** $M = 28$ g/mol $= 28 \cdot 10^{-3}$ kg/mol; $R = 8{,}314$ J K$^{-1}$ mol$^{-1}$; $T = 298$ K. Berechnung nach Gl. 8.2.

$$\overline{v} = (3 \cdot R \cdot T/M)^{1/2} = (3 \cdot 8{,}314 \cdot 298/28 \cdot 10^{-3})^{1/2} = 515 \text{ m/s}$$
$$= 1854 \text{ km/h}$$

**Wasserstoff $H_2$:** $M = 2$ g/mol $= 2 \cdot 10^{-3}$ kg/mol; $R = 8{,}314$ J K$^{-1}$ mol$^{-1}$; $T = 298$ K. Berechnung nach Gl. 8.2.

$$\overline{v} = (3 \cdot R \cdot T/M)^{1/2} = (3 \cdot 8{,}314 \cdot 298/2 \cdot 10^{-3})^{1/2} = 1928 \text{ m/s}$$
$$= 6941 \text{ km/h}$$

◄

Die mit Gl. 8.2 berechneten Geschwindigkeiten $\overline{v}$ können mit experimentellen Methoden überprüft werden (Abschn. 8.2, Abb. 8.7).

**Molare innere Energie und molare Wärmekapazität eines idealen Gases**
Die Moleküle eines Gases bewegen sich sehr schnell. Die Geschwindigkeit ist nach Gl. 8.2 eine Funktion der absoluten Temperatur $T$ und der Molmasse $M$. Die kinetische Energie eines Teilchens beträgt $\varepsilon_{\text{kin}} = (1/2)m \cdot \overline{v}^2$. Mit $M = N_A \cdot m$ und $E_{\text{kin}} = N_A \cdot \varepsilon_{\text{kin}}$ beträgt die kinetische Energie eines Mols Teilchen $E_{\text{kin}} = (1/2)M \cdot \overline{v}^2$. Wenn die innere Energie $U$ nur kinetische Energie umfasst (das ist bei idealen Gasen der Fall), dann ist $E_{\text{kin}} = U_{\text{m}}$ und es ergibt sich mit Gl. 8.1

$$U_{\text{m}} = E_{\text{kin}} = (1/2)M \cdot \overline{v}^2 = (3/2)R \cdot T. \tag{8.3}$$

Mit $C_{V,\text{m}} = (\partial U_{\text{m}}/\partial T)_V$ ergibt sich für die Wärmekapazität einatomiger Gase, z. B. He, Ne, Ar und Kr

$$C_{V,\text{m}} = (3/2)R = (3/2) \cdot 8{,}314 = 12{,}47\ \text{J mol}^{-1}\ \text{K}^{-1}. \tag{8.4}$$

Die Ergebnisse Gl. 8.3 und 8.4 stimmen komplett mit den Ergebnissen aus der statistischen Thermodynamik für die Translationsenergie und die Translationswärmekapazität, Gl. 7.17 und 7.18, überein und bestätigen die dort angestellten Überlegungen.

Für mehratomige Gase (z. B. $N_2$, $O_2$, $CO_2$) gelten Gl. 8.3 und 8.4 eingeschränkt, weil bei diesen Gasen weitere Bewegungsmöglichkeiten angenommen werden müssen (z. B. Rotation und Schwingung).

## 8.2 Maxwell-Boltzmann'sche Energieverteilung

Setzt man in das Boltzmann'sche Verteilungsgesetz, Gl. 5.20, für $\varepsilon_i$ die dreidimensionalen Translationseigenwerte $\varepsilon_n$ und für die Translationsmolekülzustandssumme nach Gl. 7.13

$$z_{\text{trans}} = V(2 \cdot \pi \cdot m \cdot k_{\text{B}} \cdot T/h^2)^{3/2} \text{ so folgt}$$

$$f_n = N_n/N = \{g_n \cdot \exp[-\varepsilon_n/(k_{\text{B}} \cdot T)]\} \Big/ \left\{V(2 \cdot \pi \cdot m \cdot k_{\text{B}} \cdot T/h^2)^{3/2}\right\} \tag{8.5}$$

Bei den Translationsbewegungen liegen die Energieniveaus dicht beieinander; deshalb kann in Gl. 8.5 $\varepsilon_n$ durch eine kontinuierliche Variable $\varepsilon$ ersetzt werden; gleichzeitig muss $g_n$ durch eine Funktion $g(\varepsilon)$ ersetzt werden, weil die Entartung $g_n$ mit steigenden Quantenzahlen $n_x$, $n_y$ und $n_z$ ansteigt, sodass $g_n$ direkt eine Funktion der Energie $\varepsilon$ wird. $g(\varepsilon)$ ist die **Zustandsdichte** und beschreibt die Zahl der Energiezustände zwischen $\varepsilon$ und $\varepsilon + \text{d}\varepsilon$.

Abb. 8.2 stellt die Quantenzahlen $n_x$, $n_y$ und $n_z$ für Teilchen in einem kubischen Potentialtopf dar. Jeder Punkt im eingezeichneten Kugelschalenvolumen entspricht einem Zahlentripel der Quantenzahlen. Alle Punkte mit derselben Entfernung vom Ursprung haben die gleiche Energie und liegen auf der Oberfläche eines Kugelausschnitts. In einer dreidimensionalen Darstellung mit den Achsen $n_x$, $n_y$ und $n_z$ gilt mit Gl. 7.5 für den Radius $n$ (siehe Abb. 8.2)

$$|n| = \sqrt{n_x^2 + n_y^2 + n_z^2} = \sqrt{8 \cdot m \cdot a^2 \cdot \varepsilon_n / h^2}. \tag{8.6}$$

Je größer der Radius $n$, umso dichter liegen auf der Kugeloberfläche die Punkte nach Gl. 8.6 und bedecken sie schließlich ganz. In diesem Fall ist die Zahl der Eigenfunktionen $g_n$ zu einem Energiewert $\varepsilon_n$ direkt durch den achten Teil der Kugeloberfläche gegeben (siehe Abb. 8.2). Zu beachten ist noch, dass nur ganzzahlige und positive Werte $n$-Werte möglich sind. Die Zahl der Punkte zwischen $n$ und $n+\mathrm{d}n$ oder $\varepsilon$ und $\varepsilon+\mathrm{d}\varepsilon$ ist daher durch ein Achtel des Kugelschalenvolumens $4 \cdot \pi \cdot n^2 \cdot \mathrm{d}n$ gegeben

$$g(\varepsilon)\mathrm{d}\varepsilon = (1/8)4 \cdot \pi \cdot n^2 \cdot \mathrm{d}n. \tag{8.7}$$

Durch Differentiation von Gl. 8.6 nach $\varepsilon_n$ bzw. $\varepsilon$ ergibt sich

$$\mathrm{d}n = \sqrt{8 \cdot m \cdot a^2 / h^2} \cdot \left[1/\left(2 \cdot \sqrt{\varepsilon}\right)\right]\mathrm{d}\varepsilon. \tag{8.8}$$

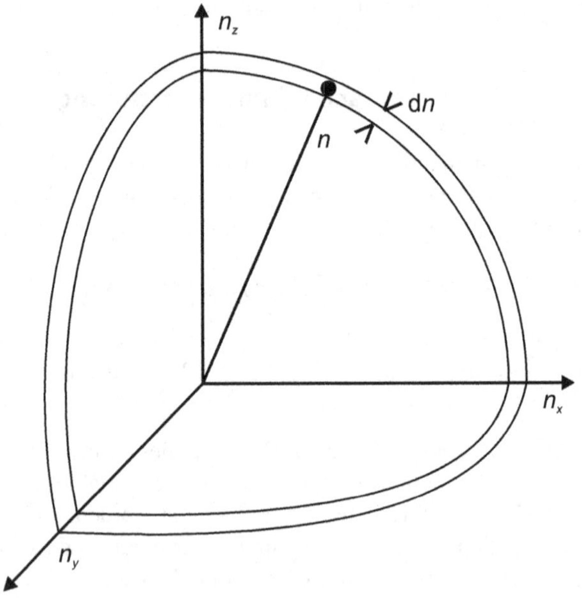


**Abb. 8.2** Darstellung der Quantenzahlen $n_x$, $n_y$ und $n_z$ und von $n$ und d$n$ für Teilchen in einem kubischen Potentialtopf

Aus Gl. 8.7 folgt somit durch Substitution von $n$ aus Gl. 8.6 und von d$n$ aus Gl. 8.8 mit $V = a^3$

$$\begin{aligned} g(\varepsilon) &= (1/8)4 \cdot \pi\left(8 \cdot m \cdot a^2/h^2\right) \cdot \varepsilon \cdot \sqrt{8 \cdot m \cdot a^2/h^2} \cdot \left[1/\left(2 \cdot \sqrt{\varepsilon}\right)\right] \\ &= 2 \cdot \pi\left(a/h\right)^3 (2 \cdot m)^{3/2} \sqrt{\varepsilon} = 4 \cdot \sqrt{2} \cdot \pi\left(V/h^3\right) m^{3/2} \cdot \sqrt{\varepsilon} \end{aligned} \tag{8.9}$$

Einsetzen dieser Gl. 8.9 für die Zustandsdichte $g(\varepsilon)$ in Gl. 8.5 ergibt mit $g_n \to g(\varepsilon)$ und $\varepsilon_n \to \varepsilon$ die Maxwell-Boltzmann'sche Energieverteilungsfunktion $f(\varepsilon)$ für die Translationsenergie (Besetzungswahrscheinlichkeit der Energieniveaus)

$$f(\varepsilon) = N(\varepsilon)/N = 2 \cdot \pi\left[1/(\pi \cdot k_B \cdot T)\right]^{3/2} \cdot \sqrt{\varepsilon} \cdot \exp\left[-\varepsilon/(k_B \cdot T)\right] \tag{8.10}$$

$N(\varepsilon)$ ist die Zahl der Teilchen mit der Energie $\varepsilon$ und $N$ die Gesamtzahl der Teilchen; $N(\varepsilon)$ wird auch Besetzungsdichte genannt. Etwas handlicher und übersichtlicher wird Gl. 8.10 wenn statt der Energie pro Teilchen $\varepsilon$ die Energie pro Mol $E$ mit $E = N_A \cdot \varepsilon$ und statt der Zahl der Teilchen $N$ die Zahl der Mole $n$ eingeführt wird

$$f(E) = n(E)/n = 2 \cdot \pi\left[1/(\pi \cdot R \cdot T)\right]^{3/2} \cdot \sqrt{E} \cdot \exp\left[-E/(R \cdot T)\right] \tag{8.11}$$

Abb. 8.3 zeigt den Verlauf der Energieverteilung für ein ideales Gas bei drei verschiedenen Temperaturen.

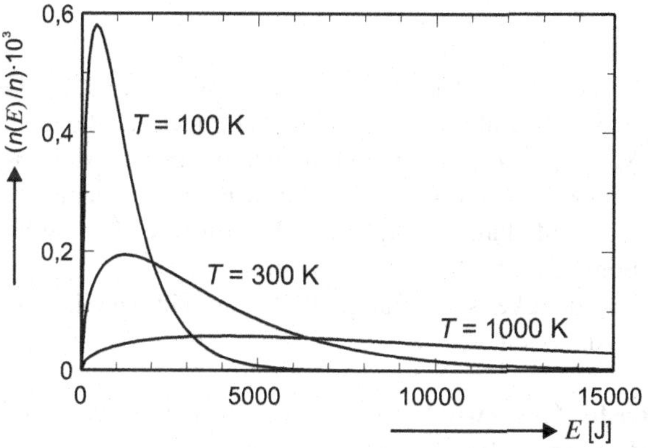


**Abb. 8.3** Maxwell-Boltzmann'sche Energieverteilung im idealen Gas bei drei Temperaturen nach Gl. 8.11

## 8.3 Maxwell-Boltzmann'sche Geschwindigkeitsverteilung

Wird in Gl. 8.10 und 8.11 die Energie $\varepsilon$ oder $E$ durch den Ausdruck für die kinetische Energie $\varepsilon = (1/2)m \cdot v^2$ oder $E = (1/2)M \cdot v^2$ ersetzt, so ergibt sich die Maxwell-Boltzmann'sche Geschwindigkeitsverteilung. Mit $\mathrm{d}\varepsilon/\mathrm{d}v = (\mathrm{d}/\mathrm{d}v)(1/2)m \cdot v^2 = m \cdot v$ und $f(v)\mathrm{d}v = f(\varepsilon)\mathrm{d}\varepsilon$ folgt

$$\begin{aligned} f(v) &= f(\varepsilon) \cdot \mathrm{d}\varepsilon/\mathrm{d}v = f\left(m \cdot v^2/2\right)m \cdot v \\ &= 2 \cdot \pi(\pi \cdot k_\mathrm{B} \cdot T)^{-3/2} \cdot \sqrt{m \cdot v^2/2} \cdot \left\{\exp\left[-m \cdot v^2/(2 \cdot k_\mathrm{B} \cdot T)\right]\right\}m \cdot v \end{aligned}$$

und weiter

$$f(v) = N(v)/N = 4 \cdot \pi\left[m/(2 \cdot \pi \cdot k_\mathrm{B} \cdot T)\right]^{3/2} \cdot v^2 \cdot \exp\left[-m \cdot v^2/(2 \cdot k_\mathrm{B} \cdot T)\right] \tag{8.12}$$

$N(v)$ ist die Zahl der Teilchen mit der Geschwindkeit $v$ und $N$ die Gesamtzahl der Teilchen. $(1/2)m \cdot v^2$ ist die kinetische Energie der Moleküle mit der Geschwindigkeit $v$ und der durchschnittlichen Energie der Moleküle $k_\mathrm{B} \cdot T$. Maxwell hat die Geschwindigkeitsverteilung, Gl. 8.12, mit der Boltzmann-Statistik berechnet und experimentell bestimmt.

Auch hier kann Gl. 8.12 analog Gl. 8.10 und 8.11 auf die Molmasse $M = N_\mathrm{A} \cdot m$ und die Gaskonstante $R = N_\mathrm{A} \cdot k_\mathrm{B}$ umgeschrieben werden

$$f(v) = n(v)/n = 4 \cdot \pi\left[M/(2 \cdot \pi \cdot R \cdot T)\right]^{3/2} \cdot v^2 \cdot \exp\left[-M \cdot v^2/(2 \cdot R \cdot T)\right] \tag{8.13}$$

Abb. 8.4 und 8.5 zeigen die Geschwindigkeitsverteilungen nach Gl. 8.12 für $H_2$ und $CO_2$ bei drei Temperaturen. Bei höherer Temperatur $T$ verschiebt sich das Maximum der Verteilung zu größeren Geschwindigkeiten und die Kurven werden flacher. Diese Effekte haben für die Geschwindigkeit chemischer Reaktionen große Bedeutung, weil durch Temperaturerhöhung die Zahl höherenergetischer und damit reaktionsfähigerer Moleküle zunimmt.

Aus der Geschwindigkeitsverteilung, Gl. 8.12, erhält man die wichtigen Mittelwerte der Geschwindigkeit.

**Wahrscheinlichste Geschwindigkeit, Maximum der Geschwindigkeitsverteilung, $v_\mathrm{mp}$: $\mathrm{d}f(v)/\mathrm{d}v = 0$**

Die Geschwindigkeit am Maximum der Kurve, Gl. 8.12, $v_\mathrm{mp}$ (mp = most probable) erhält man durch Differenzieren der Funktion $f(v)$ und Nullsetzen der ersten Ableitung

$$f(v) = K_v \cdot v^2 \cdot \exp\left[-m \cdot v^2/(2 \cdot k_\mathrm{B} \cdot T)\right] \quad \text{mit} \quad K_v = 4 \cdot \pi\left[m/(2 \cdot \pi \cdot k_\mathrm{B} \cdot T)\right]^{3/2}$$

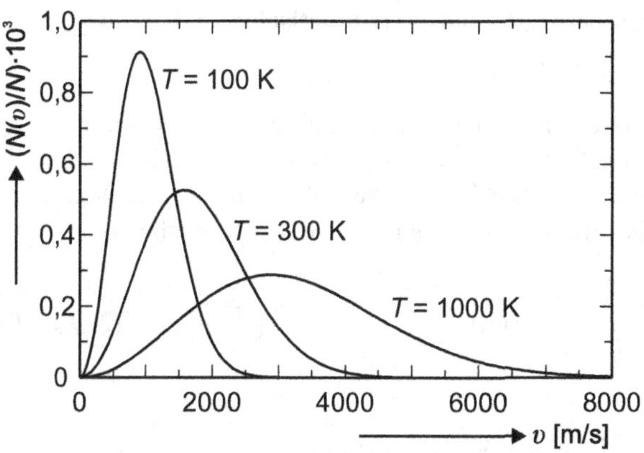


**Abb. 8.4** Maxwell-Boltzmann'sche Geschwindigkeitsverteilung von $H_2$ bei drei Temperaturen nach Gl. 8.12

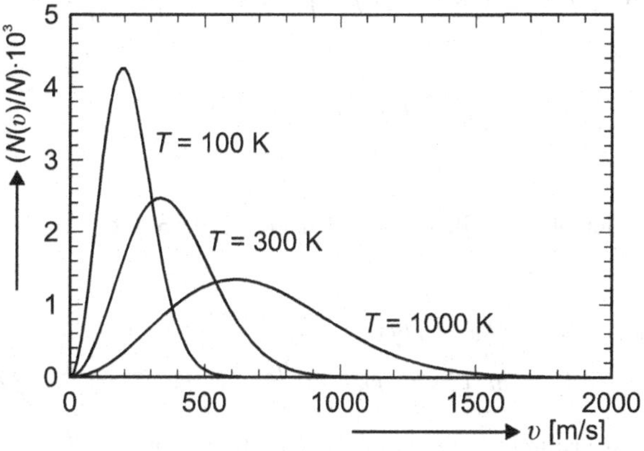


**Abb. 8.5** Maxwell-Boltzmann'sche Geschwindigkeitsverteilung von $CO_2$ bei drei Temperaturen nach Gl. 8.12

$$
\begin{aligned}
\mathrm{d}f(v)/\mathrm{d}v = K_v\big\{&\exp\left[-m\cdot v^2/(2\cdot k_\mathrm{B}\cdot T)\right]\cdot 2\cdot v \\
&+v^2\cdot\exp\left[-m\cdot v^2/(2\cdot k_\mathrm{B}\cdot T)\right]\cdot\left[-m\cdot v/(k_\mathrm{B}\cdot T)\right]\big\}
\end{aligned}
$$

$$
K_v\cdot v_\mathrm{mp}\cdot\exp\left[-m\cdot v_\mathrm{mp}^2\Big/(2\cdot k_\mathrm{B}\cdot T)\right]\left[2-m\cdot v_\mathrm{mp}^2\Big/(k_\mathrm{B}\cdot T)\right]=0.
$$

Ist ein Produkt gleich Null, so muss einer der Faktoren Null sein, das ergibt mit dem letzten Faktor aus obiger Gleichung $2-m\cdot v_\mathrm{mp}^2/(k_\mathrm{B}\cdot T)=0\Rightarrow m\cdot v_\mathrm{mp}^2/(k_\mathrm{B}\cdot T)=2$ und

$$
v_\mathrm{mp}=\sqrt{2\cdot k_\mathrm{B}\cdot T/m}=\sqrt{2\cdot R\cdot T/M} \tag{8.14}
$$

**Durchschnittsgeschwindigkeit, Arithmetisches Mittel der Geschwindigkeit** $\upsilon_{avr}$**:** $\upsilon_{avr} = \int_0^\infty \upsilon \cdot f(\upsilon)\mathrm{d}\upsilon$

Zur Bestimmung des arithmetischen Mittels $\upsilon_{avr}$ (avr = average) wird die Summe aller Geschwindigkeiten durch die Teilchenzahl dividiert. Die Funktion $f(\upsilon)$ in Gl. 8.12 enthält bereits die Teilchenzahl $N$ in Nenner, sodass $\upsilon_{avr}$ durch das Integral über das Produkt aus $\upsilon$ und $f(\upsilon)$, Gl. 8.12, gegeben ist

$$\upsilon_{avr} = \int_0^\infty \upsilon \cdot f(\upsilon)\mathrm{d}\upsilon = K_\upsilon \cdot \int_0^\infty \upsilon^3 \cdot \exp\left[-m \cdot \upsilon^2/(2 \cdot k_B \cdot T)\right]\mathrm{d}\upsilon.$$

Substitution, Gl. 9.19: $x = \upsilon \cdot \sqrt{m/(2 \cdot k_B \cdot T)} \Rightarrow \upsilon = x \cdot \sqrt{2 \cdot k_B \cdot T/m}$, $\mathrm{d}x/\mathrm{d}\upsilon = \sqrt{m/(2 \cdot k_B \cdot T)} \Rightarrow \mathrm{d}\upsilon = \mathrm{d}x \cdot \sqrt{2 \cdot k_B \cdot T/m}$ liefert

$$\begin{aligned}\upsilon_{avr} &= K_\upsilon \cdot \int_0^\infty \left(x \cdot \sqrt{2 \cdot k_B \cdot T/m}\right)^3 \cdot \exp\left[-x^2\right]\mathrm{d}x \cdot \sqrt{2 \cdot k_B \cdot T/m}\\ &= K_\upsilon \left(2 \cdot k_B \cdot T/m\right)^2 \int_0^\infty x^3 \cdot \exp\left[-x^2\right]\mathrm{d}x\end{aligned}$$

Das Integral in der obigen Gleichung ist nach Gl. 9.33 $\int_0^\infty x^3 \cdot \exp\left[-x^2\right]\mathrm{d}x = 1/2$ und daher

$$\begin{aligned}\upsilon_{avr} &= K_\upsilon \left(2 \cdot k_B \cdot T/m\right)^2 \cdot 1/2\\ &= 4 \cdot \pi \left[m/(2 \cdot \pi \cdot k_B \cdot T)\right]^{3/2} \cdot \left(2 \cdot k_B \cdot T/m\right)^2 \cdot 1/2\end{aligned}$$

Das ergibt für das arithmetische Mittel der Geschwindigkeit

$$\upsilon_{avr} = \sqrt{8 \cdot k_B \cdot T/(\pi \cdot m)} = \sqrt{8 \cdot R \cdot T/(\pi \cdot M)} \qquad (8.15)$$

**Wurzel des mittleren Geschwindigkeitsquadrats, Geometrisches Mittel der Geschwindigkeit** $\upsilon_{rms}$**:** $\upsilon_{rms}^2 = \int_0^\infty \upsilon^2 \cdot f(\upsilon)\mathrm{d}\upsilon$

Zur Bestimmung der Wurzel des mittleren Geschwindigkeitsquadrats $\upsilon_{rms}$ (rms = root mean square) wird die Summe aller Geschwindigkeitsquadrate durch die Teilchenzahl dividiert. Es muss daher das Integral über das Produkt aus $\upsilon^2$ und $f(\upsilon)$, Gl. 8.12, gebildet werden.

$$\upsilon_{rms}^2 = \int_0^\infty \upsilon^2 \cdot f(\upsilon)\mathrm{d}\upsilon = K_\upsilon \cdot \int_0^\infty \upsilon^4 \cdot \exp\left[-m \cdot \upsilon^2/(2 \cdot k_B \cdot T)\right]\mathrm{d}\upsilon$$

Die Integration durch Substitution erfolgt analog zur Berechnung des arithmetischen Mittels, d. h. $x = \upsilon \cdot \sqrt{m/(2 \cdot k_B \cdot T)}$ usw. Daraus folgt

$$\upsilon_{rms} = K_\upsilon \cdot \int_0^\infty \left(x \cdot \sqrt{2 \cdot k_B \cdot T/m}\right)^4 \cdot \exp\left[-x^2\right] dx \cdot \sqrt{2 \cdot k_B \cdot T/m}$$

$$= K_\upsilon \left(2 \cdot k_B \cdot T/m\right)^{3/2} \int_0^\infty x^4 \cdot \exp\left[-x^2\right] dx$$

Das Integral der obigen Gleichung ist nach Gl. 9.34 $\int_0^\infty x^4 \cdot \exp\left[-x^2\right] dx = (3/8)\sqrt{\pi}$ und daher

$$\upsilon_{rms} = K_\upsilon \left(2 \cdot k_B \cdot T/m\right)^{3/2} \cdot (3/8)\sqrt{\pi}$$

$$= 4 \cdot \pi \left[m/(2 \cdot \pi \cdot k_B \cdot T)\right]^{3/2} \cdot \left(2 \cdot k_B \cdot T/m\right)^{3/2} \cdot (3/8)\sqrt{\pi}.$$

Das ergibt für das geometrische Mittel der Geschwindigkeit

$$\upsilon_{rms} = \sqrt{3 \cdot k_B \cdot T/m} = \sqrt{3 \cdot R \cdot T/M} \quad (8.16)$$

Das geometrische Mittel der Geschwindigkeit wird für die Berechnung der mittleren kinetischen Energie benötigt. Bedeutsam ist, dass das geometrische Mittel der Geschwindigkeit $\upsilon_{rms}$ mit der mittleren Geschwindigkeit $\overline{\upsilon}$ vom Modell des idealen Gases, Gl. 8.2, übereinstimmt. Das zeigt die Kompatibilität von Kinetischer Gastheorie und Statistischer Thermodynamik. Abb. 8.6 zeigt die verschiedenen Geschwindigkeitsmittelwerte nach Gl. 8.14 bis 8.16 von Wasserstoff bei $T = 300$ K.

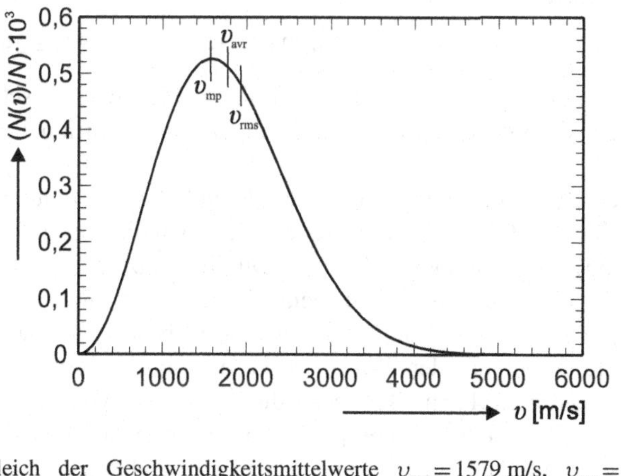


**Abb. 8.6** Vergleich der Geschwindigkeitsmittelwerte $\upsilon_{mp} = 1579$ m/s, $\upsilon_{avr} = 1782$ m/s und $\upsilon_{rms} = 1934$ m/s von Wasserstoff bei $T = 300$ K

**Vergleich der Geschwindigkeitsmittelwerte von Gasen**

Gl. 8.14, 8.15 und 8.16 liefern die verschiedenen Geschwindigkeitsmittelwerte. Für viele Überlegungen und Berechnungen reicht es aus, statt der gesamten Geschwindigkeitsverteilung $f(\upsilon)$ eine oder mehrere Geschwindigkeitsmittelwerte zu berücksichtigen, z. B. dem Gasdruck, der inneren Energie, Gl. 8.3 und der Wärmekapazität, Gl. 8.4.

**Wasserstoff $H_2$, $M_{H2} = 0{,}002016$ kg/mol, $T = 298$ K**

$$\upsilon_{mp} = \sqrt{2 \cdot R \cdot T/M} = (2 \cdot 8{,}314 \cdot 298/0{,}002016)^{1/2} = \mathbf{1568\ m/s = 5645\ km/h}$$

$$\upsilon_{avr} = \sqrt{8 \cdot R \cdot T/(\pi \cdot M)} = [8 \cdot 8{,}314 \cdot 298/(\pi \cdot 0{,}002016)]^{1/2} = \mathbf{1769\ m/s} \\ \mathbf{= 6368\ km/h}$$

$$\upsilon_{rms} = \sqrt{3 \cdot R \cdot T/M} = (3 \cdot 8{,}314 \cdot 298/0{,}002016)^{1/2} = \mathbf{1920\ m/s = 6912\ km/h}$$

**Krypton Kr, $M_{Kr} = 0{,}08380$ kg/mol, $T = 298$ K**

$$\upsilon_{mp} = \sqrt{2 \cdot R \cdot T/M} = (2 \cdot 8{,}314 \cdot 298/0{,}08380)^{1/2} = \mathbf{243\ m/s = 875\ km/h}$$

$$\upsilon_{avr} = \sqrt{8 \cdot R \cdot T/(\pi \cdot M)} = [8 \cdot 8{,}314 \cdot 298/(\pi \cdot 0{,}08380)]^{1/2} = \mathbf{274\ m/s} \\ \mathbf{= 986\ km/h}$$

$$\upsilon_{rms} = \sqrt{3 \cdot R \cdot T/M} = (3 \cdot 8{,}314 \cdot 298/0{,}08380)^{1/2} = \mathbf{298\ m/s = 1073\ km/h}$$

**Methan $CH_4$, $M_{CH4} = 0{,}01604$ kg/mol, $T = 298$ K**

$$\upsilon_{mp} = \sqrt{2 \cdot R \cdot T/M} = (2 \cdot 8{,}314 \cdot 298/0{,}01604)^{1/2} = \mathbf{556\ m/s = 2002\ km/h}$$

$$\upsilon_{avr} = \sqrt{8 \cdot R \cdot T/(\pi \cdot M)} = [8 \cdot 8{,}314 \cdot 298/(\pi \cdot 0{,}01604)]^{1/2} = \mathbf{627\ m/s} \\ \mathbf{= 2257\ km/h}$$

$$\upsilon_{rms} = \sqrt{3 \cdot R \cdot T/M} = (3 \cdot 8{,}314 \cdot 298/0{,}01604)^{1/2} = \mathbf{681\ m/s = 2452\ km/h}$$

Ganz schön flott unterwegs sind die Gasmoleküle! Alle Geschwindigkeitsmittelwerte sind proportional zu $T^{1/2}$ und umgekehrt proportional zu $M^{1/2}$. ◀

Die experimentelle Überprüfung der Geschwindigkeitsverteilung wurde mit einem von Miller und Kusch konstruierten Geschwindigkeitsanalysator (Miller und Kusch 1955) vorgenommen (Abb. 8.7). Durch Erhitzen eines Metallstabes in einem Ofen wird ein Teilchenstrahl aus dem Ofen emittiert und durch Blenden auf einen Analysator parallelisiert und fokussiert; dieser besteht aus zwei rotierenden Scheiben mit je einem um den Winkel $\theta$ versetzt angeordneten Spalt, den der Teilchenstrahl passieren kann. Teilchen, die eine Gschwindigekti von $\omega \cdot x/\theta$ besitzen, können die zweite Scheibe passieren und erreichen den Detektor. $\omega$ ist die Winkelgeschwindigkeit der rotierenden Scheiben und $x$ der Abstand zwischen

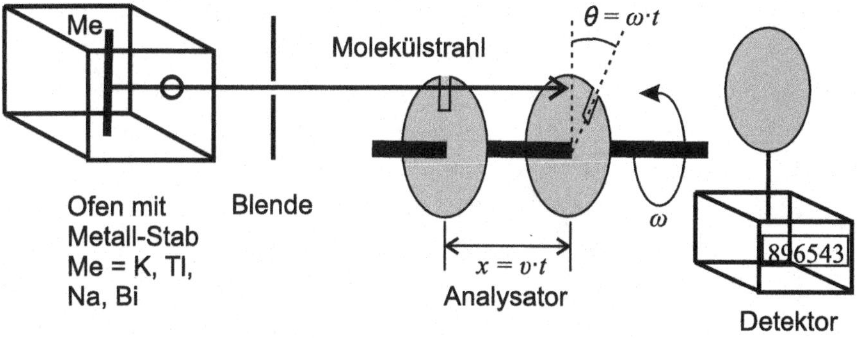


**Abb. 8.7** Experimenteller Aufbau eines Geschwindigkeitsanalysators

den beiden Scheiben. Durch Variation der Rotationsgeschwindigkeit und damit der Winkelgeschwindigkeit $\omega$ kann die Teilchengeschwindigkeit und die zugehörige Geschwindigkeitsverteilung bestimmt werden.

Die Übereinstimmung der experimentell bestimmten Geschwindigkeitsverteilung mit der nach Gl. 8.13 berechneten ist frappierend.

# Teil III
# Anhang

# Mathematische Hilfsmittel, Physikalische Größen, Einheiten und Konstanten

# 9

Programme zum Lösen von DGL: MathCad, Mathematica, Maple V, Derive; www.integralrechner.de

Graphikprogramme: Harvard Graphics, Origin, Easyplot (easyplot.com) (Excel ist nicht geeignet!)

Programmiersprachen: Visual Basic, Visual C++, Java

Literatur: Zachmann und Jüngel (2007), Rösch (1993), Bronstein (1999), Gradshteyn und Ryzhik (1979) und Press et al. (2007)

## 9.1 Differenzialrechnung

**Differenzialquotient einer Funktion**

Funktion: $y = f(x)$; Differenzialquotient: $\mathrm{d}y/\mathrm{d}x$, $\mathrm{d}f(x)/\mathrm{d}x$, $f'(x)$, $y'$

Definition: $\mathrm{d}y/\mathrm{d}x = y' = f'(x) = \lim\limits_{x \to 0} \left\{ \left[ f(x + \Delta x) - f(x) \right] / \Delta x \right\}$

Geometrische Bedeutung: $f(x) = \tan(\alpha)$

**Konstantenregel**

Die Differenziation einer Konstanten $c$ ist gleich Null.

$$y = c; \;\; y' = 0 \tag{9.1}$$

**Faktorregel**

Ein konstanter Faktor kann vor das Differenziationssymbol gezogen werden.

$$y = c \cdot u; \;\; y' = (c \cdot u)' = c \cdot u'; \;\; \mathrm{d}(c \cdot u) = c \cdot \mathrm{d}u \tag{9.2}$$

**Summenregel**

Eine Summe von Funktionen kann gliedweise differenziert werden.

$$y = u + v; \;\; y' = (u + v)' = u' + v'; \;\; \mathrm{d}(u + v) = \mathrm{d}u + \mathrm{d}v \tag{9.3}$$





M. Dieter Lechner, *Einführung in die Thermodynamik*,
https://doi.org/10.1007/978-3-662-63996-2_9

**Produktregel**

$$y = u \cdot \upsilon; \; y' = (u \cdot \upsilon)' = \upsilon \cdot u' + u \cdot \upsilon'; \; \mathrm{d}(u \cdot \upsilon) = \upsilon \cdot \mathrm{d}u + u \cdot \mathrm{d}\upsilon \quad (9.4)$$

**Quotientenregel**

$$y = u/\upsilon; \; y' = (u/\upsilon)' = \left(\upsilon \cdot u' - u \cdot \upsilon'\right)/\upsilon^2; \; \mathrm{d}(u/\upsilon) = (\upsilon \cdot \mathrm{d}u - u \cdot \mathrm{d}\upsilon)/\upsilon^2 \quad (9.5)$$

**Kettenregel**
Die mittelbare Funktion $y = u[\upsilon(x)]$ mit der äußeren Funktion $u(\upsilon)$ und der inneren Funktion $\upsilon(x)$ hat die Ableitung

$$\mathrm{d}y/\mathrm{d}x = u'(\upsilon) \cdot \upsilon'(x) = (\mathrm{d}u/\mathrm{d}\upsilon) \cdot (\mathrm{d}\upsilon/\mathrm{d}x) \quad (9.6)$$

$u'(\upsilon) = \mathrm{d}u/\mathrm{d}\upsilon$ ist die äußere Ableitung und $\upsilon'(x) = \mathrm{d}\upsilon/\mathrm{d}x$ die innere Ableitung.

**Grunddifferenziale**

$$y = x^n; \; y' = n \cdot x^{n-1} \mid y = \exp(x); \; y' = \exp(x) \mid y = \ln x; \; y' = 1/x \quad (9.7)$$

$$y = \sin x; \; y' = \cos x \mid y = \cos x; \; y' = -\sin x \quad (9.8)$$

**Differenziationsreihenfolge**
Die Reihenfolge der Differenziationen darf vertauscht werden.

$$\left[(\partial/\partial x)(\partial f/\partial y)_x\right]_y = \left[(\partial/\partial y)(\partial f/\partial x)_y\right]_x \quad (9.9)$$

**Partielle Differenziation**
Die partielle Differenziation wird auf Funktionen angewendet, die von mehreren Variablen abhängen. Die Differenziation erfolgt nach einer ausgewählten Variablen, alle anderen Variablen werden als konstant betrachtet. Um darzustellen, dass es sich um eine partielle Differenziation handelt, wird z. B. für die Differenziation nach der Variablen $x$ geschrieben: $\partial f/\partial x$ statt $\mathrm{d}f/\mathrm{d}x$.

**Vollständiges Differenzial**
Das vollständige (totale) Differenzial für eine Funktion $f(x,y)$ zweier unabhängiger Variablen $x$ und $y$ ist die Summe der partiellen Differenziale

$$\mathrm{d}f = (\mathrm{d}f/\mathrm{d}x)_y \mathrm{d}x + (\mathrm{d}f/\mathrm{d}y)_x \mathrm{d}y \quad (9.10)$$

Die Indices geben an, welche Variable jeweils konstant gehalten wird.

**Extremwerte von Funktionen mehrerer Variablen unter Nebenbedingungen (Zachmann und Jüngel 2007)**
Die Methode der Lagrange'schen Multiplikatoren wird auf Funktionen mit mehreren Variablen und für den Fall mehrerer Nebenbedingungen angewendet. Gegeben sei eine Funktion mit $n$ Variablen

$$z = f(x_1, \ldots, x_n)$$

und $s$ Nebenbedingungen

$$\begin{aligned}\varphi_1(x_1,\ldots,x_n) &= 0\\ \varphi_2(x_1,\ldots,x_n) &= 0\\ &\ldots\\ &\ldots\\ \varphi_s(x_1,\ldots,x_n) &= 0\end{aligned}$$

Das führt zur Definition der Funktion

$$F(x_1,\ldots,x_n,\lambda_1,\ldots,\lambda_s) = f(x_1,\ldots,x_n) + \sum_{i=1}^{s} \lambda_i \cdot \varphi_i(x_1,\ldots,x_n)$$

Die Unbekannten $x_1$, …, $x_n$ und $\lambda_1$, …, $\lambda_s$ (Lagrange'sche Multiplikatoren) ergeben sich dann aus den $n+s$ partiellen Ableitungen

$$\begin{aligned}0 &= \partial F/\partial x_i = \partial f/\partial x_i + \sum_{j=1}^{s} \lambda_j \cdot \partial\varphi_j/\partial x_i;\ i = 1,\ldots,n\\ 0 &= \partial F/\partial \lambda_j = \varphi_j;\ j = 1,\ldots,s\end{aligned}$$

Ein Beispiel findet sich in Kap. 5.

## 9.2 Integralrechnung

**Unbestimmtes Integral**
Das unbestimmte Integral ist definiert durch

$$\int f(x)\mathrm{d}x = F(x) + C. \tag{9.11}$$

$f(x)$ ist der Integrand, $x$ die Integrationsvariable, $F(x)$ die Stammfunktion und $C$ die Integrationskonstante.

**Bestimmtes Integral**
Das bestimmte Integral der Funktion $f(x)$ zwischen den Grenzen $x=a$ und $x=b$ ist definiert durch

$$\int_a^b f(x)\mathrm{d}x = F(x)|_a^b = F(b) - F(a) \tag{9.12}$$

[a, b] ist das Intervall der Funktion $f(x)$.

**Faktorregel**
Ein konstanter Faktor kann vor das Integralzeichen gezogen werden:

$$\int a \cdot f(x)\mathrm{d}x = a \cdot \int f(x)\mathrm{d}x. \tag{9.13}$$

**Summenregel**
Das Integral über eine Summe ist gleich der Summe der Integrale über die einzelnen Summanden:

$$\int (u+\upsilon)\mathrm{d}x = \int u\,\mathrm{d}x + \int \upsilon\,\mathrm{d}x. \tag{9.14}$$

$u$ und $\upsilon$ sind Funktionen von $x$.

**Grundintegrale**

$$\int x^n \mathrm{d}x = x^{n+1}/(n+1) \mid n \neq -1 \tag{9.15}$$

$$\int \exp(x)\mathrm{d}x = \exp(x); \quad \int (1/x)\,\mathrm{d}x = \ln x \tag{9.16}$$

$$\int \sin x \cdot \mathrm{d}x = -\cos x; \quad \int \cos x \cdot \mathrm{d}x = \sin x \tag{9.17}$$

**Umformung des Integranden**
Die Integration eines komplizierten Integranden lässt sich in vielen Fällen durch algebraische oder trigonometrische Umformung auf einfachere Integrale zurückführen.

**Logarithmische Integration**
Besteht der Integrand aus einem Bruch, in dem der Zähler die Differenziation des Nenners ist, so ist das Integral gleich dem Logarithmus des Nenners.

$$\int \left[f'(x)/f(x)\right]\,\mathrm{d}x = \int \left[1/f(x)\right]\,\mathrm{d}f(x) = \ln\left[f(x)\right] + C \tag{9.18}$$

**Integration durch Substitution**
Die zu integrierende Funktion $f(x)$ wird durch Einführung einer neuen Variablen $u = g(x)$ ersetzt:

$$\int f\left[g(x)\right]\mathrm{d}x = \int f(u) \cdot \left(1/u'\right)\mathrm{d}u \tag{9.19}$$

mit $u = g(x)$ und $du = u' \cdot \mathrm{d}x$. Im Falle eines bestimmten Integrals müssen die Grenzen ebenfalls transformiert werden. Bei der Integration durch Substitution wird folgendermaßen vorgegangen:

1. Formulieren der Substitutionsgleichungen:

$$u = g(x) \text{ und } \mathrm{d}u = u'\,\mathrm{d}x$$

2. Einsetzen der Substitutionsgleichungen in das Integral:

$$\int f(x)\mathrm{d}x = \int f(u)\mathrm{d}u$$

   Das rechts stehende Integral enthält nur noch die neue Variable $u$ und deren Differenzial d$u$.
3. Integration:

$$\int f(u)\mathrm{d}u = F(u)$$

4. Rücksubstitution der Variablen $u$ in die Variable $x$:

$$\int f(x)\mathrm{d}x = F(u) = F\big[g(x)\big] = F(x)$$

Bei bestimmten Integralen werden die Grenzen entweder transformiert, oder sie dürfen erst nach der Rücksubstitution eingesetzt werden.

**Das Integral $\int \exp(-x)$**

Substitution: $x = -z \Rightarrow \mathrm{d}x/\mathrm{d}z = -1 \Rightarrow \mathrm{d}x = -\mathrm{d}z$

$$\int \exp(-x)\,\mathrm{d}x = -\int \exp(z)\mathrm{d}z = -\exp(z) + C$$

Rücksubstitution: $x = -z$ ergibt

$$\int \exp(-x)\,\mathrm{d}x = -\exp(-x) + C \tag{9.20}$$

◀

In Abschn. 9.2, „Das Integral $\int_0^\infty x^n \cdot \exp\left(-x^2\right)\mathrm{d}x$ mit $n = 0$, 1, 2, 3 und 4" finden sich weitere Beispiele für die Integration durch Substitution.

**Partielle Integration**

Ausgehend von der Produktregel, Gl. 9.4, $(u \cdot v)' = v \cdot u' + u \cdot v'$ erhält man durch Integration beider Seiten mit Hilfe von $\int (u \cdot v)' = u \cdot v$ die Gleichungen

$$\begin{aligned} u \cdot v &= \int v \cdot u' + \int u \cdot v' \text{ und} \\ \int u \cdot v' &= u \cdot v - \int v \cdot u' \end{aligned} \tag{9.21}$$

oder als bestimmtes Integral

$$\int_a^b u \cdot v' = u \cdot v|_a^b - \int_a^b v \cdot u' \tag{9.22}$$

**Beispiel 1: Das Integral $\int_0^\infty x \cdot \exp(-x)\mathrm{d}x$**

Partielle Integration, Gl. 9.21: $u = x \Rightarrow u' = 1$; $v' = \exp(-x) \Rightarrow v = -\exp(-x)$ (Gl. 9.20)

$$\int x \cdot \exp(-x)\mathrm{d}x = -x \cdot \exp(-x) - \int -\exp(-x) \cdot 1 \cdot \mathrm{d}x$$

Nach Gl. 9.20 ist $\int -\exp(-x)\,\mathrm{d}x = \exp(-x) + C$; das führt zu

$$\int x \cdot \exp(-x)\mathrm{d}x = -x \cdot \exp(-x) - \exp(-x) + C \qquad (9.23)$$

◀

**Beispiel 2: Stirling'sche Formel für große *N***

$$N! = 1 \cdot 2 \cdot 3 \cdot \ldots \cdot N = \prod_{x=1}^{N} x \qquad N! = N\text{-Fakultät}$$

$$\ln(N!) = \ln(1 \cdot 2 \cdot 3 \cdot \ldots \cdot N) = \ln 1 + \ln 2 + \ln 3 + \ldots + \ln N = \sum_{x=1}^{N} \ln x \qquad (9.24)$$

Für große $N$ ist

$$\sum_{x=1}^{N} \ln x \approx \int_1^N (\ln x)\mathrm{d}x \qquad (9.25)$$

Partielle Integration von Gl. 9.25 liefert mit Gl. 9.22 und
$u = \ln x,\ u' = 1/x,\ v' = 1,\ v = x$

$\int_1^N (\ln x) \cdot 1 \cdot \mathrm{d}x = (\ln x) \cdot x|_1^N - \int_1^N \mathrm{d}x = x \cdot \ln x - x|_1^N$. Daraus ergibt sich

$$\ln(N!) = x \cdot \ln x - x|_1^N = N \cdot \ln(N) - N + 1 \approx N \cdot \ln(N) - N \qquad (9.26)$$

Anwendung der Exponentialfunktion auf beiden Seiten von Gl. 9.26 liefert

$$\exp[\ln(N!)] \approx \exp(N \cdot \ln N - N)$$

und mit $\exp(N \cdot \ln N) = \exp\left[\ln\left(N^N\right)\right] = N^N$

$$N! = N^N \cdot e^{-N} = (N/e)^N \qquad (9.27)$$

Gl. 9.26 und 9.27 ist die Stirling'sche Formel; sie gilt für große $N$. Tab. 9.1 demonstriert die oben angegebenen Werte für $N = 10$ bis 1000. Ab einem Wert von $N = 751$ ist die Abweichung der Stirling'schen Formel vom genauen Ergebnis kleiner als 0,1 %. ◀

**Tab. 9.1** Stirling'sche Formel. Fakultät $N!$, $\ln(N!)$, Näherungsgleichung $\ln(N!) \approx N \cdot \ln(N) - N$ und Abweichung vom genauen Ergebnis in %

| $N$ | $N!$ | $\ln(N!)$ | $N \cdot \ln(N) - N$ | Abw. in % |
|---|---|---|---|---|
| 10 | $3{,}63 \cdot 10^{6}$ | 15,1 | 13,0 | 13,8 % |
| 50 | $3{,}04 \cdot 10^{64}$ | 148,5 | 145,6 | 1,9 % |
| 100 | $9{,}33 \cdot 10^{157}$ | 363,7 | 360,5 | 0,89 % |
| 150 | $5{,}71 \cdot 10^{262}$ | 605,0 | 601,6 | 0,56 % |
| 170 | $7{,}26 \cdot 10^{306}$ | 706,6 | 703,1 | 0,49 % |
| 500 | | 2611,3 | 2607,3 | 0,15 % |
| 751 | | 4225,9 | 4221,7 | 0,10 % |
| 1000 | | 5912,1 | 5907,8 | 0,074 % |

**Das Integral $\int_0^\infty x^n \cdot \exp\left(-x^2\right)\mathrm{d}x$ mit n = 0, 1, 2, 3 und 4**

**1. Das Integral $\int_0^\infty \exp\left(-x^2\right)\mathrm{d}x$**

$$\int_0^\infty \exp\left(-x^2\right)\mathrm{d}x = \left(\sqrt{\pi}/2\right)\int_0^\infty \left(2/\sqrt{\pi}\right)\exp\left(-x^2\right)\mathrm{d}x = \left(\sqrt{\pi}/2\right)\mathrm{erf}(x)\big|_0^\infty \tag{9.28}$$

$\mathrm{erf}(x)$ ist die Gauss'sche Fehlerfunktion (**er**ror **f**unction). Der Integrand in Gl. 9.28 besitzt keine bekannte Stammfunktion; die Integration kann numerisch oder über Umwege analytisch (Wedler und Freund 2018) durchgeführt werden. Das ergibt

$$\mathrm{erf}(x)\big|_0^\infty = 1 \text{ und daher } \int_0^\infty \exp\left(-x^2\right)\mathrm{d}x = \sqrt{\pi}/2 \tag{9.29}$$

**2. Das Integral $\int_0^\infty x \cdot \exp\left(-x^2\right)\mathrm{d}x$**

Substitution, Gl. 9.19: $z = -x^2 \Rightarrow \mathrm{d}z/\mathrm{d}x = -2 \cdot x \Rightarrow \mathrm{d}x = -[1/(2 \cdot x)]\mathrm{d}z$

$$\int x \cdot \exp\left(-x^2\right)\mathrm{d}x = -(1/2)\int x \cdot \exp(z)(1/x)\mathrm{d}z = -(1/2)\int \exp(z)\mathrm{d}z$$
$$= -(1/2)\exp(z) + C$$

Rücksubstitution $z = -x^2$ und bestimmte Integration liefert

$$\int_0^\infty x \cdot \exp\left(-x^2\right)\mathrm{d}x = -(1/2)\exp\left(-x^2\right)\big|_0^\infty = (1/2). \tag{9.30}$$

**3. Das Integral $\int_0^\infty x^2 \cdot \exp\left(-x^2\right)\mathrm{d}x$**

Partielle Integration, Gl. 9.21: $u = x \Rightarrow u' = 1$; $v' = x \cdot \exp(-x^2) \Rightarrow$ $v = -(1/2)\exp(-x^2)$ (Gl. 9.30)

$$\int x^2 \cdot \exp\left(-x^2\right)\mathrm{d}x = x \cdot (-1/2)\exp\left(-x^2\right) - \int -\left[(1/2)\exp\left(-x^2\right)\right] \cdot 1 \cdot \mathrm{d}x.$$

Mit Gl. 9.29 ergibt das bei bestimmter Integration in den Grenzen 0 und $\infty$

$$\int_0^\infty x^2 \cdot \exp\left(-x^2\right)\mathrm{d}x = -(1/2) \cdot x \cdot \exp\left(-x^2\right)\Big|_0^\infty + \left(\sqrt{\pi}/4\right)\mathrm{erf}(x)\Big|_0^\infty.$$

$\left(\sqrt{\pi}/4\right)\mathrm{erf}(x)\Big|_0^\infty = \sqrt{\pi}/4$ nach Gl. 9.29 und

$$-(1/2) \cdot x/\exp\left(x^2\right)\Big|_0^\infty = -(1/2)\left[\underset{x\to\infty}{x/\exp\left(x^2\right)} - 0/\exp\left(0^2\right)\right] = 0$$

Bei Betrachtung des 1. Summanden auf der rechten Seite der Gleichung ergibt sich, dass die Exponentialfunktion $\exp(x^2)$ schneller gegen $\infty$ geht als $x$ gegen $\infty$. Daher strebt der 1. Summand für $x \to \infty$ gegen 0. Das führt zu

$$\int_0^\infty x^2 \cdot \exp\left(-x^2\right)\mathrm{d}x = \sqrt{\pi}/4 \tag{9.31}$$

**4. Das Integral** $\int_0^\infty x^3 \cdot \exp\left(-x^2\right)\mathrm{d}x$.

Substitution, Gl. 9.19: $z = x^2 \Rightarrow \mathrm{d}z/\mathrm{d}x = 2 \cdot x \Rightarrow \mathrm{d}x = \mathrm{d}z/(2 \cdot x)$

$$\int_0^\infty x^3 \cdot \exp\left(-x^2\right)\mathrm{d}x = (1/2)\int_0^\infty z \cdot \exp(-z)\mathrm{d}z$$

Mit Gl. 9.23 ergibt das

$$\int_0^\infty x^3 \cdot \exp\left(-x^2\right)\mathrm{d}x = (1/2)\left[-z \cdot \exp(-z) - \exp(-z)\right]\Big|_0^\infty$$

Rücksubstitution von $z = x^2$ führt zu

$$\int_0^\infty x^3 \cdot \exp\left(-x^2\right)\mathrm{d}x = (1/2)\left[-x^2 \cdot \exp(-x^2) - \exp(-x^2)\right]\Big|_0^\infty \tag{9.32}$$

Bestimmte Integration in den Grenzen 0 und $\infty$ führt zu

$$(1/2)\left[-x^2 \cdot \exp(-x^2) - \exp(-x^2)\right]\Big|_0^\infty = (1/2)\left[\underset{x\to\infty}{-x^2/\exp\left(x^2\right)} - 0 - (-0-1)\right] = 1/2$$

Bei Betrachtung des 1. Summanden in der Klammer auf der rechten Seite der Gleichung ergibt sich, dass die Exponentialfunktion $\exp(x^2)$ schneller gegen $\infty$ geht als $x^2$ gegen $\infty$. Daher strebt der 1. Summand für $x \to \infty$ gegen 0. Das führt zu

$$\int_0^\infty x^3 \cdot \exp\left(-x^2\right)\mathrm{d}x = 1/2 \tag{9.33}$$

**5. Das Integral** $\int_0^\infty x^4 \cdot \exp\left(-x^2\right)\mathrm{d}x$.

Partielle Integration, Gl. 9.21: $u{=}x^3 \Rightarrow u'{=}3 \cdot x^2$; $\upsilon'{=}x \cdot \exp(-x^2) \Rightarrow$ $\upsilon{=}-(1/2)\exp(-x^2)$ (Gl. 9.30)

$$\int_0^\infty x^4 \cdot \exp\left(-x^2\right)\mathrm{d}x = x^3(-1/2)\exp(-x^2) - \int (-1/2)\exp(-x^2) \cdot 3 \cdot x^2 \cdot \mathrm{d}x$$

$$= (-1/2)x^3/\exp(x^2)_0^\infty + (3/2)\int_0^\infty x^2 \cdot \exp(-x^2)\mathrm{d}x$$

$$= -0 + 0 + (3/2)\sqrt{\pi}/4 = (3/8)\sqrt{\pi}$$

Der 1. Summand auf der rechten Seite der Gleichung ergibt, dass die Exponentialfunktion $\exp(x^2)$ schneller gegen $\infty$ geht als $x^3$ gegen $\infty$. Daher strebt der 1. Summand für $x \to \infty$ gegen 0. Das Integral im 2. Summanden ist nach Gl. 9.31 $\sqrt{\pi}/4$. Das führt zu

$$\int_0^\infty x^4 \cdot \exp\left(-x^2\right)\mathrm{d}x = (3/8)\sqrt{\pi} \tag{9.34}$$

## 9.3 Arithmetik, Reihen

**Exponentialfunktion**

$$\exp(x) = 1 + x/1! + x^2/2! + x^3/3! + \ldots \tag{9.35}$$

**Geometrische Reihe**

$$S_n = \sum_{i=0}^{n} q^i = 1 + q + q^2 + \ldots + q^n = \left(1 - q^{n+1}\right)/(1-q) \text{ für } q \neq 1$$
$$S_n = n + 1 \text{ für } q = 1 \tag{9.36}$$

**Unendliche geometrische Reihe**

$$S_\infty = \sum_{i=0}^{\infty} q^i = 1 + q + q^2 + \ldots = 1/(1-q) \text{ für } |q| < 1 \tag{9.37}$$

## 9.4 Ausgleichsrechnung, Methode der kleinsten Quadrate

Mit der Ausgleichsrechnung oder Regression werden mit Fehlern behaftete Messdaten durch eine vorgegebene Funktion approximiert. Ein häufig verwendetes Verfahren dabei ist die Methode der kleinsten Fehlerquadrate. Gesucht werden die

Koeffizienten $a$, $b$, $c$, … der Funktion $g(x)$, so dass die Summe der quadratischen Abstände zwischen den Messwerten $y_i$ und den Punkten $g(x_i)$ minimiert wird.

$$F(a,b,c,\ldots) = \sum_{i=1}^{k} \left[g(x_i) - y_i\right]^2 = \text{Min} \tag{9.38}$$

Für den Fall, dass die Funktion $g(x)$ unbekannt ist, werden vorzugsweise kubische Regressions Spline-Funktionen verwendet; hierbei werden Spline-Funktionen mit gleichabständigen oder ungleichabständigen virtuellen Punkten mit der Maßgabe berechnet, dass Gl. 9.38 gültig ist, d. h. die Summe der quadratischen Abstände zwischen den Messwerten $y_i$ und den Werten der Spline-Funktion $g(x_i)$ minimiert wird.

Für die Berechnung der Koeffizienten gibt es verschiedene Verfahren (z. B. Newton, Levenberg–Marquardt u. a.) (Press et al. 2007). Der Vorteil der Verfahren ist, dass für jeden Punkt der Messkurve auf diese Weise die oft benötigten 1. und 2. Ableitungen sowie das Integral berechnet werden können. Eine Reihe von Grafik-Programmen verwendet diese Verfahren (Harvard-Graphics, Origin u. a.).

## 9.5 Physikalische Größen, Konstanten, Abkürzungen

### 9.5.1 Physikalische Größen und Einheiten (International Union of Pure and Applied Chemistry (IUPAC) 1996)

| | |
|---|---|
| A, B, C, D | Chemische Substanzen |
| $A, B, C, D$ | Konstante |
| $A$ | Fläche, Querschnittfläche, [$m^2$] |
| $A$ | freie Energie, $A = U - T \cdot S$, [J] |
| $A_2, A_3$ | 2. und 3. Virialkoeffizient, Lösungen, $\pi = R \cdot T \cdot c_B(1/M_B + A_2 \cdot c_B + A_3 \cdot c_B^2 + \ldots)$, $[A_2] = [m^3\ mol/g^2]$ |
| $\boldsymbol{a}$ | Beschleunigung, $\boldsymbol{F} = m \cdot \boldsymbol{a}$, [$m/s^2$] |
| $a$ | Länge, [m] |
| $a_B$ | Aktivität, $a_B = \exp\left[\left(\mu_B - \mu_B^{\ominus}\right)/\left(R \cdot T\right)\right]$, $a_B = \gamma_{C,B} \cdot C_B$ |
| $a,b$ | van der Waals-Konstanten, $(p + a/V_m^2)(V_m - b) = R \cdot T$, [$J\ m^3/mol^2$], [$m^3/mol$] |
| $a, b, c, d$ | Konstante |
| $B, C$ | 2. und 3. Virialkoeffizient, Gase, $p \cdot V_m = R \cdot T + B \cdot p + C \cdot p^2 + \ldots$, [$m^3/mol$], [$m^6/mol^2$], $B = b - a/(R \cdot T)$ |
| $b_B$ | Molalität, $b_B = n_B/m_A$ ($m_A$ = Masse des Lösemittels), [mol/kg] |
| $C_B$ | Stoffmengenkonzentration, Molarität, $C_B = n_B/V$ ($V$ = Volumen der Mischung), [$mol/m^3$] oder [$mol/dm^3$] |
| $c_B$ | Massenkonzentration, $c_B = m_B/V$, [$kg/m^3$] |
| $C_p$ | Wärmekapazität bei konstantem Druck, $C_p = (\partial H/\partial T)_p$, [J/K] |
| $C_{p,m}$ | Molwärme bei konstantem Druck, $C_{p,m} = C_p/n$, [J/(mol K)] |

| | |
|---|---|
| $C_{p,\text{sp}}$ | spezifische Wärmekapazität bei konstantem Druck, $C_{p,\text{sp}} = M \cdot C_{p,\text{m}}$, [J/(mol K)] |
| $C_V$ | Wärmekapazität bei konstantem Volumen, $C_V = (\partial U/\partial T)_V$, [J/K] |
| $C_{V,\text{m}}$ | Molwärme bei konstantem Volumen, $C_{V,\text{m}} = C_V/n$, [J/(mol K)] |
| $c_0$ | Lichtgeschwindigkeit, [m/s] |
| $D$ | Dissoziationsenergie, [J] |
| $D$ | Kraftkonstante, Hooke'sche Konstante, $D = F/\Delta l$, [N/m] |
| $E$ | elektrische Spannung, Zellspannung [V] |
| $E$ | Energie pro Mol, $E = \varepsilon \cdot N_\text{A}$, [J] |
| $\boldsymbol{F}$ | Kraft, [N] |
| $F$ | Zahl der Freiheiten |
| $F_\text{F}$ | Faraday-Konstante, [C/mol] |
| $f_\text{B}$ | Fugazität, [Pa] |
| $f_\text{a}$ | Aktivitätskoeffizient, reine Phase, Substanzen in Mischungen, Lösemittel |
| $f(\upsilon)$ | Geschwindigkeits-Verteilungsfunktion, $f(\upsilon) = 4 \cdot \pi \cdot \upsilon^2 [m/(2 \cdot \pi \cdot k_\text{B} \cdot T)]^{3/2} \exp\left[-m \cdot \upsilon^2/(2 \cdot k_\text{B} \cdot T)\right]$, [s/m] |
| $f(\varepsilon)$ | Energie-Verteilungsfunktion, $f(\varepsilon) = 2 \cdot \pi \cdot \sqrt{\varepsilon}[1/(\pi \cdot k_\text{B} \cdot T)]^{3/2} \exp[-\varepsilon/(k_\text{B} \cdot T)]$, [1/J] |
| $FG$ | Freiheitsgrad |
| $G$ | freie Enthalpie, $G = H - T \cdot S$, [J] |
| $\Delta G^\circ$ | freie Standard-Reaktionsenthalpie, $\Delta G^\circ = \sum_i \nu_i \cdot \mu_i^\circ$ $(i = \text{A, B, C, …})$ |
| $g$ | Entartungsgrad |
| $g(\varepsilon)$ | Zustandsdichte, $g(\varepsilon) = dN/d\varepsilon$, [1/J] |
| $\hbar$ | $\hbar = h/(2 \cdot \pi)$ |
| $H$ | Enthalpie, $H = U + p \cdot V$, [J] |
| $H_\text{B}^\circ$ | partielle molare Standardenthalpie, $H_\text{B}^\circ = \mu_\text{B}^\circ + T \cdot S_\text{B}^\circ$, [J/mol] |
| $\Delta H_\text{r}^\circ$ | Standard-Reaktionsenthalpie, $\Delta H_\text{r}^\circ = \sum_i \nu_i \cdot H_i^\circ$ $(i = \text{A, B, C, …})$, [J/mol] |
| $\Delta H_\text{fus}$ | Schmelzenthalpie (fusion) |
| $\Delta H_\text{sub}$ | Sublimationsenthalpie, $\Delta H_\text{sub} = \Delta H_\text{fus} + \Delta H_\text{vap}$ |
| $\Delta H_\text{vap}$ | Verdampfungsenthalpie (vaporisation) |
| $h$ | spezifische Enthalpie, $h = H/m$, [J/kg] |
| $h$ | Höhe [m] |
| $I$ | Trägheitsmoment [kg m²] |
| $I_C$ | Ionenstärke, Molaritätsskala, $I_C = (1/2) \sum C_i \cdot z_i^2$, [mol/m³] |
| $I_b$ | Ionenstärke, Molalitätsskala, $I_b = (1/2) \sum b_i \cdot z_i^2$, [mol/kg] |
| $K$ | Gleichgewichtskonstante, $K = \exp\left[-\Delta G^\circ/(R \cdot T)\right]$ |
| $K_p$ | Gleichgewichtskonstante, Druckskala, $K_p = \prod_i p_i^{\nu_i}$ |
| $K_C$ | Gleichgewichtskonstante, Molaritätsskala, $K_C = \prod_i C_i^{\nu_i}$ |
| $K_b$ | Gleichgewichtskonstante, Molalitätsskala, $K_b = \prod_i b_i^{\nu_i}$ |

| | |
|---|---|
| $K_x$ | Gleichgewichtskonstante, Molenbruchskala, $K_x = \prod_i x_i^{\nu_i}$ |
| $K$ | Zahl der Komponenten |
| $k_B$ | Boltzmann-Konstante, [J/K], (siehe Abschn. 9.5.2) |
| $l$ | Länge, [m] |
| $M$ | molare Masse, Molmasse, [kg/mol] |
| $m$ | Masse, [kg] |
| $n$ | Stoffmenge, Molzahl, $n = m/M$, [mol] |
| $N$ | Teilchenzahl |
| $N_A$, $N_{Av}$ | Teilchenzahl pro Mol, Avogadro-Konstante, $N_A = N/n$, [1/mol], (siehe Abschn. 9.5.2) |
| $^1N$ | Teilchenzahl pro Volumeneinheit, [1/m$^3$] |
| $P$ | Zahl der Phasen |
| $P_N$ | Zahl der Permutationen von $N$ Elementen |
| $p$ | Druck, [N/m$^2$ = Pa] |
| pH | pH-Wert, $\mathrm{pH} = -\lg\left[C_{H^+}/(\mathrm{mol/dm^3})\right]$ |
| $Q$ | Wärmemenge, [J] |
| $Q$ | elektrische Ladung [C] |
| $R$ | Allgemeine Gaskonstante, $R = k_B \cdot N_A$, [J/(K mol)] |
| $S$ | Entropie, $dS = dQ_{rev}/T$, [J/K] |
| $S_B^\ominus$ | partielle molare Standardentropie, $S_B^\ominus = -\left(\partial\mu_B^\ominus/\partial T\right)_p$ |
| $\Delta S^\ominus$ | Standard-Reaktionsenthalpie, $\Delta S^\ominus = \sum_i \nu_i \cdot S_i^\ominus$ ($i$ = A, B, C, …) |
| $s$ | Weglänge, [m] |
| $T$ | Temperatur, $T$/°C = $T$/K – 273,15, [K], [°C] |
| $t$ | Zeit [s] |
| $U$ | Innere Energie, $\Delta U = W + Q$, [J] |
| $V$ | Volumen, [m$^3$] |
| $V_m$ | Molvolumen, molares Volumen, [m$^3$/mol] |
| $v\psi$ | Geschwindigkeit [m/s] |
| $W$ | Arbeit [J] |
| $x$ | Molenbruch, Stoffmengenbruch |
| $X_B$ | partielle molare Größe, $X_B = (\partial X/\partial n_B)_{p,T,n_i \neq B}$ |
| $X_m$ | molare Größe, $X_m = X/n$, $X = U, H, S, A, G, C_V, C_p, \ldots$ |
| $Z$ | Zustandssumme, kanonische Gesamtheit |
| $z$ | Ladungszahl, Zahl der umgesetzten Elektronen |
| $z$ | Zustandssumme, einzelnes Molekül, $z = \sum_i g_i \cdot \exp[-\varepsilon_i/(k_B \cdot T)]$ |
| $\alpha$ | kubischer Ausdehnungskoeffizient, $\alpha = (1/V)(\partial V/\partial T)_p$, [1/K] |
| α, β, γ, … | Phasen |
| $\beta$ | Druckkoeffizient, $\beta = (\partial p/\partial T)_V$, [Pa/K] |
| $\gamma$ | Verhältnis der Wärmekapazitäten, Adiabatenkoeffizient, $\gamma = C_p/C_V$ |
| $\gamma_C$ | Aktivitätskoeffizient, Molaritätsskala, gelöste Stoffe in Lösung, $a_{C,B} = \gamma_{C,B} \cdot C_B/C^\ominus$ |

| | |
|---|---|
| $\gamma_b$ | Aktivitätskoeffizient, Molalitätsskala, gelöste Stoffe in Lösung, $a_{b,B} = \gamma_{b,B} \cdot b_B / b^{\ominus}$ |
| $\gamma_x$ | Aktivitätskoeffizient, Molenbruchskala, gelöste Stoffe in Lösung, $a_{x,B} = \gamma_{x,B} \cdot x_B$ |
| $\Delta$ | Differenzsymbol, Differenzoperator, z. B. $\Delta X = X_2 - X_1$, $\Delta X = \nu_C \cdot X_C + \nu_D \cdot X_D - (\nu_A \cdot X_A + \nu_B \cdot X_B)$ |
| $\varepsilon$ | Energie pro Molekül, [J] |
| $\eta$ | Wirkungsgrad |
| $\kappa$ | Verteilungskoeffizient |
| $\kappa_T$, $\kappa$ | isotherme Kompressibilität, $\kappa_T = -(1/V)(\partial V/\partial p)_T$, [1/Pa] |
| $\kappa_S$ | isentrope Kompressibilität, $\kappa_S = -(1/V)(\partial V/\partial p)_S$, [1/Pa] |
| $\Lambda$ | thermische Wellenlänge, [m] |
| $\mu_B$ | chemisches Potential, $\mu_B = (\partial G/\partial n_B)_{T,p,n_{i \neq B}}$, [J/mol] |
| $\mu$ | reduzierte Masse, $\mu = m_1 \cdot m_2/(m_1 + m_2)$, [kg] |
| $\mu^{\ominus}$ | chemisches Standardpotential, [J/mol] |
| $\mu_{JT}$ | Joule-Thomson-Koeffizient, $\mu_{JT} = (\partial T/\partial p)_H$, [K/Pa] |
| $\nu$ | Kreisfrequenz, [1/s] |
| $\nu_i$ | stöchiometrischer Faktor bei chemischen Reaktionen (Produkte: $\nu_i > 0$; Edukte: $\nu_i < 0$; $i$ = A, B, C, D) |
| $\nu_0$ | Schwingungsfrequenz, [1/s] |
| $\pi$ | osmotischer Druck [Pa], Kreiszahl |
| $\rho$ | Dichte, [kg/m$^3$] |
| $\sigma$ | Symmetriezahl |
| $\varphi_B$ | Fugazitätskoeffizient, $\varphi_B = f_B/p_B$ |
| $\theta$ | charakteristische Temperatur, Winkel |
| $\vartheta$ | Temperatur, [K], [°C] |
| $\Omega$ | Zahl der Permutationen, statistisches Gewicht |
| $\omega$ | Winkelgeschwindigkeit, $\omega = 2 \cdot \pi \cdot \nu$, [1/s] |
| $\sim$ | proportional |
| $\approx$ | ungefähr gleich |
| $\leq$ | kleiner oder gleich |
| $\geq$ | größer oder gleich |

### 9.5.2 Physikalische Konstanten (IUPAC 1996; Physikalisch-Technische Bundesanstalt 2019)

Lichtgeschwindigkeit $c_0 = 2{,}99\,792\,458 \cdot 10^8$ m/s
Avogadro-Konstante: $N_A = 6{,}022\,140\,76 \cdot 10^{23}$ mol$^{-1}$
Gaskonstante: $R = k_B \cdot N_A = 8{,}314\,462\,6$ J/(K mol)
Boltzmann-Konstante: $k_B = R/N_A = 1{,}380\,649 \cdot 10^{-23}$ J/K
Faraday-Konstante $F_F = e \cdot N_A = 9{,}6485 \cdot 10^4$ C/mol
Elementarladung: $e = 1{,}602\,176\,634 \cdot 10^{-19}$ C
Planck-Konstante: $h = 6{,}626\,070\,15 \cdot 10^{-34}$ J s

Molvolumen eines idealen Gases bei $p = 1 \cdot 10^5$ Pa und $T = 273{,}15$ K = 0 °C: $V_m = 22{,}42 \cdot 10^{-3}$ m³/mol
Absoluter Nullpunkt der Temperatur: $T_0 = 0$ K = −273,15 °C
Gravitationsbeschleunigung auf der Erdoberfläche $g = 9{,}80665$ m/s²

### 9.5.3 Umrechnungsfaktoren (Physikalisch-Technische Bundesanstalt 2019)

1 eV = $1{,}602177 \cdot 10^{-19}$ J
$T$/°C = $T$/K − 273,15
1 bar = $1{,}0 \cdot 10^5$ Pa = 1000 kPa
1 atm = $1{,}01325 \cdot 10^5$ Pa = 1013,25 kPa = 1,01325 bar = 1013,25 mbar = 760 Torr

### 9.5.4 Abkürzungen (IUPAC 1996)

| | |
|---|---|
| aq | wässrige Lösung |
| c | Verbrennung (combustion) |
| f | Bildung aus den Elementen (formation) |
| r | Reaktion generell (reaction) |
| sol | Auflösen (eines Stoffes im Lösemittel) (solution) |
| fus, f | Schmelzen (fusion) (fest → flüssig) |
| vap, v | Verdampfung (vaporisation) (flüssig → gasförmig) |
| sub, sb | Sublimation (fest → gasförmig) |
| trs, t | Phasenumwandlung (transition) |
| g | gasförmig, z. B. $C_p$(g) |
| l | flüssig (liquid), z. B. $C_p$(l) |
| s | fest (solid) |
| m | molare Größe, z. B. $C_{p,m}$ |
| $\ominus$ | Standardgröße |
| trans | Translation |
| rot | Rotation |
| vib | Schwingung (vibration) |

# Literatur


Abramowitz M, Stegun IA, Danos M, Rafelski J (1984) Pocketbook of mathematical functions. Harri Deutsch, Frankfurt a. M.
Ackermann T (1992) Physikalische Biochemie. Springer, Berlin
Adam G, Läuger R, Stark G (2009) Physikalische Chemie und Biophysik, 5. Aufl. Springer, Berlin
Atkins PW (2001) Kurzlehrbuch Physikalische Chemie. Wiley-VCH, Weinheim
Atkins PW, de Paula J (2006) Physikalische Chemie, 4. Aufl. Wiley-VCH, Weinheim
Atkins PW et al (2007) Arbeitsbuch Physikalische Chemie, 4. Aufl. Wiley-VCH, Weinheim
Bronstein IN (1999) Taschenbuch der Mathematik. Harri Deutsch, Frankfurt a. M.
D'Ans-Lax (1998) Taschenbuch für Chemiker und Physiker (Hrsg. Lechner MD, Blachnik R), 4. Aufl., Bd. 1 + 3. Springer, Berlin (Erstveröffentlichung 1992)
Engel T, Reid P (2006) Physikalische Chemie. Pearson Studium, München
Findenegg GH, Hellweg T (2015) Statistische Thermodynamik, 2. Aufl. Springer Spektrum, Berlin
Fluck DE et al (2012) Periodensystem der Elemente, 5. Aufl. Wiley-VCH, Weinheim
Gradshteyn IS, Ryzhik IM (1979) Table of integrals, series, and products. Academic Press, San Diego
Homann KH (1995) IUPAC, Größen, Einheiten und Symbole in der Physikalischen Chemie. VCH, Weinheim
International Union of Pure and Applied Chemistry (IUPAC) (1996) Größen, Einheiten und Symbole in der Physikalischen Chemie. VCH, Weinheim
Lauth GJ, Kowalczyk J (2015) Thermodynamik. Springer Spektrum, Berlin
Lechner MD (2017) Einführung in die Quantenchemie. Springer Spektrum, Berlin
Lechner MD (2018) Einführung in die Kinetik. Springer Spektrum, Berlin
Lide DR (2018–2019) CRC handbook of chemistry and physics, 99. Aufl. CRC Press, Boca Raton
Miller RC, Kusch P (1955) Phys Rev 99:1314–1321
Physikalisch-Technische Bundesanstalt (2019) Neue Definitionen im Internationalen Einheitensystem (SI), Braunschweig
Press WH, Teukolsky SA, Vetterling WT, Flannery BP ((2007) Numerical recipes, 3. Aufl. Cambridge University Press, New York
Rau H, Rau J (1995) Chemische Gleichgewichtsthermodynamik. Vieweg, Braunschweig
Reich R (1993) Thermodynamik. Wiley-VCH, Weinheim
Rösch N (1993) Mathematik für Chemiker. Springer, Heidelberg
Wedler G, Freund HJ (2018) Lehrbuch der Physikalischen Chemie, 7. Aufl. Wiley-VCH, Weinheim
Wohlfarth C (2015) Static dielectric constants of pure liquids and binary liquid mixtures. Landolt-Börnstein, Bd. IV/17, IV/27, Springer, Berlin (Erstveröffentlichung 2008)
Zachmann HG, Jüngel A (2007) Mathematik für Chemiker, 6. Aufl. Wiley-VCH, Weinheim




M. D. Lechner, *Einführung in die Thermodynamik*,
https://doi.org/10.1007/978-3-662-63996-2

# Stichwortverzeichnis




M. D. Lechner, *Einführung in die Thermodynamik*,
https://doi.org/10.1007/978-3-662-63996-2

Printed in the United States
by Baker & Taylor Publisher Services